LA PLANTE

LEÇONS A MON FILS SUR LA BOTANIQUE

PAR

J.-H. FABRE

DOCTEUR ÈS-SCIENCES

MEMBRE CORRESPONDANT DE L'INSTITUT

AVEC NOMBREUSES ILLUSTRATIONS DANS LE TEXTE

QUATRIÈME ÉDITION

PARIS

LIBRAIRIE CH. DELAGRAVE

15, RUE SOUFFLOT, 15

1892

LA PLANTE

LEÇONS A MON FILS SUR LA BOTANIQUE.

I

Le Polypier et l'Arbre.

L'hydre. — Sa structure. — Sa multiplication par bourgeonnement. — Le corail. — Polypes et polypiers. — Multiplication des polypes. — Longévité des polypiers. — Variété de leur structure. — Îles madréporiques. — Importance géographique des madrépores. — Les coraux des anciens âges. — Organisation fondamentale du végétal.

La plante est sœur de l'animal : comme lui, elle vit, se nourrit, se reproduit. Pour comprendre la première, il est souvent très-utile de consulter le second; comme aussi, pour comprendre le second, il convient de chercher des renseignements auprès de la première. Je commencerai donc, mon cher enfant, par vous parler de quelques animaux singuliers dont la manière de vivre nous expliquera la structure fondamentale de la plante et nous fournira le plus fécond aperçu sur la végétation.

Au milieu des petites feuilles rondes, appelées *lentilles aquatiques*, qui flottent serrées l'une contre l'autre et forment un gai tapis à la surface des eaux dormantes, vit, dans nos fossés, une curieuse bestiole que les naturalistes nomment *Hydre*. Le délicat animalcule, en entier composé d'une sorte de gelée verte, mesure au plus une paire de centimètres de longueur. Figurez-vous un petit sac allongé, collé par une extrémité à quelque plante aqua-

F. LA PLANTE.   1

tique et terminé à l'autre par huit bras flexibles en tous
sens; voilà l'hydre. Les bras, ou comme on dit encore les
tentacules, sont disposés en cercle autour d'un orifice en
communication avec l'intérieur du sac, c'est-à-dire avec
la cavité où se fait la digestion des aliments. Cet orifice
a deux emplois qui, chez un animal moins bizarre que
celui-ci, paraîtraient souverainement incompatibles : il
avale la proie saisie par les tentacules, il rejette les résidus non employés par la nutrition. Pour se procurer la
nourriture, la bestiole étale ses bras dans l'eau et se tient

en repos. Si quelque menu gibier
vient à passer, le bras voisin se replie aussitôt, enlace la proie et la
porte à la bouche.

Dans un verre d'eau garni de
lentilles aquatiques, mettons une
hydre de belle taille. Au bout de
quelques semaines, de quelques
mois peut-être, suivant la saison,
nous verrons deux, trois, quatre
petites verrues se montrer vers la
partie inférieure du sac de l'animal. Ces verrues grossissent, se
gonflent, se couronnent de huit
menus mamelons de jour en jour
plus saillants; enfin elles s'ouvrent

Fig. 1. L'Hydre.

à la manière d'un bouton qui s'épanouit. Devinez ce que
sont ces étranges fleurs animales? Ce sont de petites
hydres, avec leur poche digestive et leurs huit bras, de
petites hydres implantées sur la mère de la même façon
que les rameaux sont implantés sur la branche. Les petites verrues d'où elles sont nées, nous les appellerons
bourgeons, parce qu'elles produisent des animaux semblables à l'animal souche, de même que les bourgeons
d'un arbre donnent naissance à des rameaux.

L'hydre, en réalité animal, puisqu'elle se déplace et se
transporte où elle veut, puisqu'elle est sensible à la dou-

leur, qu'elle chasse, saisit une proie et la dévore, l'hydra se comporte ici à l'exemple du végétal : elle *bourgeonne* des êtres semblables à elle, elle pousse de petites hydres, comme la tige d'une plante pousse des rameaux.

Mais ces petites hydres, toutes jeunes encore, incapables de chasser pour elles-mêmes et de gagner leur vie, il faut que la mère-souche quelque temps les nourrisse. A cet effet, le sac à digestion de l'hydre-souche communique avec les cavités des jeunes ; les estomacs des nourrissons débouchent dans l'estomac de la mère. Seule, celle-ci chasse, mange et digère ; mais la bouillie alimentaire, préparée à point, s'infiltre de la mère dans les nourrissons par les détroits des communications stomacales, et de la sorte les petites hydres se trouvent repues sans avoir rien mangé. Un jour vient, où,

Fig. 2. Le Corail.

sevrage radical, le détroit de communication d'estomac à estomac se ferme ; puis un étranglement apparaît au point de jonction de l'animal-rameau avec l'animal-souche, et les jeunes hydres, vrais fruits arrivés à maturité, se détachent pour aller vivre ailleurs d'une vie indépendante et bourgeonner à leur tour une nouvelle lignée.

Maintenant jetez les regards sur la figure. Ne diriez-vous pas un arbuste en fleurs ? Ce n'est pourtant pas une plante ; c'est un pied de corail. Vous connaissez les belles perles rouges avec lesquelles on fait des colliers. On vous a dit que c'était du corail. Fort bien ; mais, avant d'être façonné en perles par la main de l'ouvrier, sachez que le corail a la forme d'un petit arbuste d'un rouge vif, avec tige, branches et rameaux. Seulement, l'arbrisseau n'est pas en bois : il est en pierre aussi dure que le marbre, ce qui ne l'empêche pas de se couvrir, au fond de la mer, d'élégantes petites fleurs. Or ces prétendues fleurs épanouies sur des rameaux de pierre sont en réalité des animaux, dont le corail est la demeure commune, l'habitation, le support. On les appelle des *polypes*. Leur organisation est calquée sur celle de l'hydre.

Fig. 4. Un polype du corail.

Chacun d'eux est un globule creux de matière gélatineuse, un petit sac dont l'orifice est bordé de huit lamelles frangées, de huit tentacules s'épanouissant comme les pétales d'une fleur. A part la forme un peu différente, vous reconnaissez dans l'habitant du corail la structure générale de l'hydre. C'est toujours une poche digestive fixée par la base et couronnée de huit bras propres à saisir une proie. Tel qu'il est dans la mer, le corail est revêtu d'une écorce molle criblée d'une foule d'enfoncements cellulaires, dans chacun desquels un polype est logé. Au-dessous de cette écorce vivante se trouve le support pierreux, d'un rouge vif.

Bien que cantonnés chacun dans une cellule spéciale et doués d'une existence propre, les polypes d'un même pied de corail ne sont pas étrangers l'un à l'autre. Ils communiquent tous par l'estomac : ce que l'un digère profite à tous. Avec leurs bras frangés épanouis en rosette, les polypes happent au passage, comme le fait l'hydre, les particules nutritives amenées par les eaux. Le hasard ne les favorise pas tous de la même manière : tel fait une chasse abondante, tel autre ne reforme pas une seule fois le filet de ses tentacules. N'importe : la journée finie, la nourriture a été égale pour tous ; les estomacs qui ont digéré ont fourni leur ration aux autres.

Comment s'est établi d'estomac à estomac cet étroit communisme que, dans ses plus folles aberrations, l'esprit humain n'aurait jamais conçu ; comment s'est organisé cet étrange réfectoire où l'individu qui mange nourrit son voisin qui n'a pas mangé ? Voici : — Tout pied de corail débute par un seul polype, qui, issu d'un œuf et d'abord errant dans les eaux, finit par se fixer à une roche sous-marine pour y fonder une colonie. Ce polype, une fois qu'il a pris domicile, bourgeonne à la manière de l'hydre, à la manière de la plante. Un nouveau polype pousse donc sur le flanc du premier. La communication entre la cavité digestive du polype rameau et celle du polype souche est d'abord indispensable, afin que la nourriture saisie et digérée par ce dernier profite au jeune, incapable de se suffire encore à lui-même. Cette communication a lieu absolument comme chez l'hydre, avec cette différence qu'elle n'est pas destinée à s'interrompre un jour. Les polypes du corail, arrivés à maturité, ne se séparent pas pour aller s'établir ailleurs ; ils continuent à vivre en famille, indissolublement unis entre eux.

Or, le premier polype issu d'un bourgeon est suivi d'un second, d'un troisième, d'un quatrième, etc. Les fils, à leur tour, bourgeonnent des petits-fils ; ceux-ci, des arrière-petits-fils ; et ainsi de suite, sans limites arrêtées, si bien que les générations successives s'échelonnent sans fin par de nouveaux bourgeonnements, de jour en jour plus nombreux. Quant au domicile commun ou corail, il résulte de l'exsudation de tous ses habitants, qui suent de la pierre comme l'escargot transpire les matériaux de sa coquille. Chaque polype nouveau-né apporte son contingent de matière pierreuse, et l'édifice grandit, se ramiflant de plus en plus. C'est ainsi que se forment le corail et une foule de productions marines analogues nommées polypiers, c'est-à-dire habitations de polypes. A ce titre, le corail est lui-même un polypier.

D'après son mode de formation, il est visible qu'un polypier n'a pas de fin nécessaire et qu'il ne doit périr que d'accident. Les polypes vieux meurent sans doute, comme meurt tout animal; mais avant, ils laissent sur le polypier de nombreux rejetons, qui en laissent, à leur tour, d'autres plus nombreux; et cela se continuant toujours, il n'y a aucune raison pour que le polypier dépérisse. Loin de là : s'il ne survient aucun accident, le polypier, toujours restauré, toujours agrandi par des générations nouvelles, atteindra, plein de vigueur, tel âge que l'on voudra. L'abeille et le polype meurent, l'essaim et le polypier restent; l'individu périt, la société persiste. On trouve dans la mer Rouge des polypiers tellement volumineux, qu'en évaluant leur âge d'après la lenteur de leur accroissement, on arrive à une prodigieuse antiquité. Aujourd'hui encore en pleine activité, ils comptent de trois à quatre mille ans d'existence; ils datent de la construction des pyramides; ils sont contemporains des patriarches et des pharaons! Pour les agglomérations des polypes, le temps ne compte pas; l'individu meurt, mais la communauté traverse les siècles, toujours jeune, toujours en travail.

Les polypes sont très-nombreux en espèces, et leurs constructions affectent des formes très-variées. Généralement les polypiers, appelés encore coraux ou madrépores, sont d'un blanc pur, couleur naturelle du carbonate de chaux, dont ils sont composés; plus rarement, ils sont rouges, comme le corail, ou teints d'autres nuances. Rien de plus gracieux que leurs formes. Ici, ce sont des arbustes de pierre aussi élégamment ramifiés que des arbustes véritables; là, des tubes parallèles groupés comme des tuyaux d'orgue, des amas de cellules pareils à des rayons d'abeilles. Ailleurs, le polypier s'arrondit en tête de chou-

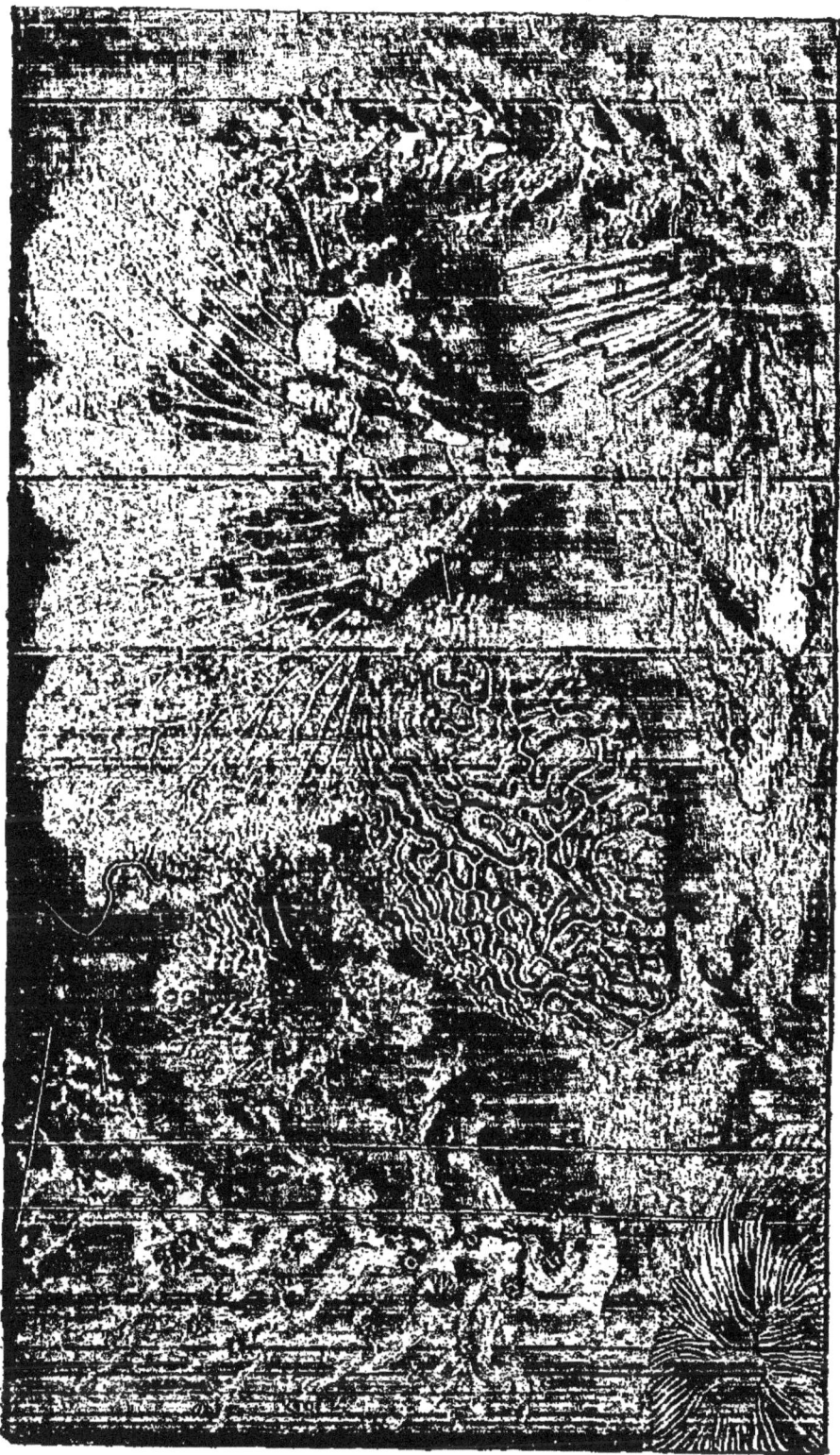

Fig. 4. Formes diverses de Polypiers.

fleur, ou champignon, dont la surface, hérissée de lamelles régulièrement assemblées, dessine une multitude d'étoiles, un réseau de mailles géométriques, un labyrinthe de plis et de sillons ; ailleurs encore, il s'aplatit en grande lame pierreuse, aussi mince qu'une feuille, aussi découpée qu'une dentelle. Sur tous s'épanouissent des milliers de fleurs animales, c'est-à-dire de polypes, qui étalent leurs tentacules en délicates rosettes, et, au moindre danger, les reploient brusquement.

Rien ne manque à ces frêles ouvriers pour mener à fin des constructions bien au-dessus de toutes les forces humaines. La durée, le nombre, les matériaux, pour eux, n'ont pas de limites. Dans les mers chaudes des tropiques, sur tous les points favorables où leurs colonies se donnent rendez-vous au travail, ils entassent étage sur étage, polypier sur polypier, jusqu'à ce que le niveau des flots mette un terme à l'échafaudage de leurs bâtisses. Mais alors le travail, arrêté dans le sens de la hauteur, se poursuit dans le sens horizontal ; le sommet de l'édifice madréporique devient un écueil ; l'écueil, un îlot ; l'îlot, une île ; et l'océan compte une terre de plus.

Une île madréporique est donc le plateau terminal d'une agglomération de polypiers dont la base a ses racines sur quelque haut-fond de la mer. Ce n'est d'abord qu'une étendue stérile ; mais tôt ou tard, les courants de la mer, les vents y apportent des graines, et la végétation finit par ombrager sa surface éblouissante de blancheur. Quelques insectes, quelques lézards venus avec les bois flottants, la peuplent d'ordinaire les premiers ; puis, les oiseaux de mer y contruisent leurs nids, les oiseaux terrestres égarés y viennent chercher refuge. Enfin, quand le sol est devenu fertile, l'homme apparaît et y bâtit sa hutte.

Les îles de coraux dépassent à peine le niveau des eaux. Elles consistent généralement en bandes de terre circulaires ou ovales, entourant un lac peu profond en communication avec la mer. Leur aspect est aussi remar-

quable par sa singularité que par sa beauté. Figurez-vous
une ceinture de terre couverte de cocotiers, dont la
sombre verdure se détache vigoureusement sur le bleu
limpide du ciel. Au centre de cette zone boisée dorment
les eaux limpides d'un lac salé, où les polypes continuent
leurs constructions en compagnie de divers coquillages ;
en dehors s'étend une plage du blanc le plus pur, uniquement formée d'un sable de coraux broyés, et cerclée d'un
anneau de récifs, où l'océan, toujours houleux, brise ses
flots en tourbillons d'écume. Dans son assaut brutal, la
vague menace d'engloutir l'île à chaque instant. L'île, si
basse, si faible, si exposée, résiste cependant grâce aux
polypes, qui prennent part à la lutte et nuit et jour sont à
l'œuvre pour réparer l'édifice compromis, pour l'entourer,
atome par atome, d'un rempart de récifs toujours dé-
moli, toujours reconstruit. Avec leur corps mol et gélatineux, ils tiennent tête, eux chétifs, aux fureurs de
l'océan ; avec leur patiente architecture, ils maîtrisent
la formidable puissance des vagues, que ne pourraient
dompter des barrières de granit.

Jetez maintenant un coup d'œil sur la mappemonde, si
vous voulez vous faire une idée de l'étendue des terres bâties par les polypes ; voyez cette nuée d'archipels de petites
îles qui, à travers l'océan Pacifique, s'étend de l'Amérique
à l'Asie. Eh bien ! beaucoup de ces archipels sont en entier d'origine madréporique ; et ceux dont l'origine est
différente sont au moins entourés d'une ceinture de coraux. Le seul archipel des Maldives, dans la mer des
Indes, comprend douze mille écueils, îlots ou îles de
construction madréporique. Un banc de coraux situé sur
la côte orientale de la Nouvelle-Hollande couvre une superficie de 88,000 kilomètres carrés. La cinquième partie
du monde, l'Océanie, est donc, pour une grande part,
l'œuvre des polypes. Dût-il à cet immense labeur consa-
crer cent mille ans, le genre humain entier ne viendrait
à bout du travail accompli par l'animalcule glaireux des
coraux. Le rôle de ces faiseurs de mondes n'a pas été

moindre dans les anciennes mers, d'où nos continents sont sortis. Certaines assises du globe, certaines chaînes de montagnes, sont formées de polypiers; dans telles étendues du sol de la France, on ne marche que sur de vieux coraux; bien des villes sont bâties avec une pierre dont le moindre fragment renferme des débris de madrépores.

Cette histoire préliminaire de l'hydre et du corail nous amène directement au but, à la plante, dont j'avais à cœur de vous dévoiler tout d'abord l'organisation fondamentale. Cette organisation, qui nous expliquera plus tard une foule de faits sans elle inexplicables, peut se résumer ainsi : un végétal est comparable à un polypier couvert de ses polypes; ce n'est pas un être simple, mais un être collectif, une association d'individus, tous parents, tous étroitement unis, s'entr'aidant les uns les autres et travaillant à la prospérité de l'ensemble; c'est, de même que le corail, une sorte de ruche vivante dont tous les habitants ont la vie en commun.

II

L'Individu végétal.

Bourgeons. — Individu. — L'arbre est un être collectif. — Preuves tirées de la vigne et du saule pleureur. — Le bourgeon est l'individu végétal. — Documents fournis par la taille des arbres et la greffe. — Définition de Dupont de Nemours.

Prenez un rameau de lilas ou de n'importe quel autre arbuste; dans l'angle formé par chaque feuille et le rameau, angle qu'on nomme *aisselle de la feuille*, vous verrez un petit corps arrondi, revêtu d'écailles brunes. C'est là un *bourgeon*, ou, comme disent les jardiniers, un *œil*. Il est destiné à devenir un rameau implanté sur le premier, de même que ces autres bourgeons, les verrues nées sur le corps de l'hydre et du polype, deviennent d'autres hydres, d'autres polypes implantés sur l'animal-souche. Eh bien ! ce bourgeon, et par conséquent le rameau qui doit en résulter, est, pour l'ensemble de l'arbre, ce qu'un polype est pour l'ensemble du corail. Il constitue un membre de la famille, un habitant de la communauté, un individu de la société végétale. Mais tant qu'il est bourgeon, c'est un habitant nouveau-né, ou plutôt en voie de formation, très-faible encore, incapable de travail. Il ne prendra part à l'activité générale de l'arbre que le printemps prochain, lorsqu'il deviendra rameau. Jusque-là, c'est un nourrisson alimenté aux frais de la communauté ; il n'a rien à faire qu'à se fortifier et grandir, comme l'enfant dans ses langes et l'oiseau dans son nid.

Tout le travail revient aux rameaux couverts de feuilles, aux rameaux de l'année. Ils sont les nourriciers de la communauté : par l'intermédiaire des racines, ils puisent dans le sol ; par l'intermédiaire des feuilles, ils puisent dans l'air ; et mélangeant, associant, combinant les matières premières arrivées par ces deux voies, ils préparent le liquide gommeux, la séve, dont se forme toute chose dans le végétal. L'année prochaine, ces rameaux si laborieux aujourd'hui seront, en quelque sorte,

Fig. 5. Rameau avec bourgeons.

mis à la retraite, ils se reposeront ; et les bourgeons actuels, devenus forts et développés en rameaux, travailleront à leur tour à l'œuvre commur, jusqu'à ce que d'autres bourgeons les remplacent également. L'arbre se compose ainsi d'une série de générations annuelles échelonnées l'une sur l'autre. On peut les dénombrer en suivant, de proche en proche, les diverses ramifications depuis la tige jusqu'au dernier rameau. La génération actuelle est représentée par les rameaux feuillés. C'est là que réside l'activité végétale. Les bourgeons forment la génération immédiatement future. C'est pour eux surtout que l'arbre est en travail. Enfin la tige, les branches et leurs subdivisions, jusqu'aux rameaux feuillés, repré-

sentent les diverses générations passées. Ces générations
d'un autre âge sont inactives, quelquefois même frappées
de mort. Elles constituent en quelque sorte le polypier
végétal, c'est-à-dire qu'elles servent de support aux
jeunes générations.

Les preuves surabondent pour affirmer qu'un végétal
n'est pas un être simple mais bien un être collectif, une
association d'individus, vivant en commun, et que la
comparaison d'un arbre avec un polypier couvert de ses
polypes, loin d'être un jeu d'esprit, est la rigoureuse
expression de la réalité. Je vais essayer, mon cher enfant,
de vous le faire comprendre.

D'après son étymologie, le mot *individu* signifie qui
ne peut être divisé. Il n'est pas évidemment question
ici de la simple et brutale division de la matière telle
que l'entend la physique, et consistant à faire d'un tout
des parties plus ou moins petites sans se préoccuper de
cette chose si délicate, le maintien de la vie, car à ce
point de vue toute chose est divisible d'une manière indéfinie. On entend par *individu* tout être qui forme une
unité vivante et ne peut être divisé sans perdre la vie. Un
chien, un chat, un bœuf et chacun enfin des animaux qui
nous sont le plus familiers, constituent autant d'individus,
autant d'êtres indivisibles, qui périssent s'ils sont frac-
tionnés. Qui s'avisera de porter la hache sur le chat pour
le diviser en deux parties égales, dans l'espoir que les
deux moitiés continueront à vivre et formeront deux animaux distincts ayant désormais leur existence propre?
Ce serait folie insigne, contraire à ce que nous enseignent
et l'expérience de chaque jour et les convictions intimes
puisées dans la conscience même de notre existence.
Voilà l'indivisible, voilà l'individu.

Mais nous pouvons hardiment porter la hache sur l'arbre
sans crainte de compromettre sa vie ; que dis-je? avec
la certitude de multiplier l'arbre par ce moyen autant
de fois que nous le voudrons. Relativement à l'animal, dans l'immense majorité des cas, diviser, c'est dé-

truire; relativement au végétal, diviser, c'est multiplier.

Quand il veut planter un coteau nouvellement défriché, le vigneron va couper avec sa serpette, sur une vigne, autant de rameaux qu'il désire de plants. Mis en terre par une extrémité, ces rameaux prennent racine et deviennent en peu d'années autant de souches, qui portent vendange et donnent de vigoureuses pousses, servant à leur tour à d'autres plantations. Des étendues considérables, des cantons entiers, peuvent ainsi se couvrir de vignobles dont tous les ceps sont des tronçons directement ou indirectement détachés d'une souche unique primitive. Qui nous dira si des quelques souches, des quelques rameaux, apportés en Gaule, il y a vingt-quatre siècles, par les Phocéens, fondateurs de Marseille, ne dérive pas une grande partie de nos vignobles actuels par une série d'amputations, qui retranchent le superflu des plants anciens et de chaque tronçon font un nouveau plant? Où est ici l'indivisible, où est l'individu? Ce n'est certes pas le pied de vigne, qui se fractionne indéfiniment et revit dans chacun de ses rameaux détachés et mis en terre. Dire qu'un cep constitue un individu, c'est admettre que les milliers et les milliers de ceps qui proviennent, et peuvent provenir par fractionnement d'une souche, point de départ, ne sont entre tous qu'un seul et même végétal.

Comme la vigne se propage aussi par graines, beaucoup de nos vignobles, de près ou de loin, proviennent de semis. Or de chaque semence naît un nouveau plant. Cela n'infirme en rien cependant la multiplication plus fréquente par rameaux amputés, et les conséquences que l'on en déduit pour la détermination de l'individu végétal. Je prends toutefois un autre exemple. — On cultive dans toute l'Europe le bel arbre que nous appelons *Saule pleureur* à cause de ses longs et flexibles rameaux, qui pendent éplorés comme la chevelure d'une personne accablée d'affliction. La science lui donne le nom de *Saule de Babylone*, parce qu'il est originaire des bords de l'Euphrate, d'où il fut importé en Europe, du temps des croisades. Par une impossibilité absolue, ce saule n'a jamais porté de semences chez nous. Vous en faire exactement comprendre la raison serait prématuré, car vous ignorez encore comment se forment les semences des plantes. Je me bornerai à vous dire que, pour donner des graines fertiles, capables de germer, un saule pleureur ne suffit pas ; il faut absolument le concours de deux, pareils en tout excepté pour les fleurs. Eh bien ! de ces deux saules qui se complètent l'un l'autre pour donner des semences, nous n'en possédons qu'un. Des saules pleureurs répandus aujourd'hui à profusion dans l'Europe entière, aucun ne provient donc de graine ; tous dérivent, de proche en proche, par rameaux détachés, de celui que quelque noble croisé apporta de Babylonie et planta au bord des fossés de son manoir. Ne serait-ce pas, je vous le demande, chose insensée que de regarder comme un seul et même végétal les innombrables saules pleureurs de l'Europe, par la raison qu'ils sont en réalité des tronçons du premier? Qui s'arrêterait à cette folle idée? Chaque saule actuel est bel et bien un arbre à part, distinct des autres, ayant son existence propre.

La conclusion de ces deux exemples et d'une foule d'autres semblables saute aux yeux : un cep de vigne, un saule, un arbre, une plante quelconque, ne sont pas des individus. — Un rameau couvert de ses bourgeons ne l'est pas davantage, car il suffit d'un tronçon de ce rameau pour reproduire le végétal, s'il est mis en terre et convenablement soigné. La seule condition de la réussite, c'est que le tronçon porte au moins un bourgeon. — A la rigueur le bourgeon même suffit pour cette propagation par fractionnement ; mais alors, en général, le nouveau plant, au lieu d'être mis en terre, doit être confié à une branche qui le nourrit de sa sève. On nomme *greffe*, cette transplantation des bourgeons d'un végétal sur un autre. — Ainsi l'arbre peut se subdiviser en autant de nouveaux plants distincts qu'il possède de rameaux ; à son tour, le rameau peut en fournir autant qu'il porte de bourgeons ; mais le bourgeon n'est plus divisible, il périt par le fractionnement. L'individu végétal est donc le bourgeon.

Bien des faits, qui seraient inexplicables avec l'organisation d'un être réellement simple, deviennent d'une parfaite clarté si l'on considère l'arbre comme un être collectif, dont les divers individus, les bourgeons, vivent en commun tout en conservant une certaine indépendance. — Lorsqu'on taille un arbre fruitier en supprimant une partie de son branchage, cette large mutilation, comme n'en pourrait supporter sans périr aucun être simple, loin d'être mortelle à l'arbre, lui est au contraire favorable, parce que les bourgeons qu'on laisse profitent de la nourriture destinée aux bourgeons enlevés. — Si par le moyen de la greffe, on ajoute à un arbre des bourgeons provenant d'un autre arbre, la communauté n'est pas influencée par les nouveaux venus; fils de la maison ou étrangers, les bourgeons se développent, fleurissent et fructifient chacun à sa guise, sans rien emprunter aux habitudes des voisins. Parmi les curiosités que l'on peut obtenir au moyen de ces associations artificielles basées sur la mutuelle indépendance des bourgeons, je vous citerai un poirier sur lequel la greffe avait réuni toute la collection des poires cultivées. Apres ou douces, arides ou juteuses, grosses ou petites, vertes ou vivement colorées, toutes ces poires mûrissaient sur le même arbre et se renouvelaient chaque année sans modifications, fidèles aux caractères de race, non de l'arbre nourricier mais des divers bourgeons implantés sur ce support commun.

La démonstration est, je crois, suffisante. Je conclus par cette originale définition de Dupont de Nemours : « Une plante est une famille, une république, une espèce de ruche vivante, dont les habitants, les citoyens ont la nourriture en commun et mangent au réfectoire. »

III

Longévité de quelques arbres.

S'il est réellement un être collectif où des générations successives s'échelonnent l'une sur l'autre, l'arbre doit durer très-longtemps et ne périr pour ainsi dire que d'une mort accidentelle, puisque aux vieux bourgeons en succèdent chaque année de nouveaux, qui maintiennent la communauté végétale toujours jeune et toujours riche d'avenir. L'individu périt mais la société persiste, vous disais-je au sujet des polypiers; et je vous parlais de certains d'entre eux qui, aujourd'hui encore, dans les eaux de la mer Rouge, sont en pleine prospérité bien que leur commencement date peut-être dès vieux pharaons. L'individu périt et la société persiste, répéterai-je au sujet de l'arbre; et je citerai à l'appui certains vieillards du monde végétal qui luttent d'antiquité avec les coraux de la mer Rouge et même les dépassent.

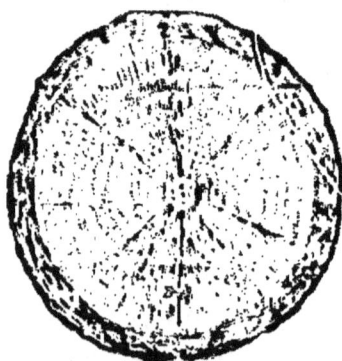

Fig. 6. Coupe transversale de la tige d'un jeune chêne.

Mais comment d'abord reconnaître l'âge d'un arbre? Pour les arbres de nos régions, c'est chose des plus simples. Considérez la figure 6, représentant la coupe transversale de la tige d'un jeune chêne. Depuis la moelle, occupant le centre, jusqu'à l'écorce, se comptent six couches circulaires emboîtées l'une dans l'autre, six assises de bois concentriquement superposées. Elles se distinguent fort bien quand le tronc a été coupé avec netteté à l'aide d'un instrument bien tranchant. On les nomme *couches ligneuses annuelles*, par la raison qu'il s'en forme une chaque année, ainsi que je le démontrerai en son lieu. Les branches en comprennent un nombre plus ou moins grand suivant leur âge; le tronc les comprend toutes. Il suffit donc de compter les cercles annuels de bois dont se compose le tronc pour connaître l'âge d'un arbre abattu : autant de couches, autant d'années. Ainsi, le chêne dont la figure reproduit la section est âgé de six ans. Si l'arbre est encore debout, on mesure l'épaisseur moyenne d'une couche sur la section de quelque branche, et de cette épaisseur on déduit l'âge de l'arbre en la comparant à l'épaisseur du tronc.

Les exemples de longévité végétale surabondent. Les auteurs parlent, par exemple, d'un châtaignier de Sancerre, dont le tronc présentait 4ᵐ,22 de tour. D'après les évaluations les plus modérées, son âge devait être de trois à quatre siècles.

On connaît des châtaigniers beaucoup plus gros, notamment celui de Neuve-Celle, sur les bords du lac de Genève, et celui d'Esaü, dans le voisinage de Montélimart. Le premier a treize mètres de circonférence à la base. Dès l'an 1408, il abritait un ermitage, l'histoire en fait foi. Depuis, quatre siècles sont venus s'ajouter à son âge, la foudre l'a frappé à diverses reprises; n'importe, il est toujours vigoureux et richement feuillé. Le second est une majestueuse ruine ; ses hautes branches sont ravagées ; son tronc, de onze mètres de tour, est labouré de profondes crevasses, rides de la vieillesse. Dire l'âge des deux colosses n'est guère possible. Peut-être faut-il compter ici par mille ans, et pourtant les deux vieillards fructifient encore, ils ne veulent pas mourir.

Le plus gros arbre du monde est un châtaignier qui se trouve sur les flancs de l'Etna, en Sicile. On l'appelle le châtaignier aux cent chevaux parce que Jeanne, reine d'Aragon, visitant un jour le volcan et surprise par un orage, vint s'y réfugier avec son escorte de cent cavaliers.

Sous sa forêt de feuillage, gens et montures trouvèrent largement un abri. Pour entourer le géant, trente personnes tendant les bras et se donnant la main ne suffiraient pas; la circonférence du tronc mesure cinquante mètres et plus. Sous le rapport du volume, c'est moins une tige d'arbre qu'une forteresse, une tour. Une ouverture, assez large pour permettre à deux voitures d'y passer de front, traverse de part en part la base du châtaignier et donne accès dans la cavité du tronc, disposée en habitation à l'usage de ceux qui viennent faire la cueillette des châtaignes, car le vieux colosse a toujours la sève jeune et rarement il manque de fructifier. Il est impossible d'évaluer l'âge du géant, car on soupçonne qu'un tronc aussi monstrueux provient de la soudure de plusieurs châtaigniers rapprochés, primitivement distincts.

Neustadt, dans le Wurtemberg, possède un tilleul dont les branches, surchargées par les ans, sont soutenues au moyen d'une centaine de piliers en maçonnerie. L'une de ces branches atteint une longueur d'une quarantaine de mètres. La ramée entière couvre une étendue de cent trente mètres de circuit. En 1229, cet arbre était déjà vieux, car les documents de l'époque l'appellent le gros tilleul. Son âge probable est aujourd'hui de sept cents à huit cents ans.

Le vétéran de Neustadt avait un aîné en France au commencement de ce siècle. En 1804, se voyait au château de Chaillé, près Melle, dans les Deux-Sèvres, un tilleul de quinze mètres de tour. Il portait six branches principales étayées de nombreux piliers. S'il existe encore, il n'a pas moins de onze siècles.

On montrait dans le temps, à Saint-Nicolas de Lorraine, une table d'un seul morceau de noyer qui avait plus de huit mètres de largeur sur une longueur proportionnée. Suivant la tradition, l'empereur Frédéric III aurait donné, en 1472, un somptueux repas sur cette table. D'après la croissance ordinaire des noyers, on estime que l'arbre dont le tronc a formé ce meuble devait avoir neuf siècles.

Dans le voisinage de Balaklava, en Crimée, on cite un noyer énorme, qui produit par année cent mille noix. Cinq familles le possèdent en commun. Son âge est estimé à deux milliers d'années.

Le cimetière d'Allouville, en Normandie, est ombragé par un des doyens des chênes de la France. La poussière des morts où plongent ses racines semble lui avoir communiqué une exceptionnelle vigueur. Son tronc mesure dix mètres de circuit au niveau du sol. Une chambre d'anachorète, que surmonte un petit clocher, s'élève au milieu de l'énorme branchage. Le bas du tronc, en partie creux, est, depuis 1696, disposé en chapelle dédiée à Notre-Dame de la Paix. Les plus grands personnages ont tenu à honneur d'aller prier dans le rustique sanctuaire et de méditer un instant sous l'ombrage de l'arbre millénaire, qui a vu tant de sépultures s'ouvrir et se fermer. D'après ses dimensions, on donne à ce chêne neuf cents ans d'âge environ. Le gland qui l'a produit a donc germé avant l'an mille. Aujourd'hui, le vieux chêne porte sans effort ses monstrueuses branches ; chaque printemps, il se couvre d'un feuillage vigoureux. Glorifié par les hommes et ravagé par la foudre, il poursuit impassible le cours des âges, ayant devant lui peut-être un avenir égal à son passé.

On connaît des chênes beaucoup plus vieux. En 1824, un bûcheron des Ardennes abattit un chêne gigantesque, dans le tronc duquel furent trouvés des débris de vases à sacrifices et des médailles antiques. D'après les calculs des botanistes les plus experts, ce géant remontait à l'époque de l'invasion des barbares; il avait pour le moins de quinze à seize siècles d'existence.

Après le chêne d'Allouville, mentionnons encore quelques compagnons des morts, car c'est surtout dans les champs de repos, où la sainteté du lieu les protége contre les injures de l'homme, que les arbres parviennent à un âge avancé. Deux ifs, situés dans le cimetière de la Haie-de-Routot, département de l'Eure, méritent entre tous

l'attention. En 1832, ils ombrageaient de leur sombre verdure tout le champ des morts et une partie de l'église, sans
avoir encore éprouvé de dommages sérieux, lorsqu'un
coup de vent d'une violence extrême jeta à terre une
partie de leurs branches. Malgré cette mutilation, les deux
ifs sont toujours de majestueux vieillards. Leurs troncs,
entièrement creux, mesurent l'un et l'autre neuf mètres
de circonférence. Leur âge est estimé à quatorze cents
ans.

Ce n'est pourtant encore que la moitié de l'âge où
d'autres arbres de la même espèce sont parvenus. Un if
du cimetière de Forheingal, en Écosse, mesurait vingt
mètres de tour. Son âge probable était de deux mille cinq
cents ans. Un autre, situé dans le cimetière de Braburn,
dans le comté de Kent, avait, en 1660, une taille si prodigieuse, que toute la contrée en parlait. On lui attribuait
alors deux mille huit cent quatre-vingts années. S'il est
encore debout, plus de trente siècles pèsent aujourd'hui
sur ce patriarche des arbres de l'Europe.

Les géants par excellence du règne végétal sont certains
conifères, le *Sequoia géant*, analogues aux cyprès et connus de la science depuis peu de temps. Ils habitent, au
nombre de quatre-vingts à quatre-vingt-dix, un district
d'environ un tiers de lieue de rayon sur les hautes pentes
de la Sierra Nevada, en Californie. Aussi droits que des
fûts de colonne, ils s'élancent à une élévation de cent
mètres, d'où ils dominent les grands arbres d'alentour
comme nos peupliers dominent les haies voisines. Les plus
petits mesurent dix mètres de tour à la base du tronc; les
plus gros, trente. Le châtaignier de l'Etna a le double de
ces derniers en grosseur, mais il est bien loin d'avoir leur
élévation. A leurs pieds, il ferait l'effet d'un grand fourré
de broussailles. Et puis l'arbre aux cent chevaux provient
apparemment de plusieurs troncs rapprochés et soudés
ensemble, tandis que les colosses californiens sont formés chacun d'un seul tronc, bien isolé, bien régulier. Cette
famille de géants n'a pas été respectée par les chercheurs

d'or ; quelques-uns sont tombés sous la hache. Pour monter sur le tronc de l'un d'eux gisant à terre, il fallait une grande échelle, comme pour monter sur le toit d'une maison. La prodigieuse tige avait en effet neuf mètres d'épaisseur. L'écorce en fut enlevée d'une seule pièce sur une longueur de sept mètres et disposée en appartement avec tapis, piano et des siéges pour quarante personnes.

Fig. 7. Abatage d'un Sequoia géant en Californie.

Un jour, pour jouer à la main chaude, cent quarante enfants trouvèrent place dans le monstrueux étui d'écorce. Quel était l'âge du géant ? — La réponse ici ne laisse aucune place au doute. L'arbre, admirablement conservé jusque dans ses parties les plus centrales, montrait plus de trois mille couches de bois concentriques. Il avait donc trois mille ans pour le moins. Trois mille ans, c'est un bel âge.

Cela nous reporte juste à l'époque où Samson lâchait dans les moissons des Philistins des bandes de renards traînant à la queue des torches incendiaires.

Au Mexique, nous remontons plus haut; nous y trouvons un contemporain de Noé. C'est un cyprès en grande vénération chez les indigènes. Il est situé dans le cimetière de Santa-Maria de Tesla, à deux ou trois lieues d'Oaxaca. Fernand Cortez, le conquérant du Mexique, abrita, dit-on, sa petite armée sous son ombrage. Les calculs des botanistes lui attribuent quatre mille ans d'existence.

Dans la Sénégambie, au voisinage du cap Vert, se trouve un arbre étrange, sorte de mauve gigantesque, qui, pour l'âge, l'emporte encore sur le cyprès de Cortez; c'est le baobab ou adansonie. La tige atteint à peine quatre ou cinq mètres d'élévation, mais elle a de vingt-cinq à trente mètres de tour. Cette robuste base n'est pas de trop pour soutenir le couronnement du feuillage, disposé en dôme de deux cents mètres de circuit. Les feuilles sont grandes, laineuses, découpées à la manière de celles du marronnier; les fleurs ressemblent à celles de la mauve, avec des dimensions plus grandes; les fruits ont l'aspect de potirons brunâtres, divisés en une quinzaine de tranches. Les nègres donnent à l'adansonie un nom qui signifie l'arbre millénaire. Jamais dénomination n'a été plus justement appliquée. Il résulte, en effet, des recherches d'Adanson, que certains de ces vétérans sénégambiens sont âgés de six mille ans. On se refuserait à croire à une telle antiquité, si les déductions qui la proclament n'avaient l'évidence brutale d'une règle de trois.

En 1749, Adanson observa aux îles de la Magdeleine, près du cap Vert, des baobabs visités trois siècles auparavant par des voyageurs anglais. Ces voyageurs avaient gravé des inscriptions sur le tronc, et ces inscriptions furent retrouvées par le botaniste français recouvertes par trois cents couches ligneuses.

Le baobab produit donc, comme nos arbres, une couche

de bois par an. Or, de l'épaisseur totale des trois cents couches observées, pouvait se déduire l'épaisseur moyenne d'une seule; et celle-ci une fois connue, il était facile, en la comparant au rayon du tronc, de remonter à l'âge de l'arbre. C'est ce que fit Adanson. La conséquence de ce calcul élémentaire fut que certains baobabs ont six mille ans d'existence. Ces patriarches s'affaissent-ils au moins rongés par la rouille des siècles? Nullement. Leur écorce est verte et lustrée; à la moindre blessure, il s'en échappe une sève abondante. Ils ont la vigueur du jeune âge; ils ont devant eux encore des siècles et des siècles d'avenir.

On attribue la même antiquité de six mille ans à un arbre célèbre, le dragonier de la petite ville d'Orotava, aux îles Canaries. Dix hommes se tenant par la main ne suffiraient pas pour embrasser le tronc du colosse, que couronne un énorme branchage à longues feuilles aiguës comme des épées. En 1819, un ouragan terrible ébranla cette forêt aérienne et le tiers de la masse rameuse s'abattit avec un épouvantable fracas. Le colosse mutilé garde cependant toujours son imposant aspect; inébranlable sur sa base, il ajoutera sans doute encore de longs siècles aux soixante qu'il compte déjà.

IV

Organes élémentaires.

Cellules. — Rapidité de leur formation. — Principales formes. — Fibres. — Leur endurcissement par le ligneux. — Vaisseaux. — Trachées. — Cellulose. — Contenu des organes élémentaires. — Fécule. — Son extraction de la pomme de terre. — Structure de ses grains. — Sa conversion en glucose.

Lorsqu'il veut prendre exacte connaissance d'un pays nouveau pour lui, le voyageur gagne quelque point élevé d'où la vue saisisse les grandes lignes de configuration de la contrée. Cet aperçu général lui sert désormais de guide pour coordonner, chacune à sa place, les observa-

tions de détail. Je vous fais voyager, mon cher enfant,
dans un monde nouveau pour vous, le monde des plantes;
aussi pour que chaque chose se classe avec méthode
dans votre esprit et se présente sous un aspect riche de
clarté, je vous ai conduit tout d'abord sur l'une des
hautes cimes de la science. Nous en avons rapporté une
vérité, une seule, mais fondamentale et qui nous ouvre
désormais des voies fécondes. La plante est un être complexe, une société dont le bourgeon est l'individu. Les
individus quelque temps prospèrent, puis dépérissent
et meurent, fatale terminaison de tout ce qui vit; mais
avant, ils laissent des successeurs, et les sociétés, toujours
rajeunies, poursuivent le cours des siècles, du moins les
sociétés fortes, celles des arbres, qui bravent les vicissitudes
des saisons, mortelles pour les faibles. Ainsi s'expliquent
les prodigieuses antiquités dont je viens de vous donner
quelques exemples; ainsi s'expliqueront bien d'autres faits
dont l'examen viendra plus tard. Descendons maintenant
de ces hauteurs et venons aux détails. Nous commence-
rons par l'étude des matériaux dont toute plante se compose.

Examinez avec soin un morceau de drap. Vous ap-
prendrez, si vous ne le savez déjà, que le drap est un
tissu de fils entrecroisés, les uns dirigés en long, les
autres dirigés en travers. Avec une épingle, défaites le
tissu, séparez-en un à un les fils constitutifs. L'étoffe
maintenant n'est plus étoffe; c'est une pincée de fils gros-
siers. La décomposition peut être amenée plus loin.
Prenons un fil en particulier. Il résulte de menus filaments tordus ensemble. Chacun est un brin de laine, un
poil de mouton. Nous les isolons l'un de l'autre; et, cela
fait, la décomposition s'arrête : le poil ne se subdivise
pas. Eh bien! le brin de laine est, en quelque sorte l'organe élémentaire du drap; c'est lui qui, toujours le même
quant à la substance, le même ou à peu près quant à la
finesse, constitue, suffisamment répété de fois, d'abord
le fil et puis l'étoffe.

La plante, elle aussi, décomposée pièce à pièce, se réduit à son brin de laine, c'est-à-dire à quelque chose de simple, de non susceptible de dédoublement ultérieur; enfin à son *organe élémentaire*, qui, accumulé en nombre suffisant, forme tout, feuilles et fleurs, graines et fruits, écorce et bois indistinctement. Cette parcelle finale est de même substance dans toutes les plantes et dans toutes leurs parties; elle est encore de même forme et de mêmes dimensions ou à peu près. Or l'organe élémentaire des plantes est un tout petit globule, si menu qu'il en faudrait pas mal de douzaines pour arriver à la grosseur d'une tête d'épingle. C'est vous dire que, sans microscope, il ne faut pas se promettre de le voir. Ce globule est creux.

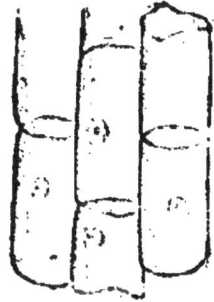

Formé d'une délicate membrane close de partout, il ressemble à une outre, à un sac sans ouverture. Pour ce motif, on lui donne le nom de *cellule*.

La cellule est en quelque sorte le moellon de l'édifice végétal, puisque, empilée par myriades et myriades, suivant tel ou tel ordre, elle forme toutes les parties de la plante. On n'ose croire à l'étourdissante rapidité des végétaux pour créer des cel-

Fig. 8. Cellules du Lis.

lules et construire avec elles. Une feuille de haricot, une seule, à l'époque de sa croissance, fait pour le moins, par heure, deux mille cellules, aussitôt mises en place, groupées comme il convient. Une citrouille augmente en poids d'un kilogramme et plus par jour, d'un kilogramme de cellules, points invisibles. Le botaniste Jungius parle d'un champignon qui, en une seule nuit, parvint de la grosseur d'une noisette à celle d'une gourde. De la dimension d'une cellule, comparée à la grosseur acquise, Jungius conclut que le champignon s'était accru de soixante-six millions de cellules par minute, ou d'un total de quarante-sept mille millions dans l'intervalle d'une nuit.

Au moment de leur formation, les cellules sont de petits

sacs clos, formés d'une pellicule transparente. En principe, leur forme est ronde ou ovulaire. Mais elles n'ont pas toujours la place libre ; et gênées par leurs voisines, pressées l'une contre l'autre, elles se déforment et aplatissent leurs flancs en facettes. Pour occuper du mieux l'espace disputé, l'angle s'ajuste avec l'angle, l'arête saillante s'emboîte dans le creux, les inégalités de l'une se font un lit parmi les inégalités des autres.

Quelquefois la cellule persiste dans son initiale simplicité ; elle n'ajoute rien à sa première membrane. C'est le cas des champignons, de croissance très-rapide et de courte durée. Plus fréquemment, chez les végétaux à longue existence, la cellule se double à l'intérieur d'une nouvelle membrane tapissant la première. Cette seconde mem-

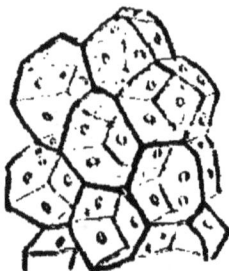

Fig. 9. Cellules de la moelle du sureau.

Fig. 10. Cellules ponctuées.

Fig. 11. Cellules rayées.

brane est suivie d'une troisième, d'une quatrième, etc., toujours à l'intérieur ; de sorte que la paroi cellulaire gagne en épaisseur par l'addition de nouvelles couches et que la cavité centrale se rétrécit d'autant. Or ces enveloppes successives, à partir de la seconde, au lieu de s'étendre en nappe continue, sont fendues çà et là suivant des points, des traits irréguliers, des lignes circulaires ou spirales. Comme ces déchirures se correspondent toutes exactement, la paroi y est plus transparente puisque le sac extérieur n'y est doublé par rien ; et de là résultent des aspects assez variés. Tantôt la cellule se montre couverte de points arrondis ou de courtes raies transversales. Dans le premier cas, elle est dite ponctuée; dans le second, rayée. D'autres fois, elle est cerclée de bandelettes en forme d'anneaux, ce qui lui a valu le nom de cellule *annulaire*; ou bien doublée d'un

Fig. 12. Cellule annulaire.　Fig. 13. Cellule spirale.　Fig. 14. Cellule rayée et réticulée.

fil en tire-bouchon, ce qui lui a valu l'appellation de cellule *spirale*. D'autres fois encore, elle est couverte de traits irréguliers qui simulent les mailles d'un réseau. Dans ce cas, on l'appelle cellule *réticulée*.

Pour s'accommoder aux fonctions diverses qu'elles ont à remplir, les cellules perdent, en des points déterminés du végétal, leur forme originelle et en prennent une très-allongée. Ou bien encore, elles s'ajustent bout à bout en série, s'ouvrent aux extrémités pour communiquer entre elles, et constituent ainsi des canaux plus ou moins longs. De là deux nouveaux genres d'organes élémentaires : les *fibres* et les *vaisseaux*.

Les fibres sont des cellules allongées qui vont en se rétrécissant aux extrémités à la manière d'un fuseau. Elles forment la majeure partie du bois. Comme les cellules ordinaires, dont elles ne sont qu'une variété, elles affectent diverses apparences provenant des déchirures de leurs couches internes tapissant la première membrane.

Fig. 15. Fibres ponctuées.

Il y en a donc de ponctuées, de rayées, de réticulées, etc. Mais le trait le plus remarquable des fibres, c'est leur tendance à empiler rapidement couche sur couche dans

leur intérieur ; aussi, tôt ou tard, les assises surajoutées comblent entièrement leur cavité centrale. En outre les fibres se pénètrent de principes colorants, s'encroûtent de matières minérales, et s'imprègnent surtout d'une substance remarquable appelée *ligneux*. Vous rappelez-vous ces grains durs que l'on rencontre dans la chair de certaines poires de mauvaise qualité ; vous rappelez-vous surtout le noyau de l'abricot et de la pêche, cette robuste coque inattaquable au couteau ? Eh bien! ces grains durs et ce noyau sont du ligneux presque pur. Une fois encroûtées de cette dure substance et minéralisées pour ainsi dire, les fibres ne peuvent plus prendre part au travail vital de la plante, car la première condition de l'exercice de la vie, c'est de se laisser aisément imbiber par les liquides, par la sève, qui est le sang du végétal. Elles ne sont alors pour l'arbre que des matériaux de consolidation et de résistance. Tant que leur cavité est libre et leur paroi perméable, les fibres constituent le bois réellement vivant, situé immédiatement sous l'écorce; quand elles sont obstruées, encroûtées en plein, elles forment la partie centrale du tronc, plus dure et plus colorée que le reste. Le ligneux qui les engorge donne au bois sa dureté, sa résistance à la décomposition, ses propriétés de bon combustible. C'est lui qui, par sa plus grande proportion, rend le chêne préférable au saule pour le chauffage, et le centre du tronc préférable à l'extérieur pour la menuiserie.

Pour conduire sous terre l'eau de nos fontaines, nous ajustons bout à bout un certain nombre de tuyaux plus ou moins longs. Pareillement, la plante, pour amener aux bourgeons l'humidité du sol, empile cellule sur cellule et s'en fait des canaux, autrement dits *vaisseaux*. Dans ses attributions ordinaires, la cellule est close. Quand elle concourt à la formation d'un vaisseau, elle s'ouvre à ses extrémités pour laisser le canal libre. Voici (*fig.* 16) deux tronçons de vaisseaux entourés de quelques fibres. Aux étranglements qui les resserrent de distance en distance, on voit bien que ces deux vaisseaux résultent, en effet, d'un assemblage de cellules. L'un d'eux est *rayé*, l'autre est *ponctué*, absolument comme le sont les cellules ordinaires.

D'autres fois, tout étranglement s'efface, et sur le vaisseau, partout d'un égal calibre, il est impossible de retrouver la moindre ligne de démarcation entre les cellules constitutives. Tels sont les deux vaisseaux de la figure 17. Le premier est doublé intérieurement d'un réseau de mailles, il est *réticulé*; le second est fortifié, de distance

Fig. 16. Deux vaisseaux au milieu de fibres.

Fig. 17. Vaisseau réticulé et vaisseau annulaire.

en distance, par des bandelettes en cerceau, il est *annulaire*. Nous avons déjà trouvé ces deux structures dans les cellules ordinaires, chose toute naturelle puisque le vaisseau dérive de la cellule.

Les vaisseaux ne se ramifient point et ne s'abouchent jamais l'un avec l'autre. Disséminés çà et là dans le bois, ordinairement réunis en petits groupes, ils vont tout droit des racines aux feuilles, sans émettre des tubes secondaires, sans communiquer entre eux. Leur longueur est indéfinie, mais leur diamètre est généralement à peu près invisible. Dans quelques espèces de bois pourtant, leur canal est perceptible à la vue simple. Sur une branche de chêne nettement coupée, par exemple, on distingue, surtout au voisinage de la ligne de jonction de deux zones consécutives de bois, une foule de très-petites ouvertures qui sont les orifices d'autant de canaux. Sur un rameau de vigne bien sec, l'observation est encore plus facile. Le sarment est criblé d'orifices dans lesquels il serait possible d'engager un crin délié.

Pour terminer la série des organes élémentaires, il me reste à vous parler des *vaisseaux spiraux* ou *trachées*. Ce sont des tubes doublés à l'intérieur d'une bandelette

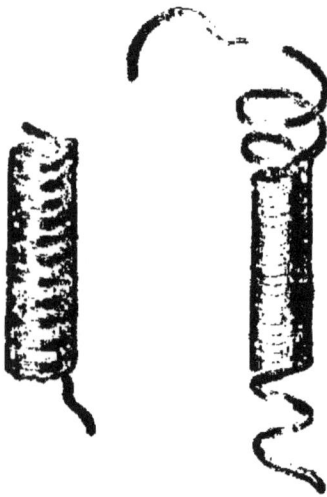

Fig. 18. Fragments de trachées.

roulée en spirale, comme les ressorts de bretelle. Les trachées ne se trouvent jamais dans le bois, si ce n'est au voisinage immédiat de la moelle; mais elles sont très-fréquentes dans les feuilles et dans les fleurs. Déchirez une feuille de rosier avec délicatesse. Vous apercevrez, entre les deux lambeaux, de menus fils défiant en finesse ceux de la plus légère toile d'araignée. Ce sont les bandelettes des trachées rompues, qui se déroulent sous la traction des doigts. Pour observer toutes ces choses, cellules et vaisseaux, fibres et trachées, le secours du microscope est indispensable; sous les verres grossissants se reconnaît alors, dans la moindre parcelle d'un brin d'herbe, une délicate magnificence qui vous saisit d'étonnement.

Des organes élémentaires, nous ne connaissons encore que la configuration en cellule, fibre, vaisseau ou trachée; il nous reste à connaître la substance qui compose leur paroi et la nature des matériaux renfermés dans leur cavité. Occupons-nous de la première. Ici la fabrication du papier peut nous fournir d'utiles renseignements. — Des haillons abjects sont ramassés. Il y en a de recueillis parmi les immondices de la rue, il y en a de maculés d'impuretés sans nom. Un triage est fait : ceux-ci pour le papier fin, ceux-là pour le papier grossier. On les lessive et rudement ; ils en ont besoin. Maintenant des machines s'en emparent ; des griffes d'acier les déchirent, les cisaillent, les mâchent et les mettent en menus lambeaux. Des roues les reprennent et les mâchent encore, elles les triturent dans l'eau, elles les réduisent en purée. La bouillie est grise, il faut la blanchir. Alors interviennent de violentes drogues qui altèrent tout ce qu'elles touchent et le font blanc comme neige. Voilà la pâte épurée à point. D'autres machines l'étalent en minces couches sur des tamis. L'eau s'égoutte et la purée de chiffons se prend en feutre. Des cylindres pressent ce feutre, d'autres le dessèchent, lui donnent du poli. Le papier est fait.

Avant d'être papier, la matière première était chiffon, qui, lui-même, est lambeau de linge hors d'usage. Ce linge, avant d'être mis au rebut, à combien d'usages n'a-t-il pas servi, et quels traitements énergiques n'a-t-il pas subis? Lessivages avec la cendre corrosive, contact avec l'âcreté du savon, coups de battoir, exposition au soleil, à l'air, à la pluie. Quelle est donc cette matière qui résiste aux brutalités de la lessive, du savon, du soleil, de l'air ; qui demeure intacte au sein de la pourriture ; qui brave les machines et les drogues de la papeterie, et sort de ces épreuves toujours plus souple, plus blanche, pour devenir enfin une feuille de papier, de ce beau papier satiné, confident de nos pensées?

Eh bien! la matière du papier est précisément celle dont est fait le sac de la cellule végétale. Cellules, fibres et vaisseaux sont composés d'une substance identiquement la même dans toutes les plantes. La science lui donne le nom de *cellulose*, pour rappeler la cellule. Le coton en bourre, la filasse du chanvre et du lin, sont de la cellulose plus ou moins accompagnée de matières

étrangères qui masquent sa belle couleur blanche. Cette
bourre et cette filasse sont converties en tissus en passant
par les métiers de l'industrie; puis, quand le linge est
usé, elles deviennent papier par une dernière métamorphose. Mais alors la cellulose, qui a subi en route tant
d'épurations énergiques, est débarrassée de toute matière
étrangère. Le papier est donc composé de cellulose pure.

Voilà pour la paroi de la cellule, ainsi que de ses dé-
rivés, la fibre, la trachée, le vaisseau. Voyons le contenu.
Les vaisseaux ne contiennent que de l'eau et de l'air.
Destinés à porter aux bourgeons l'humidité du sol, ils ne
s'obstruent que fort tardivement, lorsque le bois déjà
s'altère. Le bois, depuis longtemps hors d'usage dans l'économie végétale, en possède encore avec leur canal libre. —
Les fibres ont un autre rôle : celui de consolider l'édifice
végétal. Aussi, de bonne heure, elles s'imprègnent d'un
ciment tenace, elles s'encroûtent de cette matière dure
que je vous ai fait connaître sous le nom de *ligneux*. —
A la cellule reviennent d'autres fonctions, ce qui ne l'empêche pas toujours de se durcir de ligneux. C'est elle
qui, incrustée de la dure matière, forme comme des grains
de sable dans la chair de certaines poires; c'est elle aussi
qui, pour protéger l'amande, bâtit la coque indomptable
de l'abricot et de la pêche. Mais, en général, la cellule
est exempte de ligneux ; elle se conserve la paroi souple
et perméable pour préparer et emmagasiner, dans sa
cavité, une foule de substances, car elle est avant tout la
manufacturière de la plante.

Quelques cellules contiennent uniquement de l'air, par
exemple les cellules de la vieille moelle du sureau;
d'autres sont gonflées d'un liquide à peine différent de
l'eau pure. Il y en a qui renferment des vernis résineux
(le pin), des gommes (le cerisier), des jus acerbes (le rai-
sin vert), d'âcres laitages (le figuier), des sirops doux comme
miel (la canne à sucre), des poudres farineuses (la pomme
de terre), des aromates (l'écorce d'orange), des gouttelettes d'huile (la noix , l'olive) , des poisons atroces

(certains champignons), des granules verts (toutes les feuilles), des matières colorantes rouges, bleues, jaunes (les fleurs). On en trouve encore avec des cristaux, ici d'une excessive finesse et groupés en paquets d'aiguilles, là en tablettes confusément empilées, ailleurs amassés en miroitante tête de chou-fleur. Tous ces matériaux, si divers de composition, d'aspect, de propriétés, n'arrivent pas du dehors déjà préparés. Ils se forment dans les cellules avec la sève qui suinte à travers la membrane du sac. Sucre, acide, résine, huile, essence, gomme, farine,

Fig. 10. a, Cellules dont quatre contiennent des faisceaux de cristaux ou aiguilles nommés raphides; b, Raphides isolés; c, La cellule centrale contient un amas de cristaux en tablettes.

poison, tout provient du merveilleux liquide travaillé dans l'incomparable laboratoire de la cellule.

Or, de tous les matériaux élaborés dans les poches cellulaires, le plus remarquable est la *fécule*. Vous connaissez l'amidon, cette belle matière blanche avec laquelle se fait l'empois, qui sert à donner de la consistance au linge. L'amidon est de la fécule pure, de la fécule extraite par l'industrie du grain des céréales. Cette substance est amassée en nombreux petits grains dans les cellules d'une foule de plantes, tantôt dans les racines, les tubercules, tantôt dans les fruits, les semences. Elle est notamment abondante dans la pomme de terre. Pour l'extraire, il suffit de déchirer les cellules qui la contiennent,

et de séparer après les grains de fécule ainsi mis en
liberté. Avec cet effet, la pomme de terre est réduite en
pulpe avec une râpe. On dispose cette pulpe sur un linge
au-dessus d'un grand verre et l'on arrose avec un filet
d'eau tout en remuant. Les grains sortis des cellules dé-
chirées sont entraînés par l'eau à travers les mailles du
linge ; la pulpe, trop grossière, reste sur le filtre. Vous
avez maintenant un plein verre d'eau trouble. Mais re-
gardez au grand jour. Une foule de points d'un blanc
satiné descendent comme neige et se déposent au fond.
Dans quelques instants, le dépôt est opéré. Vous pouvez
alors jeter l'eau, et il vous reste une matière pulvéru-
lente, d'un beau blanc ; c'est la fécule.

Les grains de fécule sont d'une excessive finesse. Les
plus volumineux sont ceux de la pomme de terre. Il en
faudrait cent cinquante environ pour remplir un millimètre cube. Ceux du blé sont bien moindres : dix

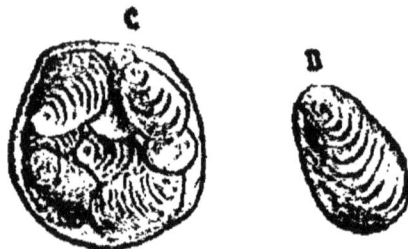

Fig. 20. Fécule de la pomme de
terre ; B, Grain de fécule isolé ;
C, Cellule remplie de grains.

mille suffiraient à peine pour faire un millimètre cube.
Ceux du maïs devraient être au nombre de soixante-quatre
mille pour occuper le même espace ; ceux de la graine
de betterave au nombre de dix millions. Cependant ces
grains si menus sont fort compliqués. Chacun débute par
un point autour duquel un feuillet de matière se dépose,
puis un second, un troisième, un quatrième, indéfiniment ; de sorte que le grain parvenu à maturité se compose d'une suite de sacs emboîtés l'un dans l'autre.

La fécule est une réserve alimentaire destinée à servir
de première nourriture aux jeunes plantes.

Tout germe, destiné à se développer seul, est approvisionné de fécule. Au moment de l'éveil de la vie, cette substance, parelle-même inerte, insoluble, non nutritive parce
que son insolubilité l'empêche de se répandre dans les tissus

naissants et de les imbiber, se transforme en une autre,
soluble dans l'eau et apte de la sorte à s'infiltrer partout
où le travail d'organisation demande des matériaux. On
nomme *glucose* le résultat de cette admirable transformation. C'est une substance de saveur douce, très-voisine
du sucre par sa composition et ses propriétés. Mettez du
blé dans une soucoupe et tenez-le humide. En quelques
jours, le blé germera. Lorsque la pointe verte des jeunes
pousses commence à se montrer, si vous prenez un grain
vous le trouvez tout ramolli. Il s'écrase sous le doigt et
laisse écouler une espèce de lait d'une saveur très-douce.
Pour allaiter pour ainsi dire la jeune plante, la fécule du
grain est devenue glucose, qui dissoute dans l'humidité dont
la semence s'est gonflée et mélangée de granules farineux,
non encore transformés, fournit une espèce de laitage. Avec
ce laitage, des cellules se font, et des fibres et des vaisseaux. C'est d'autant plus facile que la glucose renferme
juste ce que renfermait la fécule, contenant à son tour
juste ce que contient la cellulose. Les trois substances, si
différentes de propriétés cependant, contiennent les mêmes
principes. Une délicate retouche, qui n'ajoute rien, qui
ne retranche rien, suffit pour convertir en fécule ce qui
devait être cellulose, et pour convertir finalement en une
espèce de sucre ce qui était fécule. Une retouche en sens
inverse va amener une métamorphose rétrograde : le sucre
va devenir fécule s'il le faut; ou, ce qui est plus pressé,
il va faire de la cellulose, il va devenir du bois.

Ces transformations, si étranges qu'elles vous paraissent, sont en partie réalisées par l'industrie humaine.
Avec de la fécule, elle fait le sucre nommé glucose, le
même sucre qui se trouve dans le miel, dans les raisins
mûrs, dans le blé qui germe; elle sait en faire avec de la
cellulose, avec le livre que vous lisez, avec des chiffons
de toile si vous voulez; à la rigueur elle en ferait avec
du bois, avec des copeaux de saule, avec le pied de votre
chaise. Elle fait intervenir, pour ces curieuses métamor-
phoses, l'un des agents les plus énergiques de la chimie,

l'acide sulfurique ou huile de vitriol. Mais la plante a bien mieux que ce procédé brutal. Tout doucement, sans feu, sans huile de vitriol, elle change en laitage de glucose les réserves de fécule accompagnant un germe. Comment cela ? Je l'ignore et ne suis pas le seul. Ici toute science de bon aloi dit modestement : je ne sais pas. Il est entré dans les desseins de l'éternelle Sagesse qu'à un moment donné, la fécule, matière aride, non nutritive, dépourvue de saveur, insoluble, devint un lait bien doux, fluide, nourrissant; et cela se fait. Si vous trouvez un jour, après avoir bien pâli sur les livres, une raison meilleure, obligez-moi de me l'apprendre. J'attends.

V

Les trois embranchements du règne végétal.

Tissus. — Protococcus des neiges. — Végétaux cellulaires. — Leur importance dans la nature. — Conifères. — Végétaux vasculaires. — Ordre d'apparition de divers végétaux sur la terre. — Différences générales dans la structure de la tige, de la fleur, de la feuille, de la graine. — Nombre des feuilles séminales. — Végétaux inférieurs. — Les trois embranchements du règne végétal. — Parallèle entre les végétaux dicotylédonés et les végétaux monocotylédonés.

Le tissu de nos étoffes résulte de filaments textiles, coton, laine, soie, chanvre, lin, d'abord tordus en fils et puis entrecroisés; par une extension de langage, on emploie la même expression de *tissu* pour désigner le composé résultant des organes élémentaires des végétaux, cellules, fibres et vaisseaux, assemblés entre eux. Le tissu peut être uniquement composé de cellules juxtaposées, et prend alors le nom de *tissu cellulaire*. Il y en a dont les cellules, ne se touchant que par un point ou une très-petite surface, conservent leur forme ronde originelle et constituent un assemblage peu consistant et comme spongieux; il y en a d'autres où, déformées par leur pression mutuelle et accolées l'une à l'autre par de larges facettes, les cellules prennent des formes polyédriques très-variées. Les intervalles inoccupés que les cellules peuvent laisser entre elles, surtout dans les tissus lâches, portent le nom de *méats intercellulaires*. Parfois encore les cellules circonscrivent des intervalles vides, plus ou moins larges, auxquels on donne le nom de *lacunes*. S'il est composé de fibres, le tissu est qualifié de *fibreux* ; s'il est composé de fibres et de vaisseaux, il est appelé tissu *fibro-vasculaire*.

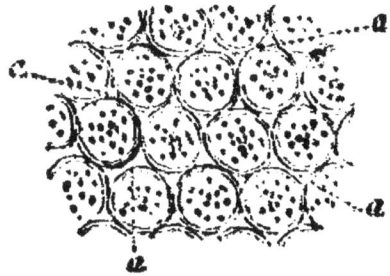

Fig. 21. Tissu cellulaire;
aa, méats intercellulaires.

Vous vous rappelez le châtaignier de l'Etna, le colosse que trente personnes se donnant la main ne pourraient embrasser ; vous vous rappelez aussi les monstrueux conifères de la Californie, dont le tronc fournit un tuyau d'écorce où cent quarante enfants trouvent place. Pour constituer les tissus de leur prodigieuse charpente, combien faut-il de fibres, plus déliées qu'un cheveu, et combien de cellules tenant à l'aise sur la pointe d'une aiguille ! Dans un ordre inverse, d'autres merveilles nous attendent. Une cellule, une seule, un point vésiculaire peut former un végétal complet. Et ne croyez pas que ces atomes vivants soient d'une faiblesse en rapport avec leur exiguité. Ils ont la vie robuste, au contraire ; ils prospèrent dans des conditions mortelles pour des plantes mieux organisées.

Fig. 22. Tissu
fibreux.

L'un d'eux, le *Protococcus des neiges*, brave l'âpreté du climat polaire ; s'il s'aventure dans nos régions, il prend domicile sur les plus hautes montagnes, au sein des frimas éternels. Il recherche le froid, il lui faut des champs de neige pour sol. C'est sur cette couche glacée qu'il naît, se développe et fructifle. Il se compose d'un tout petit grain, d'une seule cellule rouge. En se multipliant en abondance, il donne aux neiges qu'il habite une belle teinte rosée ; et telle est la cause des neiges rouges qu'on observe parfois dans les contrées polaires et dans les Alpes. Une fois mûre, la cellule du *Protococcus* produit dans sa cavité une famille de petites cellules ; puis elle éclate et livre au vent sa postérité, qui va peupler d'autres lneiges.

La vie ne laisse aucun point inoccupé. Pour peupler les neiges et les rougir comme elle rougit les moissons avec le coquelicot, elle crée un être spécial, le dernier des derniers, une plante réduite à une simple cellule. Pour peupler le roc nu, les laves récemment refroidies, les mares croupissantes, les vieilles écorces, le bois pourri, les fruits en décomposition et toutes les matières animales ou végétales corrompues, elle crée, avec des cellules empilées d'une infinité de manières, des myriades de végétaux infimes, première ébauche de la matière organisée. Dans la charpente de ces végétaux, il n'entre que la cellule ; jamais la fibre ni le vaisseau. Aussi les nomme-t-on *végétaux cellulaires*. Ce sont, dans les eaux stagnantes, les mucosités vertes et les crinières filamenteuses des algues ; sur es vieilles écorces, sur les rochers, sur les coulées volcaniques, les croûtes lépreuses des lichens ; sur les vieux arbres, le roc fendillé par les intempéries, les murs en ruines, de soyeux coussinets de mousses ; sur le bois pourri, les feuilles mortes, des champignons à formes bizarres ; sur les fruits gâtés, des houppes de moisissures ; dans les liquides fermentés tournant à l'aigre, des feutres glaireux nommés la *mère du vinaigre*; à la surface du vin qui s'altère, des poussières blanches appelées *fleurs* du vin ; enfin sur toutes les matières en décomposition, des pellicules végétales, des duvets, inséparables compagnons de l'ordure.

Ces végétaux rudimentaires, algues, lichens, mousses, champignons, moisissures, uniquement composés de cellules, souvent d'un petit nombre, d'une seule même, n'en ont pas moins un rôle immense à remplir. Ils émiettent le roc pour en faire de la terre végétale, ils défrichent la mort, ils assainissent la corruption. Multipliés avec une profusion effrayante, ils détruisent les matières mortes et les mettent dans l'état voulu pour rentrer dans le cercle des matières vivantes. Un arbre, supposons, gît à terre. Pour nourrir de ses dépouilles les plantes qui lui succèdent et revivre en elles, il doit être réduit en poudre. Les ouvriers cellulaires se mettent au travail. Mousses, lichens, champignons, moisissures, s'emparent du cadavre. Aidés par les insectes et par l'air, leurs puissants auxiliaires, ils dissèquent le mort cellule par cellule, fibre par fibre; et de division en division, ils le réduisent en terre végétale. Le grand œuvre est accompli : maintenant, avec ce terreau, poussière de la mort, la vie peut reparaître, une nouvelle végétation peut se former.

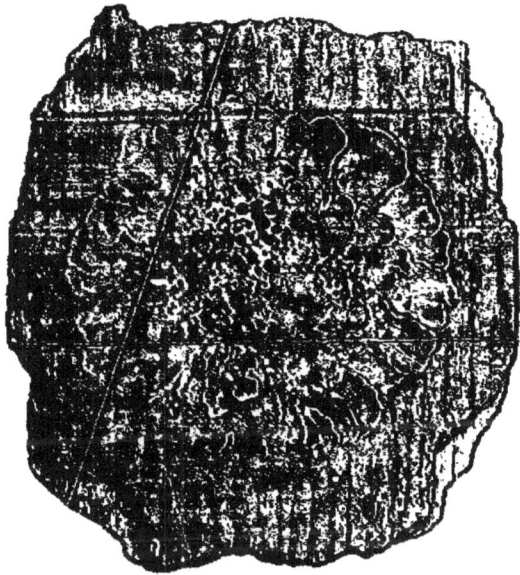

Fig. 23. Lichen sur un tronc d'arbre.

Croyez-le bien, mon cher enfant, on n'avance pas un paradoxe en disant que les moisissures de quelques jours de durée ont plus d'importance, dans l'harmonie des êtres vivants, que les chênes, dont la durée se mesure par siècles, car, sans toutes ces plantes, débiles édifices de cellules, sans tous ces végétaux rudimentaires pullulant dans l'ordure, la vie serait impossible, parce que l'œuvre de la mort serait incomplète. Les petits, sur la terre, ont préparé et préparent toujours l'existence des grands. Une science bien imposante, la géologie, sait, avec les débris exhumés des entrailles du sol, remonter en esprit aux premiers âges du monde. Or savez-vous ce qu'elle nous dit au sujet des *végétaux*? Elle nous dit que ni le chêne ni le hêtre et autres puissants végétaux ne sont venus les premiers. Sur des rocs calcinés, vomis par la fournaise souterraine, qu'auraient-ils fait à un moment où la terre végétale manquait à leurs racines! Pour leur préparer le sol, les petits sont venus, en chapelets, en filaments, en lames de cellules, qui dans les eaux, qui sur la roche nue. Patiemment, ils ont émietté le granit; ils en ont fécondé la poussière de leurs propres débris. De leurs efforts, continués des siècles et des siècles, est résulté un peu de terre végétale, où de nouveaux défricheurs toujours cellulaires, des mousses, des lichens, ont trouvé à s'établir. A ceux-ci, d'autres ont succédé; le sol, de jour en jour, est devenu plus fécond; et finalement, la moisissure ayant accompli son œuvre, le chêne a pu venir.

Trois grandes étapes sont à distinguer dans l'évolution de la plante à travers les âges. D'une manière générale, dans la première étape, la cellule se montre seule; dans la seconde, la fibre s'associe à la cellule; dans la troisième, le vaisseau complète la série des organes élémentaires et le végétal acquiert toute sa perfection. De nos jours, le monde végétal est un mélange des trois catégories; ses innombrables espèces sont composées tantôt de cellules uniquement, tantôt de cellules et de fibres, tantôt enfin de cellules, de fibres et de vaisseaux.

Je viens de vous dire quelques mots des *végétaux cellulaires*, c'est-à-dire dont la charpente a la seule cellule pour élément; tels sont les champignons, les algues, les mousses, les lichens. Les végétaux formés de cellules et de fibres, à l'exclusion des vaisseaux, constituent le groupe des conifères, ou des arbres résineux qui pour fruits ont des cônes. A ce groupe appartiennent les pins, les cèdres, les mélèzes, les sapins. Les conifères se font remarquer, au milieu de la végétation dominante actuelle, par une physionomie à part. Ils se dressent en solennelles pyramides ; leurs branches sont étagées en nappes horizontales ; leurs feuilles, déliées comme des aiguilles, tamisent le jour sans parvenir à faire de l'ombre ; le vent éveille dans leurs rameaux de sauvages harmonies que l'on prendrait pour les lointaines acclamations d'un peuple en fête ; d'âcres senteurs s'exhalent de leur écorce, pleurant la résine ; tout enfin concourt à leur donner un aspect exceptionnel parmi les autres arbres de nos climats. Ce sont des vétérans déclassés au milieu de végétaux de création plus récente : ils appartiennent à un autre âge du monde ; ils descendent de la première végétation ligneuse du globe, de cette antique végétation qui, bien longtemps avant l'homme, couvrait la terre d'étranges forêts, aujourd'hui ensevelies dans les entrailles du sol et converties en assises de charbon. A la cellule des plantes inférieures, les conifères ajoutèrent la fibre, mais sans parvenir au vaisseau.

Fig. 24. Sapin.

De nos jours encore, fidèles à leurs vieux usages, ils ne font pas entrer le vaisseau dans leur organisation.

Les végétaux dominants de l'époque actuelle, depuis les humbles brins de gazon jusqu'aux plus grands arbres, contiennent dans leur structure les trois genres d'organes élémentaires. On leur donne le nom de végétaux *vasculaires* pour rappeler le vaisseau (*vasculum*), qui leur est spécial.

Toute plante débute par l'humble état cellulaire. Qu'elle soit destinée à devenir un chêne ou un maigre brin d'herbe, à un certain moment elle est en entier composée de cellules. Mais à peine débarrassée des enveloppes de la graine, la jeune plante qui doit devenir un végétal vasculaire ajoute des fibres et des vaisseaux à sa charpente initiale de cellules ; ou pour le moins elle y ajoute des fibres si elle appartient aux conifères. Ici deux groupes se présentent, nettement caractérisés par la manière dont ils mettent en usage ces nouveaux organes élémentaires dans la structure de la tige. Le premier groupe assemble les fibres et les vaisseaux en couronnes régulières, en zones concen-

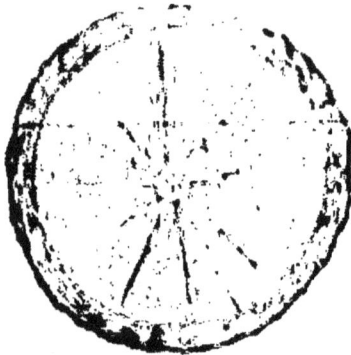

Fig. 25. Section transversale d'une tige dicotylédonée.

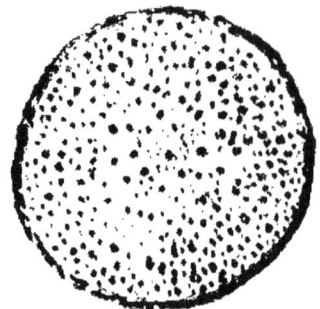

Fig. 26. Section transversale d'une tige monocotylédonée.

triques qui forment les couches ligneuses annuelles, dont il a été déjà dit quelques mots ; le second les dissémine çà et là sans aucun arrangement méthodique.

Voici, en regard l'une de l'autre, la section d'une tige du premier groupe et celle d'une tige du second. Dans la première figure, outre les zones concentriques formées de fibres pour la majeure partie, nous remarquerons les petits points noirs disposés en rangées circulaires sur la ligne de séparation de deux couches consécutives. Ce sont les orifices d'autant de vaisseaux. Dans la seconde figure, les ponctuations correspondent à des paquets déliés de fibres et de vaisseaux ; les parties laissées en blanc sont formées de cellules seules. La première structure se re-

trouve dans le chêne, l'orme, le hêtre et tous nos arbres
enfin. On la retrouve aussi, mais avec une seule zone,
dans beaucoup de nos végétaux qui ne vivent qu'un an,
la campanule, la belle-de-nuit, la pomme de terre, par
exemple. La seconde structure appartient à la tige des
palmiers, du roseau, de l'asperge, du lis, de l'iris et de
bien d'autres.

Fig. 27. Fleur de la Nielle des blés.   Fig. 28. Fleur du Lis.

A ces différences d'organisation de la tige, en correspondent d'autres pour les fleurs, les feuilles, les graines.
Comparons la fleur de la nielle des blés avec celle du
lis. La nielle appartient à la catégorie des végétaux qui
assemblent leurs fibres en couronne régulière; le lis, à
celle des végétaux qui les disposent sans arrangement
méthodique. La fleur de la nielle se compose de cinq feuilles

colorées en violet vineux, autrement dit de cinq *pétales*, dont l'ensemble forme ce qu'on nomme la *corolle*. Les pétales sont d'un tissu très-délicat, qu'un attouchement un peu rude fripe et déchire; mais ils sont enveloppés dans le bouton et protégés au dehors lorsque la fleur est épanouie, par cinq autres feuilles longuement pointues, fermes et vertes, constituant ce qu'on nomme le *calice*. Ainsi la fleur de la nielle comprend deux enveloppes différentes : l'une intérieure, la corolle, fine, délicate, richement colorée; l'autre extérieure, le calice, de couleur verte, de texture robuste et protégeant la première. La fleur du lis, au contraire, est formée de six pétales, tous également d'un blanc d'ivoire, tous également délicats, sans aucune enveloppe verte extérieure; elle a une corolle mais n'a pas de calice. La rose, la mauve, la violette, ont, comme la nielle, double enveloppe florale, calice et corolle; l'iris, la jacinthe, la tulipe, ont, comme le lis, une enveloppe florale simple, la corolle.

Fig. 90. Mûrier à papier.
Feuilles à nervures en réseau.

Une feuille est principalement formée d'une mince lame de tissu cellulaire sans résistance. Pour tenir tête au vent et à la pluie, cette lame est consolidée avec des cordons tenaces de fibres et de vaisseaux, enclavés dans son épaisseur et nommés *nervures* de la feuille. Or si vous comparez les feuilles du poirier avec celles de l'iris, vous reconnaîtrez que, dans les premières, les nervures se subdivisent, se ramifient, se rejoignent entre elles et forment ainsi un réseau à mailles très-serrées; tandis que dans les secondes, les nervures ne se ramifient point et restent parallèles entre elles sans former des mailles. Vous trouveriez la même différence de charpente entre les feuilles de l'orme, du peuplier, du platane et celles du narcisse, du lis, de la tulipe. Lorsque par la pourriture le tissu cellulaire a disparu, les nervures, plus résistantes à la décomposition, persistent et figurent une élégante dentelle dans les végétaux de la première catégorie, un faisceau de filaments parallèles dans ceux de la seconde.

Considérons maintenant le fruit de l'amandier. Nous cassons la coque pour en retirer l'amande, la graine. Celle-ci est recouverte d'une peau roussâtre, puis d'une autre plus fine et blanche. Ce sont les enveloppes du germe. Nous les enlevons : il nous reste un corps d'un beau blanc, ferme, savoureux, destiné à devenir un amandier. Ce corps blanc se partage de lui-même en deux moitiés égales; et cela fait, on voit, à l'extrémité pointue de la graine, un

Fig. 30. Orchis.
Feuilles à nervures parallèles.

mamelon conique tourné en dehors, et un bouquet serré de très-petites feuilles naissantes, une espèce de bourgeon tourné en dedans. Le mamelon doit devenir la racine; le bourgeon doit se déployer en feuilles et s'allonger en tige. Quant aux deux gros organes charnus qui forment à eux seuls la graine presque entière, ce sont les deux premières feuilles de la plante, mais des feuilles d'une structure spéciale, vrais réservoirs alimentaires de la plantule naissante. Au moment de la germination, ces deux grosses feuilles, gorgées de fécule, fournissent les premiers matériaux nutritifs à la jeune plante encore trop faible pour

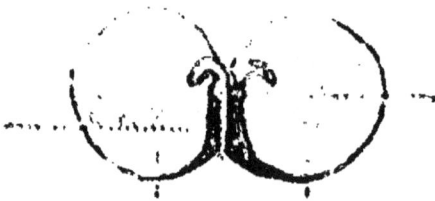

Fig. 31. Graine de Pois.   Fig. 32. Graine de l'Amandier.

c, cotylédons; r, radicule; g, gemmule; t, tigelle.

se suffire à elle-même. On pourrait les appeler les feuilles nourricières, les mamelles végétales. Les botanistes leur donnent le nom de *cotylédons*.

Il est facile de constater que le pois, le haricot, la fève, le gland et tant d'autres graines, ont pareillement deux feuilles nourricières, deux cotylédons. Vous saurez aussi que tous les végétaux dont les fibres de la tige sont disposées en couronne, depuis les moindres jusqu'aux plus grands, approvisionnent leurs germes de deux feuilles nourricières. Mais le lis, la tulipe, l'iris et tous les végétaux qui disposent sans ordre les fibres de leur tige n'ont dans leurs semences, qu'un seul cotylédon.

Il ne vous serait pas toujours aisé, surtout quand les graines sont très-petites, de constater si le germe est pourvu de deux feuilles nourricières ou d'une seule; mais faites germer ces graines et la difficulté d'observation disparaîtra. Vous verrez les semences à deux cotylédons lever avec deux feuilles, les premières de toutes, placées en face l'une de l'autre et très-souvent différant de forme avec

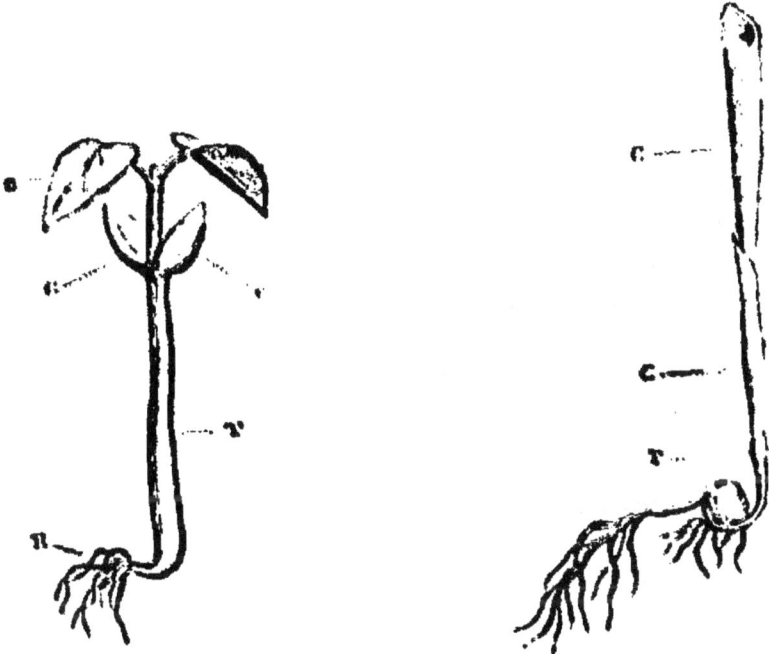

Fig. 33. Haricot en germination.   Fig. 34. Maïs en germination.

C, cotylédons ou feuilles séminales; G, les feuilles suivantes; T, tigelle; R, radicule.

celles qui suivent. Dans le radis, par exemple, elles sont en forme de cœur. Ces deux feuilles, qui devancent toutes les autres dans leur apparition et prennent le nom de *feuilles séminales,* ne sont autre chose que les deux cotylédons, qui s'étalent et verdissent tout en nourrissant la plantule d'une partie de leur substance. Au contraire, les graines à un seul cotylédon lèvent avec une seule feuille séminale, généralement de forme étroite et allongée. C'est ce que vous pouvez observer en faisant germer du blé dans une soucoupe.

Enfin, bien au-dessous de ces deux groupes de végétaux, ayant les uns deux cotylédons à leurs graines et les autres un seul, s'en trouve un troisième se propageant au moyen de semences qui n'ont rien de commun pour la structure avec la graine telle que je viens de vous la décrire sommairement. Ici pas de mamelon qui devienne la racine, pas de bouquet de petites feuilles naissantes, enfin pas de cotylédons. La semence est une simple cellule sans parties distinctes. Les végétaux de ce groupe sont le plus souvent composés uniquement de cellules, tels sont les champignons, les lichens, les mousses, les algues ; quelques-uns, comme les fougères et les prêles, ont des fibres et des vaisseaux ; mais aucun ne possède de fleurs, et souvent même, comme dans les champignons et les lichens, il ne s'y trouve rien qui puisse se comparer à des feuilles, à des racines, à des tiges.

Le règne végétal se partage ainsi en trois *embranchements* d'après le nombre de cotylédons de la semence, savoir :

1° Les *dicotylédonés*, dont le germe a deux cotylédons, quelquefois plus. A cet embranchement appartiennent le chêne, l'amandier, le rosier, le lilas, la mauve, l'œillet, le radis, le sapin, le cèdre ;

2° Les *monocotylédonés*, dont le germe est accompagné d'un seul cotylédon. Tels sont le palmier, le froment, le roseau, le lis, la tulipe, la jacinthe, l'iris ;

3° Les *acotylédonés*, dont le germe n'a pas de cotylédons. Là se classent les fougères, les mousses, les prêles, les algues, les lichens, les champignons.

Laissons pour le moment les acotylédonés dont l'organisation n'est pas comparable à celle des autres végétaux, et mettons en parallèle les dicotylédonés avec les monocotylédonés.

DICOTYLÉDONES.	MONOCOTYLÉDONÉS.
La graine a deux cotylédons.	La graine a un seul cotylédon.
La plante lève avec deux feuilles séminales.	La plante lève avec une seule feuille séminale.
Les nervures des feuilles sont disposées en réseau.	Les nervures des feuilles sont le plus souvent parallèles.
La fleur a généralement un calice et une corolle.	La fleur généralement n'a que la corolle, sans calice.
Les fibres et les vaisseaux sont disposés dans la tige en couronnes concentriques.	Les fibres et les vaisseaux sont répartis sans ordre dans la tige.

VI

Structure de la tige dicotylédonée.

Tige herbacée. — Moelle centrale. — Moelle externe. — Rayons médullaires. — Faisceaux ligneux. — Tige ligneuse. — Cambium. — Liber. — Enveloppe subéreuse. — Épiderme. — Séve descendante. — Accroissement de seconde année. — Accroissements ultérieurs. — Preuves de la marche descendante de la séve. — Effet d'une décortication annulaire, et d'une ligature. — Preuves de la formation annuelle d'une couche ligneuse.

La tige, support commun des diverses parties du végétal, est dite *annuelle* ou *herbacée* quand elle ne doit durer qu'un an. Elle se compose alors, dans les plantes dicotylédonées, d'un amas de cellules vertes, dans lequel plongent quelques paquets de fibres et de vaisseaux formant une couronne étroite, facile à reconnaître à sa couleur d'un blanc mat. L'élément dominant est ici la cellule, le plus simple de tous, le plus prompt à se former et le mieux en rapport avec une vie active mais de courte durée.

Deux régions sont à distinguer dans la masse cellulaire d'une tige herbacée (*fig.* 35). La partie *m* comprise dans l'intérieur de la couronne ligneuse s'appelle la *moelle centrale*; la partie située à l'extérieur de cette couronne, sur le pourtour de la tige, s'appelle la *moelle externe*. Des bandes *r*, également de nature cellulaire, font communiquer

4

la moelle externe avec la moelle centrale. On les nomme rayons *médullaires*. Enfin une assise de cellules robustes, étroitement ajustées l'une à l'autre, enveloppe la tige pour la défendre des ardeurs du soleil, de l'accès de l'air, et s'opposer à la déperdition des liquides qui l'imbibent. C'est ce qu'on nomme l'épiderme. Sur les jeunes pousses, il est facile de l'enlever par lambeaux, sous forme de pellicule incolore. La figure le représente par un gros trait noir cernant le tout.

Quelques plantes herbacées s'arrêtent là dans la structure de leur tige; d'autres complètent plus ou moins leur couronne ligneuse. Alors, entre les piliers primitifs de

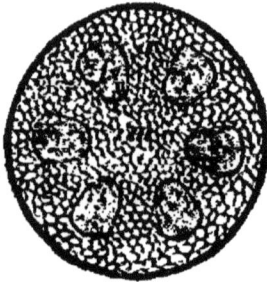

Fig. 35. Tige herbacée dicotylédonée.

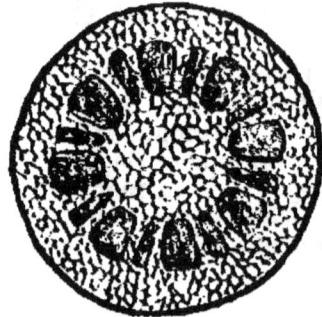

Fig. 36. La même tige plus avancée.

fibres et de vaisseaux, de nouveaux piliers se développent; les rayons médullaires se rétrécissent en fines cloisons et la zone de bois se trouve à peu près continue (*fig.* 36).

Toute tige, n'importe la durée, la grosseur, la consistance qu'elle doit acquérir, débute par des états pareils à ceux que je viens de décrire ; puis, à la fin de sa première année, elle a déjà une structure assez avancée pour mériter la qualification de ligneuse. La figure 37 représente, de grandeur naturelle, un tronçon de tige de marronnier. La partie *ab* de ce tronçon est reproduite à part, grossie au microscope.

Elle comprend une *moelle centrale* (1), toujours composée de cellules seules; puis une zone ligneuse (3), divisée en un grand nombre de coins par des rayons médullaires très-étroits, également de nature cellulaire. Dans cette zone se voient les orifices de gros vaisseaux ponctués; et dans la région (2), au voisinage immédiat de la moelle, d'autres orifices correspondant à des trachées. C'est uniquement là, au contact de la moelle centrale, que la tige est pourvue de trachées; nulle autre part on n'en trouve, ni dans l'écorce ni dans le bois. Au delà de la zone ligneuse, se montre une mince couche (4) formée

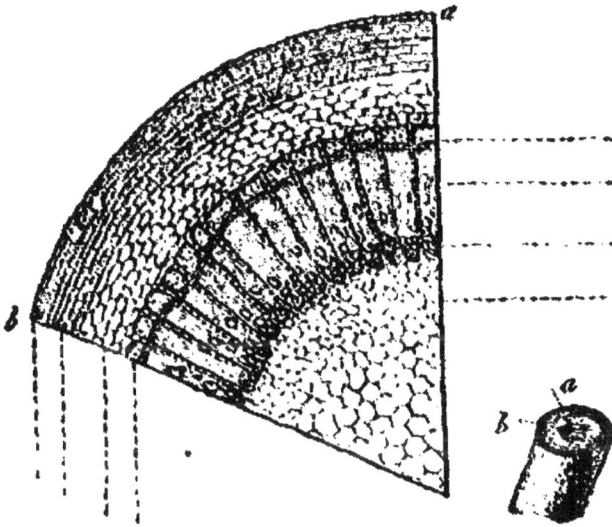

Fig. 37. Coupe transversale d'une jeune tige de marronnier.

d'un liquide visqueux et de cellules naissantes. Si peu apparente qu'elle soit, cette couche demi-fluide est d'une importance capitale, car elle est un laboratoire permanent d'organes élémentaires. On lui donne le nom de *cambium*.

Par delà vient l'écorce. Elle comprend, en allant toujours de l'intérieur à l'extérieur, une couche (5) appelée *liber*, composée de fibres longues et tenaces; puis une zone (6) de tissu cellulaire formant la *moelle externe* ou *enveloppe cellulaire*, analogue à celle des tiges herbacées et communiquant avec la moelle centrale par des rayons médullaires qui traversent de part en part le liber et la zone de bois; plus loin une zone brunâtre (7) également cellulaire, appelée *enveloppe subéreuse*; et enfin une assise de cellules protectrices, *l'épiderme* (8).

Voilà bien des noms, mon cher enfant, des matériaux et des assises pour un morceau de bois d'un an ! Afin de vous aider à les graver dans la mémoire, je vais vous les répéter en vous montrant le morceau de marronnier sous un grossissement plus fort et sous un autre aspect. En voici (*fig.* 38) une tranche coupée verticalement.

La moelle centrale est indiquée par le chiffre 1. Elle est

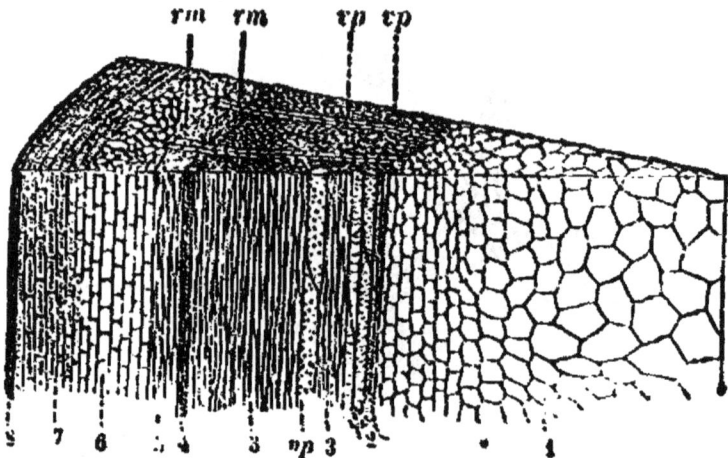

Fig. 38. Coupe verticale d'une portion du même rameau de marronnier.

composée de cellules irrégulières. Sur son pourtour se voient quelques trachées (2), dont les fils en spirale sont un peu déroulés à l'extrémité. La zone ligneuse commence immédiatement après. Vous y reconnaissez quelques gros vaisseaux *vp* à surface ponctuée, et une multitude de fibres (3) toutes assemblées suivant la longueur de la tige. Deux rayons médullaires *rm* s'étendent en ligne droite de la moelle externe (6) à la moelle centrale (1) et les font communiquer au moyen de leurs feuillets de cellules. La couche de bois en travail de formation, enfin le cambium (4), limite à l'extérieur la zone ligneuse. Puis viennent les fibres de l'écorce, le liber (5). Au delà se trouvent la moelle externe (6) formée de cellules d'un vert pâle, et l'enveloppe subéreuse dont les cellules sont encroûtées d'un ciment brunâtre (7). Enfin l'épiderme (8) enveloppe le tout.

Voilà pour la tige d'un an, grosse au plus comme le petit doigt. Que se passe-t-il la seconde année et les suivantes?— Sachons d'abord que les végétaux puisent la nourriture à la fois dans l'atmosphère et dans le sol : dans l'atmosphère par les feuilles, dans le sol par les racines. Mais comme les substances empruntées à la terre ne sont pas les mêmes que les substances empruntées à l'air, l'alimentation aérienne et l'alimentation souterraine ne peuvent se suppléer l'une l'autre; les deux marchent de pair, également nécessaires. Alors tout bourgeon, enfoui sous terre ou situé à l'air libre, au sommet d'un arbre, doit, lorsque son heure est venue de se mettre au travail, entrer en rapport avec l'atmosphère au moyen de feuilles, et avec le sol au moyen de communications se prolongeant jusqu'aux racines. En ce moment, les jeunes pousses, c'est-à-dire les bourgeons en voie de développement, infiltrent sous l'écorce une substance liquide. Des mille et mille gouttelettes fournies par la communauté entière, résulte, entre l'écorce et le bois, un flux d'humeurs vivantes qui gagne de proche en proche du sommet à la base de l'arbre, s'épaissit, s'organise et finalement devient une couche de bois superposée aux couches analogues des années précédentes. A l'époque de ce flux, au printemps, on dit que l'arbre est en séve. C'est alors que l'écorce, assouplie par les liquides qui la baignent en dessous, se détache facilement des rameaux, et se trouve propre à faire les sifflets, joie de votre âge. Cette humeur, préparée en commun par l'ensemble des bourgeons, pourrait s'appeler le sang de la plante, puisqu'elle sert à former toutes choses dans le végétal, de même que le sang forme et nourrit toutes les parties du corps de l'animal. On lui donne le nom de *séve descendante* à cause de sa progression du sommet à la base de l'arbre. Le cambium n'est autre chose que cette même sève épaissie et commençant à s'organiser en cellules, fibres et vaisseaux.

Au retour de la belle saison, les nouveaux bourgeons se mettent donc en travail pour ajouter une seconde assise de bois à la tige de la génération précédente et entrer ainsi en rapport avec le sol par la voie des racines. Ils envoient entre le bois et l'écorce la sève élaborée en commun, la sève qui s'épaissit en cambium, s'organise et forme peu à peu, du côté du bois, une nouvelle couche ligneuse moulée sur la précédente ; du côté de l'écorce, une nouvelle couche de fibres, superposée intérieurement à la première assise de liber. Ce travail fini, le bois com

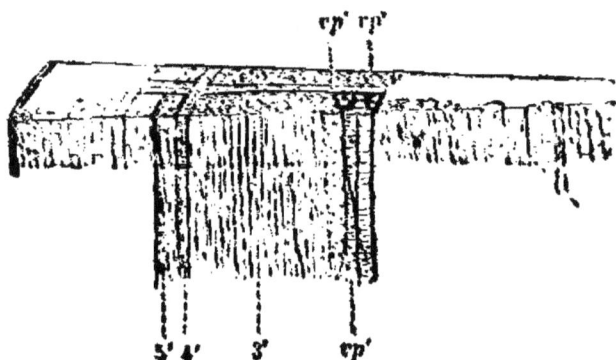

Fig. 39. Coupe verticale des parties développées pendant la seconde année.

prend deux zones emboîtées l'une dans l'autre, la plus vieille au dedans, la plus récente au dehors ; le liber aussi comprend deux feuillets fibreux, l'ancien au dehors, le jeune au dedans. La figure 39 vous montre l'accroissement de la tige pendant la seconde année. Tout ce qui déborde dans la figure est de formation récente ; tout ce qui est en retrait appartient, du côté droit, au vieux bois ; du côté gauche, à la vieille écorce.

La nouvelle couche ligneuse (3') est construite sur le modèle de la précédente. On y voit un amas serré de fibres et quelques gros vaisseaux ponctués $v'p'$, mais les trachées y manquent, comme elles doivent manquer dans toutes les couches futures. Des rayons médullaires la traversent de part en part. L'un d'eux est figuré. Remarquez que d'un côté il va rejoindre la moelle externe, mais que de l'autre il s'arrête à l'ancienne zone ligneuse, sans parvenir à la moelle centrale. Il en sera de même pour tous les rayons médullaires futurs : ils aboutiront tous à la moelle externe, mais tous aussi se termineront à la couche ligneuse de la précédente année. Le liber, c'est-à-dire le feuillet de fibres longues et tenaces, s'est pareillement accru d'une seconde assise (5). Enfin une couche de cambium (4') est interposée entre l'écorce et le bois pour continuer le travail d'accroissement pendant toute la saison favorable.

Il y a ainsi, chaque année, autant pour l'écorce que pour le bois, formation d'une nouvelle assise ; seulement l'assise ajoutée est disposée des deux parts en sens inverse : au dehors pour le bois, au dedans pour l'écorce. Le bois, enveloppé d'une année à l'autre d'un étui ligneux nouveau, vieillit au centre et rajeunit à la surface ; l'écorce, doublée chaque année à l'intérieur d'un nouveau feuillet, rajeunit au dedans et vieillit au dehors. Le premier enfouit au cœur du tronc ses couches encroûtées et mortes ; la seconde rejette au dehors ses anciennes assises, qui se crevassent et tombent en grossières écailles. La décrépitude est simultanément à la superficie et au centre de l'arbre ; mais sur les limites du bois et de l'écorce, la vie est toujours à l'œuvre pour de jeunes formations.

Les matériaux nécessaires à ces formations annuelles sont fournis par le fluide nourricier du végétal, par la séve descendante ou cambium. Si l'on enlève un lambeau d'écorce sur la tige d'un arbre et qu'on recouvre la plaie d'une plaque de verre pour empêcher la dessiccation, on voit suinter au bord supérieur de l'entaille des gouttelettes gommeuses, qui augmentent en nombre et en volume, s'étalent, se fondent l'une dans l'autre et couvrent le bois d'un enduit continu. Voilà la séve descendante, voilà les matériaux avec lesquels les bourgeons de l'année se

forment une couche de bois pour entrer en rapport avec
le sol. Cette humeur est du bois fluide, de même que le
sang des animaux est de la chair coulante; à mesure
qu'elle avance, elle s'épaissit et prend le nom de cambium,
puis s'organise, se solidifie et devient d'un côté couche
ligneuse, de l'autre feuillet de liber.

Une expérience fort simple montre sa marche descendante. Par une double entaille, on enlève, sur une tige,
un large anneau d'écorce. De la sorte, toute communication est interrompue entre le haut et le bas de la tige,
un obstacle infranchissable est établi sur le trajet de la
sève. Alors celle-ci, sans cesse envoyée du haut de l'arbre
par les bourgeons, s'accumule au bord supérieur de la blessure, s'y organise, devient bois et forme un bourrelet. Au
bord inférieur de la blessure, au contraire, aucun renflement n'apparaît. En sa structure intime, le bourrelet
ligneux du bord supérieur est composé d'un amas de
fibres contournées, entrelacées. On dirait que les matériaux
du bois en travail de formation ont fait tous leurs efforts
pour trouver une issue et continuer leur marche au delà
de l'obstacle. Dans l'état où il se trouve, l'arbre doit périr.
Les jeunes rameaux ne pouvant plus communiquer avec
la terre, l'arbre languira quelque temps, puis se desséchera.

On observe des faits pareils lorsqu'on lie fortement la
tige. Au-dessus de la ligature, un bourrelet se forme, et
puis l'arbre dépérit. Ici encore, la compression entrave,
suspend la descente de la sève; elle empêche les bourgeons
de se mettre en rapport avec le sol, et la communauté végétale se meurt. Mais si la bande d'écorce enlevée, si la
compression, n'embrasse qu'une partie de la tige, la sève
contourne l'obstacle, elle s'ouvre une voie dans la région
non endommagée, et reprend par delà sa marche habituelle. Dans ce cas, l'arbre ne meurt pas; il est seulement
affaibli.

Il descend donc de l'ensemble des bourgeons, pour les
mettre en rapport avec la terre, une humeur spéciale qui

chemine sous l'écorce et s'organise, dans son trajet, en une couche de bois montée sur celle de l'année précédente. Cette couche ligneuse relie les bourgeons au sol, car parvenue à la base de la tige, elle se distribue dans les racines déjà formées, ou même en produit de nouvelles en se subdivisant et s'épanouissant sous terre. Comme pareil travail se reproduit pour chaque génération de bourgeons, c'est-à-dire chaque année, il en résulte qu'un arbre se compose d'une succession de couches ligneuses emboîtées l'une dans l'autre, les plus vieilles à l'intérieur, les plus récentes à l'extérieur. Une branche, suivant son âge, en comprend tel ou tel nombre; et la tige, point de départ de la communauté végétale, les comprend toutes.

Voici quelques preuves expérimentales de cette formation annuelle d'une couche ligneuse. Sur un arbre en séve, on soulève une bande d'écorce, et, contre le bois mis à nu, une mince feuille métallique est appliquée. L'écorce est remise en place et assujettie avec des ligatures afin que la plaie se cicatrise. Dix années s'écoulent, je suppose. On revient soulever l'écorce au même point. La feuille de métal ne se voit plus; pour la retrouver, il faut creuser dans l'épaisseur du bois. Or, si l'on compte les couches ligneuses enlevées avant d'atteindre la lame métallique, on en trouve précisément dix, autant qu'il s'est écoulé d'années.

On connaît une foule d'observations dans le genre de la suivante. Des forestiers abattirent un hêtre portant gravée sur le tronc la date de 1750. La même inscription se retrouvait dans l'intérieur du bois, et, pour y arriver, il fallait franchir cinquante-cinq couches où rien n'apparaissait. Or en ajoutant 55 à 1750, on obtient juste l'année où l'arbre fut abattu, 1805. — L'inscription gravée sur le tronc en l'année 1750 avait traversé toute l'écorce et atteint la couche de bois la plus extérieure alors. Depuis, cinquante-cinq années s'étaient écoulées, et des couches nouvelles, exactement en nombre égal, avaient enveloppé la première. Je vous ai déjà dit comment une observation

de ce genre avait permis à Adanson d'évaluer l'âge prodigieux des baobabs de la Sénégambie. Il reste donc établi
que les arbres, du moins ceux de nos climats, produisent
une couche ligneuse par an.

VII

Couches ligneuses annuelles.

Vitalité des couches ligneuses superficielles. — Décrépitude des
couches centrales. — Aubier et bois parfait. — Qualités du bois
parfait. — Bois blancs. — Troncs caverneux. — Comment la destruction de la partie centrale n'entraîne pas la mort de l'arbre. —
Renseignements tirés de l'examen des zones annuelles.

Il vient d'être établi qu'un arbre se compose d'une suite
d'étuis ligneux s'enveloppant l'un l'autre. Le tronc les
comprend tous; les branches, suivant leur âge, en contiennent plus ou moins. Chacun est le produit d'une génération de bourgeons. L'étui ligneux de la génération
présente occupe l'extérieur de la tige, immédiatement sous
l'écorce; ceux des générations passées en occupent l'intérieur, et sont d'autant plus reculés vers le centre, qu'ils
sont de plus vieille date. Les bourgeons futurs produiront,
d'année en année, leurs couches de bois respectives, qui
viendront se superposer une à une à leurs aînées; et la
couche superficielle actuelle se trouvera, à son tour, en-
clavée dans l'épaisseur du tronc.

De tous ces étuis ligneux, d'âge inégal, le plus nécessaire
aujourd'hui est évidemment celui de la superficie, puisqu'il met en rapport avec la terre les bourgeons actuels.
La destruction de cette couche amènerait la mort de l'arbre.
En leur temps, les couches de l'intérieur ont, tour à tour,
quand elles occupaient la surface, rempli le même rôle à
l'égard des bourgeons contemporains; mais aujourd'hui
que ces bourgeons sont devenus branches, les couches
profondes n'ont que des fonctions secondaires ou même
ne servent absolument à rien. Les plus voisines de la su-

perficie conservent encore quelque aptitude au travail et viennent en aide à la couche de l'année pour amener aux rameaux les sucs de la terre. Quant aux plus centrales, elles ont perdu à jamais toute activité; leur bois s'est durci, obstrué de ligneux, desséché. Dans leur décrépitude, ces couches de l'intérieur sont hors de service; tout au plus, par l'appui de leur bois tenace, donnent-elles de la solidité à l'édifice général. L'activité de l'arbre décroit ainsi de la superficie au centre. A la surface, c'est la jeunesse, la vigueur, le travail; au centre, la vieillesse, la ruine, l'inertie.

L'ensemble des zones ligneuses se divise ainsi en deux parts : l'une centrale, d'où la vie est entièrement retirée; l'autre extérieure, où la vie réside à des degrés divers. Ces deux parts se distinguent par une coloration différente sur la section d'une tige un peu âgée : la première est de couleur foncée, la seconde est blanchâtre. On donne à la première le nom de *cœur* ou de *bois parfait*; à la seconde le nom d'*aubier*. Dans l'aubier, le bois est pâle, tendre, imprégné de sucs; c'est du bois vivant. Dans le cœur, il est fortement coloré, dur, desséché; c'est du bois mort.

La décrépitude est loin d'être une perfection. Pourquoi alors ce nom de bois parfait donné au cœur du tronc? C'est imparfait qu'il faudrait dire. Oui, sans doute, le cœur du bois est imparfait relativement à l'arbre, qu'il n'alimente plus, mais il est parfait eu égard aux services qu'il nous rend. Pour nos meubles, il faut un bois à grain serré, à riche coloration. Eh bien! ces qualités ne se trouvent pas dans l'aubier; elles se trouvent dans le cœur. L'ébène, si dure et si noire, l'acajou rougeâtre et à contexture si fine, proviennent de deux arbres dont l'aubier est mou et blanc. Le sandal et le campêche, qui fournissent à la teinture des matières colorantes, sont enveloppés d'aubier incolore. Le bois que sa dureté a fait comparer au fer, et nommé pour ce motif bois de fer, est le cœur d'un arbre dont l'aubier n'a rien de remarquable. Qui ne connaît les différences de dureté et de coloration entre le cœur et l'aubier du chêne, du noyer, du poirier? Jamais l'aubier ne peut être employé ni comme bois de teinture, ni comme bois d'ébénisterie. Il faut l'enlever à coups de hache pour mettre à nu le cœur, où se trouvent uniquement la matière colorante et le tissu compacte.

La bois parfait débute par l'état d'aubier, et l'aubier actuel est destiné à devenir de proche en proche bois parfait à mesure qu'il vieillit et que de nouvelles couches le recouvrent. La coloration et la dureté se propagent donc du centre vers la circonférence, tandis que de nouvelles couches tendres et blanches se forment au dehors. Dans quelques arbres, la transformation de l'aubier en bois parfait est très-incomplète, le cœur tombe en pourriture sans parvenir à durcir. On les nomme *bois blancs*. De ce nombre sont le saule et le peuplier. Les bois blancs sont de mauvaise qualité ; ils n'ont pas de consistance et se détruisent vite.

Parvenus à un âge avancé, les arbres, surtout ceux dont le cœur ne durcit pas, ont fréquemment la tige caverneuse. Tôt ou tard, les couches intérieures, consumées par la pourriture, se réduisent en terreau, et le tronc finit par devenir creux, ce qui ne l'empêche pas de porter une vigoureuse couronne de branchage. Rien de plus étrange, au premier abord, que ces vieux saules rongés par les larves d'insectes, excavés par la pourriture, éventrés par les années, qui se couvrent, malgré tant de ravages, d'une puissante végétation. Cadavres en décomposition au dedans, ils jouissent au dehors de la plénitude de la vie. La singularité s'explique si l'on considère que les couches centrales sont maintenant inutiles à la prospérité de l'arbre. Vieilles reliques de générations qui ne sont plus, elles peuvent être rongées par la pourriture ; le reste de l'arbre n'en souffrira pas tant que les couches extérieures se conserveront saines, car là seulement réside la vitalité. Détruit dans ses parties centrales par les outrages du temps, et rajeuni chaque année par des générations nouvelles de bourgeons, l'arbre traverse les siècles sans vouloir mourir. Par une prérogative inhérente à son organisation d'être collectif, il réunit les caractères les plus contradictoires. Tout à la fois, il est vieux et jeune, mort et vivant.

Les zones ligneuses empilées dans l'épaisseur du tronc sont, en quelque sorte, les feuillets d'un livre où la vie de l'arbre est écrite. Voici les principaux renseignements que fournissent ces archives végétales. — Lorsque sur un tronc coupé en travers, nous comptons cent cinquante couches ligneuses, par exemple, cela signifie que l'arbre a cent cinquante ans puisque chaque couche correspond à une année. Connaissant l'année de son abatage, on remonte ainsi à l'année de la germination de la graine qui l'a produit.

Les diverses zones de bois n'ont pas toutes la même épaisseur; il y en a de minces, il y en a de larges. Les zones minces correspondent aux années où l'arbre a donné beaucoup de fruits; les zones épaisses aux années où il en a peu ou point donné. Si l'arbre, en effet, utilise en faveur des fruits la majeure partie des matériaux dont il peut disposer, par une balance inévitable, il doit réduire la formation du bois nouveau ; s'il les convertit, au contraire, en bois, il doit diminuer la quantité de ses fruits. Tous les arbres à fruits nombreux et d'assez gros volume présentent de pareilles variations dans l'épaisseur de leurs couches ligneuses. Qu'un pommier, qu'un chêne, produisent une année des pommes et des glands en abondance, et pour compenser cet excès leurs tiges grossiront peu. Il y aura prospérité pour les fruits, disette pour le bois. Aussi pour rétablir la tige dans sa force, l'arbre se repose par périodes et cesse plus ou moins de fructifier. Presque tous nos arbres fruitiers mettent une année d'intervalle entre deux récoltes abondantes; le chêne et le châtaignier en mettent deux ou trois; le hêtre, cinq ou six. Les arbres, au contraire, dont les semences fines exigent peu de matériaux, fructifient tous les ans et produisent, malgré cela, des couches ligneuses toujours à peu près de même épaisseur. Tels sont le saule, l'orme, le peuplier.

L'inégalité en épaisseur des zones de bois reconnaît encore une autre cause. Il y a des années de pénurie générale pour la végétation : ce sont les années de grande sécheresse. Les racines trouvant très-peu à puiser dans la terre, le nouveau bois subit les conséquences de cette disette : il ne forme qu'une zone amaigrie. Au contraire les zones larges sont le signe des années où la terre s'est trouvée dans un état convenable d'humidité.

Au milieu des zones saines, tantôt larges, tantôt minces, d'autres se montrent, brunâtres, à demi désorganisées, cariées par places. Elles correspondent aux hivers exceptionnels par leur rigueur. Le bois de l'année, alors placé au dehors de la tige, a été frappé de mort par le froid en quelques points; mais les années suivantes, des couches en bon état ont recouvert la zone maltraitée. Si par le dénombrement des couches, à partir de l'extérieur, on remonte à la date d'une zone désorganisée; on est sûr de trouver une année exceptionnelle par ses froids.

Une couche d'épaisseur égale dans tout son circuit annonce une végétation régulière. Rien ne gênait l'arbre, cette année, ni dans le sol, ni dans l'air; les racines, les branches, s'étalaient en liberté, et la nourriture affluait égale de partout. Une succession de zones pareilles est le signe de cet état favorable maintenu plusieurs années.

Mais une zone inégale, mince d'un côté, large de l'autre, dénote une végétation irrégulière. Du côté mince, l'arbre a souffert : les racines ont rencontré un mauvais terrain, un filon cailouteux ; l'essor des branches a été entravé par des arbres voisins; l'ombre a étouffé le feuillage. Si l'inégalité des couches disparaît tout à coup pour faire place à la régularité, c'est que l'ordre a été rétabli. L'obstacle a été surmonté et les racines ont repris leur marche en avant; les arbres voisins ont été abattus, et la ramée, que l'ombre étouffait, a repris sa vigueur.

VIII

L'écorce.

Épiderme. — Enveloppe subéreuse. — Liége. — Chêne-liége. — Enveloppe cellulaire. — Vaisseaux laticifères. — Latex ou suc propre. — Arbre-à-la-vache. — Caoutchouc. — Gutta-percha. — Liber. — Sa structure. — Fibres textiles. — Lin et chanvre. — Préparation des fibres textiles.

Les précédentes notions viennent de nous montrer, dans l'écorce, quatre couches distinctes : l'*épiderme*, l'*enveloppe subéreuse*, la *moelle externe* ou *enveloppe cellulaire*, le *liber*. C'est là du moins ce que l'on observe dans les tiges jeunes; mais avec l'âge, des modifications profondes surviennent et quelques-unes de ces couches peuvent en entier disparaître.

L'épiderme est la couche la plus extérieure de l'écorce. C'est une mince membrane transparente formée d'une seule assise de cellules juxtaposées. On le trouve sur toutes les tiges indistinctement, pourvu qu'elles soient assez jeunes, car son existence est temporaire. A mesure que la tige grossit, il se distend, se gerce et tombe sans se renouveler. Avec sa délicate souplesse, il convient pour envelopper la tige jeune; mais à l'arbrisseau devenu fort, il faut un vêtement extérieur plus grossièrement solide.

Quelques arbres ont pour enveloppe superficielle la seconde couche de l'écorce complète, autrement dit l'enveloppe subéreuse, dont le liége ordinaire, le liége des bouchons, n'est qu'une variété. Cette couche tire précisément son nom de subéreuse du mot latin *suber*, qui veut dire liége. A mesure que l'arbre grossit, cet étui subéreux, refoulé de dedans en dehors par les formations nouvelles, se déchire, se crevasse, et peu à peu tombe en plaques de vieille écorce; mais sous ces haillons hors d'usage, une autre enveloppe toute neuve s'est déjà formée.

La couche subéreuse de tous les arbres est l'analogue du liége ordinaire; elle est composée comme lui d'un tissu spongieux de cellules brunâtres. Mais le liége véritable, celui qu'on emploie pour faire les bouchons, est le produit d'un chêne particulier, appelé chêne-liége. C'est un bel arbre, toujours feuillé, comparable à l'yeuse ou chêne-vert du midi de la France. Comme l'yeuse, il appartient à la région méditerranéenne, mais il remonte moins vers le nord. On le trouve particulièrement dans le Var, dans quelques parties des Pyrénées, et surtout en Algérie. Il se distingue des autres chênes par une épaisse cuirasse subéreuse, qui donne au tronc un aspect boursouflé. Nous avons dans nos pays plus froids une variété d'orme dont les jeunes tiges sont matelassées d'un liége aussi fin, aussi souple que le liége usuel, mais disposé en crêtes longitudinales irrégulières, en verrues difformes dont il est impossible de tirer parti. Pour obtenir celui du chêne, on pratique une incision circulaire au haut de la tige, une seconde au bas, et de l'une à l'autre une incision longitudinale. Alors l'étui subéreux est enlevé tout d'une pièce à petits coups de levier. Si les couches profondes de l'écorce ne sont pas endommagées, l'écorché survit à l'opération; il se refait un nouveau vêtement de liége qu'on lui enlève encore dans quelques années. Pour en faire des bouchons, on découpe la dépouille du chêne en petits morceaux, qu'on arrondit un à un avec un couteau bien affilé. A l'état de bouchons, le liége nous rend de précieux services. Aucune autre substance ne pourrait le remplacer dans cet emploi, car aucune n'est à la fois autant que lui souple et solide, élastique et ferme. La même substance est éminemment apte à garantir de l'humidité et du froid. Ainsi pour éviter l'humidité des chaussures, nous intercalons dans la semelle ou nous mettons directement sous la plante des pieds une lame de liége. Avec cet exemple familier je citerai le suivant, de plus grande portée.

Un navire s'est rendu dans les mers inhospitalières du pôle pour y séjourner l'hiver. Le noble désir d'ajouter à nos connaissances sur l'histoire de la Terre l'a conduit dans ces redoutables régions, où la mer se prend en sol de glace, où règne une nuit continuelle de plusieurs mois.

Avez-vous jamais ouï parler du froid qu'il fait dans ce lugubre pays? Écoutez. Dès qu'on apparaît à l'air, le souffle expiré cristallise en aiguilles de givre autour des narines; les larmes se gèlent sur les paupières et les soudent l'une à l'autre; la bise vous cingle le visage comme avec des lanières de cuir et laboure la peau de gerçures; le sang paraît se figer dans les veines; les chairs bleuissent, tournent au blanc mat et perdent toute sensibilité. Si l'on ne rentrait vite, on serait perdu. Comment donc fait l'équipage pour se garantir de ce froid atroce à l'intérieur du navire incrusté dans les glaces? Il double tout l'intérieur du vaisseau d'une épaisse couche de liége.

Tous les arbres ne sont pas également habiles à épaissir leur enveloppe subéreuse pour s'en faire un étui si efficace contre le froid; la plupart même la perdent de bonne heure, comme ils perdent l'épiderme. Ils recourent alors aux couches corticales plus profondes, tantôt à l'une, tantôt à l'autre, pour avoir une contrefaçon du liége, c'est-à-dire un fourreau de matière spongieuse plus ou moins propre à les défendre contre les intempéries. Outre l'épiderme, dont il est inutile de tenir compte puisqu'il se détruit de très-bonne heure, l'écorce comprend l'enveloppe subéreuse, l'enveloppe cellulaire et le liber. Chacune d'elles peut être tour à tour, suivant l'espèce végétale, le siége d'un travail actif qui multiplie ses assises, tandis que les autres sont plus lentes à l'œuvre ou même restent inactives et dépérissent. De là plusieurs variétés dans la nature du vêtement externe de l'arbre.

Si l'enveloppe subéreuse est la plus active à multiplier ses cellules, l'arbre est revêtu de véritable liége; mais si elle chôme, elle disparaît tôt ou tard, refoulée au dehors par l'expansion des couches sous-jacentes. Alors la couche cellulaire en prend la place. De ses cellules extérieures, durcies et rembrunies, elle fabrique un faux liége, qui tantôt s'amasse en plaques épaisses comme dans le sapin, tantôt se réduit à des feuillets renouvelés tous les ans comme dans le platane. D'autres fois, le liber seul est en travail. Il refoule et chasse sans retour les deux couches extérieures et revêt lui-même la tige d'un tissu grossier de fibres. Tel est le cas de la vigne, qui tous les ans renouvelle son écorce avec un feuillet de liber et rejette l'ancienne enveloppe sous forme de loques filamenteuses. Chez d'autres, le chêne et le tilleul par exemple, le liber et l'enveloppe cellulaire prennent part à la fois à la confection de l'écorce. Le premier, avec ses paquets de fibres, fournit la chaîne du tissu ; la seconde, avec ses assises de cellules, en fournit la trame. De leur travail commun résulte une enveloppe complexe, dont les parties hors d'usage se détachent du tronc en grossières écailles de cellules et de fibres associées.

Des diverses zones de l'écorce, c'est en général l'enveloppe cellulaire qui déploie le plus d'activité, sinon dans ses assises externes, desséchées et converties en fourreau grossier, du moins dans ses assises internes, toujours pénétrées de sucs. La séve en imbibe largement le tissu spongieux ; les rameaux y envoient les préparations ébauchées dans les feuilles pour y subir un dernier travail et se transformer en substances variées. C'est, avec les feuilles, le grand laboratoire de l'arbre, l'usine végétale où les matériaux affluent pour en ressortir avec des propriétés nouvelles. Là se fabriquent et se tiennent en dépôt les drogueries de la plante, c'est-à-dire des substances particulières, variant d'une espèce à l'autre, et douées de propriétés énergiques qui les font rechercher par la médecine, les arts, l'industrie. C'est là, pour se borner à quelques exemples, que le cannellier élabore l'arôme de son écorce, que le quinquina prépare la quinine, un des médicaments les plus précieux, que le chêne fait son tannin, substance acerbe qui sert aux tanneurs pour rendre les peaux incorruptibles et les convertir en cuir.

. La préparation de ces drogueries nécessite un outillage spécial, qui consiste en canaux d'une forme particulière, nommés *vaisseaux laticifères*. Ils se trouvent au sein de l'écorce, à la jonction de l'enveloppe cellulaire et du liber.

Ils diffèrent des vaisseaux que nous connaissons déjà, autant par la forme que par le contenu. Au lieu de constituer des canaux droits, sans rapports entre eux, sans ramifications, ils se subdivisent à la manière des veines de l'animal, s'abouchent l'un avec l'autre et forment ainsi un réseau irrégulier dont toutes les branches communiquent (*fig.* 40). Les vaisseaux ordinaires font partie du bois; ils servent à l'ascension des liquides puisés dans le sol par les racines. Les vaisseaux laticifères font partie de l'écorce; ils puisent dans la séve descendante, c'est-à-dire dans cette espèce de sang végétal que les rameaux élaborent et envoient de haut en bas entre le bois et l'écorce. Ils se remplissent ainsi d'un liquide, fréquemment d'apparence laiteuse, auquel on a donné le nom de *latex* ou de *suc propre*, parce que chaque espèce végétale en possède un de nature particulière qui lui appartient en propre. Le latex est blanc comme du lait dans le figuier, les euphorbes, le pavot, le pissenlit; il est d'un jaune rougeâtre dans la chélidoine, mauvaise herbe nauséabonde qui vient sur les décombres et les vieux

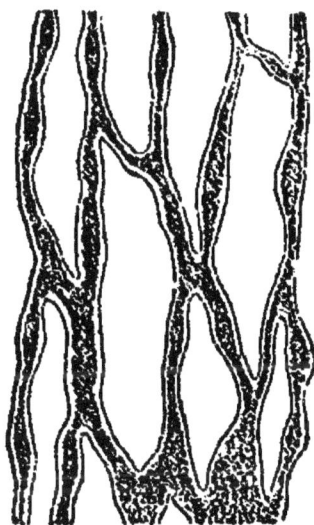

Fig. 40. Vaisseaux
laticifères.

murs. Malheur à qui se laisserait séduire par le bel aspect laiteux du suc propre. Ce prétendu lait est souvent un liquide redoutable. Celui des euphorbes est corrosif au point de vous mettre la bouche en feu; celui du figuier est assez âcre pour endolorir la langue, et même les doigts délicats pendant la récolte des figues; celui du pavot contient de l'opium, terrible substance qui à faible dose vous endort et à dose plus forte vous tue; celui de l'antiar des Javanais est le terrible liquide avec lequel les naturels des îles de la Sonde empoisonnent leurs flèches et la pointe de leurs poignards.

Par un revirement remarquable, le latex, presque toujours vénéneux, devient dans certains cas un aliment agréable et salubre. On trouve dans l'Amérique du Sud, en Colombie, un arbre appelé l'arbre-à-la-vache. Son nom botanique est Galactodendron, qui signifie arbre à lait. On le trait comme une vache laitière, ou plutôt on saigne la vache végétale, on lui coupe les veines, c'est-à-dire qu'on entaille l'écorce de l'arbre. Aussitôt, des vaisseaux laticifères ouverts, s'écoule en abondance un liquide blanc qui, pour l'aspect, la saveur et les propriétés nourrissantes, diffère à peine du lait ordinaire. Évaporé à une douce chaleur, ce lait végétal fournit une délicieuse frangipane à légère odeur balsamique.

La substance la plus communément contenue dans le latex est le caoutchouc ou gomme élastique, non à l'état solide comme dans les tablettes qui nous servent à effacer le crayon, mais à l'état de dissolution. Le latex renfermant du caoutchouc dissous est visqueux ; exposé à l'air, il se prend en une masse élastique. Le lait de nos euphorbes est dans ce cas, celui surtout des grandes espèces méridionales. Ce serait là cependant une maigre source de gomme élastique ; on trouve beaucoup mieux dans divers arbres étrangers, en particulier dans les *Siphonies*, végétaux de la famille des euphorbes qui croissent à la Guyane et au Brésil, dans le *Figuier élastique* de l'Inde, et dans l'*Urcéole élastique*, arbuste de la Malaisie. Pour obtenir le caoutchouc, on entaille profondément l'écorce du tronc, et le suc laiteux qui s'écoule des blessures est reçu dans des calebasses ou dans de grandes feuilles ployées en bonnet. Ce suc est d'abord fluide, mais il prend bientôt la consistance et l'aspect de la crème et finit par se coaguler en entier. Tandis qu'il est encore coulant, on l'applique couche par couche sur des moules en terre, de la forme d'une gourde ou d'une poire ; et à mesure qu'une couche est appliquée, on la met sécher au soleil avant d'en ajouter une autre. Les diverses couches superposées se soudent parfaitement entre elles et forment un tout indivisible. Lorsque l'épaisseur est suffisante, on brise entre les mains le moule fragile de terre, on en fait sortir les débris par un goulot ménagé exprès, et l'opération est terminée. Le caoutchouc est alors sous forme de poires creuses. D'autres fois encore, on le moule simplement en feuilles plus ou moins épaisses sur des plaques de terre.

Le latex de l'*Isonandre gutta,* arbre de la Malaisie, fournit la gutta-percha, substance qui a beaucoup de rapports avec le caoutchouc et rend aujourd'hui de nombreux services à l'industrie. C'est une matière brune, solide, très-résistante, souple comme le cuir mais non extensible à la manière de la gomme élastique. Dans l'eau bouillante, elle se ramollit assez pour pouvoir prendre telle forme que l'on désire, se mouler par la pression et reproduire les plus fins détails des moules. Retirée de l'eau et refroidie, elle devient plus dure que le bois, tout en conservant les formes qu'on lui a données. On en fabrique des courroies pour la transmission du mouvement dans les machines, des tuyaux de tout calibre pour la conduite des liquides, des cannes,

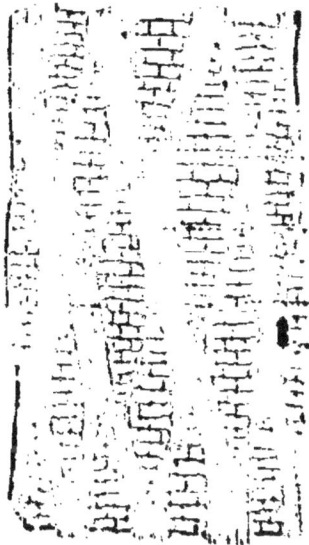

Fig. 41. Liber du marronnier.

r, rayons médullaires; f, fibres.

des fouets, des cravaches, des rouleaux pour les imprimeurs, des instruments de chirurgie, et une foule d'objets d'utilité ou d'ornement. Comme elle est aussi mauvais conducteur de l'électricité que la résine et le verre, on l'emploie enfin pour protéger et isoler les fils métalliques des télégraphes sous-marins.

Au-dessous de la couche cellulaire, vrai laboratoire de droguerie dont je viens de vous faire connaître quelques produits, se trouve le liber, composé de fibres plus ou moins allongées. Ces fibres filamenteuses se groupent en faisceaux qui se rejoignent, se séparent, se réunissent encore et forment ainsi un grossier réseau dont les mailles sont occupées par la terminaison des rayons médullaires, traversant de part en part cette couche de l'écorce. Voici (*fig.* 41) un lambeau du liber du marronnier. En *f* sont

Fig. 42. Le Chanvre.

les fibres régulièrement rangées à côté les unes des autres; en *r* les rayons médullaires, qui plongent dans le bois leurs cloisons de cellules. Chaque année, aux frais de la séve descendante, le liber s'accroît d'une mince couche qui se superpose à l'intérieur des précédentes. De là résulte, pour cette partie de l'écorce, une contexture feuilletée qui a fait comparer le liber à un livre et lui a valu son nom (*liber*, livre). Il serait possible, en comptant ces feuillets annuels, de trouver l'âge de l'arbre; mais d'ordinaire ils sont trop serrés et trop minces pour se prêter à un dénombrement.

Dans quelques plantes, les fibres du liber sont longues, souples et tenaces, réunion de qualités qui nous les rend précieuses pour notre usage personnel. Les tissus de luxe, batiste, tulle, gaze, dentelles, malines, sont empruntés à l'écorce du lin; les tissus plus forts, jusqu'à la grossière toile à sacs, à l'écorce du chanvre. Il faut ici passer sous silence les tissus dont la matière première est le coton, parce que le cotonnier, ce premier des filateurs, ne tient pas ses fibres textiles dans le liber, mais bien dans la coque de ses fruits.

Le lin est une plante annuelle, fluette, à petites fleurs d'un bleu tendre. Elle est originaire du plateau central de l'Asie. Aujourd'hui sa culture est très-développée dans le nord de la France, en Belgique, en Hollande. C'est la première plante que l'homme ait mise à contribution pour ses vêtements. Les momies d'Égypte, qui reposent dans leurs hypogées depuis trente à quarante siècles, sont emmaillottées de bandelettes de lin. Les fibres de cette plante sont tellement fines, qu'une trentaine de grammes de filasse travaillée au rouet fournissent près de cinq mille mètres de fil. La toile d'araignée peut seule rivaliser de finesse avec certains tissus de lin.

Le chanvre paraît être originaire des Indes orientales. Depuis bien des siècles, il est naturalisé dans toute l'Europe. C'est une plante annuelle, d'une odeur vireuse, à petites fleurs sans éclat, et dont la tige, menue comme une plume, s'élève à deux mètres environ. On le cultive comme le lin, à la fois pour son écorce, et pour ses graines appelées chènevis.

Lorsque le chanvre et le lin sont parvenus à maturité on en fait la récolte, et par le battage on en sépare les graines. On procède alors à une opération appelée *rouis-*

sage, qui a pour but de rendre les fibres du liber facilement séparables du bois. Ces fibres, en effet, sont collées à la tige et agglutinées entre elles par une matière gommeuse très-résistante, qui les empêche de s'isoler tant qu'elle n'est pas détruite par la pourriture. On pratique quelquefois le rouissage en étendant les plantes sur le pré pendant une quarantaine de jours et en les retournant de temps à autre jusqu'à ce que la *filasse* se détache de la partie ligneuse ou *chènevotte*. Mais le moyen le plus expéditif consiste à tenir plongés dans une mare le lin et le chanvre liés en bottes. Il s'établit bientôt une fermentation qui dégage des puanteurs malsaines; l'écorce se corrompt, et les fibres, douées d'une résistance exceptionnelle, sont mises en liberté. On fait alors sécher les bottes; puis on les écrase entre les mâchoires d'un instrument appelé *broye*, pour casser les tiges en menus morceaux et les séparer de la filasse. Enfin, pour peigner la filasse de tout débris ligneux et pour la diviser en filaments plus fins, on la passe entre les pointes en fer d'une sorte de grand peigne nommé *séran*. En cet état, la fibre est filée, soit à la main, soit à la mécanique. Le fil obtenu est soumis au tissage, et c'est fini : l'écorce du chanvre est devenue de la toile, l'écorce du lin est devenue une dentelle princière de quelque cent francs le pan.

IX

Structure de la tige monocotylédonée.

Organisation de la tige d'un palmier. — Structure d'un faisceau ligneux. — Progrès de l'organisation végétale à travers les âges. — Les forêts primitives. — Les fougères arborescentes. — Structure de leur tige. — Origine de la houille.

Dans les tiges monocotylédonées, il n'y a plus de démarcation nette entre le bois et l'écorce. On trouve bien, à l'extérieur des grands arbres dont les semences ont un seul cotylédon, une grossière enveloppe formée de cellules endurcies et des bases des vieilles feuilles, mais ce fourreau protecteur ne rappelle en rien l'écorce des tiges dicotylédonées : il n'en a pas la structure complexe, il fait corps avec le bois sans pouvoir se détacher isolément. Dans nos contrées, nous n'avons, hors des cultures des jardins, aucun des grands arbres à un seul cotylédon; ils sont propres aux pays chauds. Nous avons le roseau, qui leur ressemble un peu. Eh bien ! jamais sur le roseau vous ne parviendrez à détacher un cylindre d'écorce, ce que l'on fait sans difficulté au printemps sur nos divers arbres. Son écorce et son bois ne font qu'un. Il faut en dire autant de tous les végétaux à un seul cotylédon.

Les tiges monocotylédonées sont en outre dépourvues de zones ligneuses concentriques. Au milieu d'un tissu de cellules, plongent sans ordre de minces paquets de fibres et de vaisseaux, ainsi que le montre le morceau de palmier que représente la figure 43.

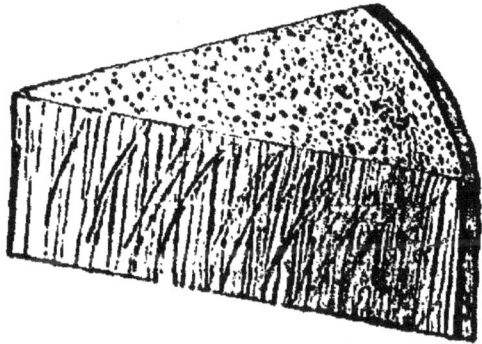

Fig. 43. Segment d'une tige de Palmier.

Les points noirs de la section transversale correspondent à autant de ces filaments ligneux, que l'on voit, sur la coupe en long, plonger dans la masse cellulaire. Vous remarquerez que ces faisceaux ligneux sont plus nombreux, plus serrés, vers l'extérieur de la tige; ils y sont également plus colorés. Or, comme ce sont eux qui donnent au bois sa coloration et sa dureté, une tige de palmier est dure et de teinte sombre dans ses parties extérieures, tendre et de couleur claire dans ses parties centrales. C'est précisément l'inverse de ce qui a lieu dans le tronc des végétaux à deux cotylédons, dont le centre ou le cœur est dur et fortement coloré, et dont l'extérieur, l'aubier, est tendre et de teinte claire.

Malgré son architecture toute différente, la tige des palmiers n'a rien de nouveau dans ses matériaux premiers. Chacun de ses faisceaux ligneux comprend dans sa charpente l'ensemble des organes élémentaires d'une tige dicotylédonée. En voici un coupé d'abord en travers, puis en long et fortement grossi (*fig.* 44). En *a* se voit un peu du tissu cellulaire interposé entre les divers faisceaux; en *b* se trouvent des fibres à parois épaissies par des couches multiples; en *c*, une trachée; en *d*, des vaisseaux rayés;

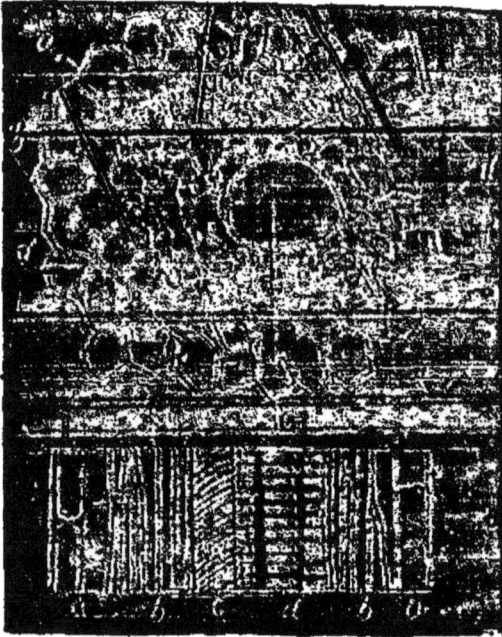

en *e*, des vaisseaux laticifères, qu'on trouve uniquement au soir. de l'écorce dans les tiges dicotylédonées.

En somme, ce filament, dont il faut des milliers pour constituer la tige d'un palmier, est un abrégé de la tige entière des végétaux supérieurs. Il contient à la fois les trachées du pourtour de la moelle, les vaisseaux laticifères de l'écorce, les fibres à parois dures et les vaisseaux du bois.

Fig. 44. Coupe d'un faisceau fibro-vasculaire de Palmier.

Supposons qu'une main douée d'une adresse impossible décompose en ses éléments organiques une tige dicotylédonée, le tronc d'un chêne, par exemple. Imaginons qu'elle mette à part les fibres du bois, à part aussi les trachées, les gros vaisseaux des zones ligneuses, les vaisseaux laticifères de l'écorce, et enfin qu'elle réunisse en une masse commune les cellules de toute provenance. Le triage fait, elle prend un peu de chacun de ces organes, moins les cellules; elle les associe et en fait un long fil, puis un autre, un centième, un millième, tant qu'il y a de matière. Alors elle assemble ces fils côte à côte sous forme de colonne; elle les agglutine en interposant la masse des cellules restée disponible. Ce travail fait, le tronc de chêne se trouve transformé en tige de palmier.

Dans cette transformation y aurait-il décadence ou progrès? — Il y aurait décadence : la tige dicotylédonée, si correcte, si géométrique, avec ses rayons médullaires tirés au cordeau, ses zones concentriques tracées au compas, ses assises corticales et ligneuses où la cellule, la fibre et le vaisseau sont méthodiquement empilés, est certes supérieure en organisation à la tige monocotylédonée, où tout est brouillé, confondu. Cette infériorité des végétaux à un seul cotylédon, des palmiers en particulier, compte au nombre de ses causes la marche progressive de la création à travers les temps. Une puissance mystérieuse, mandataire des éternels desseins de Dieu, achemine les êtres, avec une lenteur que les siècles accumulés mesurent, vers une organisation plus parfaite. Les plantes des anciens âges furent, nous dit la géologie, des algues glaireuses dans les eaux, des croûtes de lichens sur le roc; et tout à peu près se bornait là. La vie en était à ses premiers essais; elle groupait la cellule des plantes rudimentaires avant d'échafauder la fibre et le vaisseau de l'arbre. Une longue période s'écoula et apparurent les races princières des acotylédonées, les prêles gigantesques, les fougères en arbre. Puis, comme préparation aux végétaux qui savent donner des cotylédons à leurs graines, vinrent les conifères, inhabiles encore à façonner le vaisseau. Après les conifères, des monocotylédonées apparurent, et au premier rang les palmiers. En dernier lieu vinrent les dicotylédonées, des ormes, des saules, des érables, et tous les végétaux de l'ordre supérieur.

Il fut un temps où ce coin de terre qui porte aujourd'hui le beau nom de France était éventré par trois bras de mer occupant à peu près les bassins actuels de la Garonne, de la Seine et du Rhône. Entre ces larges golfes,

une terre s'étendait, couverte de grands lacs et de volcans.
Là, sous l'influence d'un climat tropical, florissait une
puissante végétation dont l'analogue ne se retrouve plus,
de nos jours, qu'au sein des contrées équatoriales. Aux
lieux mêmes occupés maintenant par des forêts de hêtres
et de chênes, venaient des palmiers, balançant à la cime
d'une tige élancée le gracieux bouquet de leurs énormes
feuilles. En nos temps, les forêts vierges du Brésil nous
reportent à cette antique flore. Sous leur ombrage pâtu-
raient des éléphants, rugissaient des chats plus grands
que nos lions. Au bord des lacs, de monstrueux reptiles,
crocodiles et tortues, pétrissaient de leurs larges pattes le
limon attiédi. Où étaient alors les arbres de notre époque,
où était l'homme lui-même? Ils étaient où se trouve ce
qui, n'étant pas encore, doit être un jour; ils étaient dans
la pensée créatrice, d'où toute chose s'épanche en inta-
rissable flot.

Une période vint où le climat refroidi fut incompatible,
en Europe, avec l'existence des palmiers et des animaux
leurs contemporains. Alors tout disparut, et des trésors
divins d'autres êtres émergèrent, en progrès de structure
sur leurs prédécesseurs. Les derniers venus, les mieux organisés par conséquent, sont les animaux et les plantes
d'aujourd'hui, sur lesquels règne l'homme, lui-même dernier né de la création.

Pour retrouver en nos contrées les restes de la vieille
race des palmiers, reléguée maintenant dans la zone tro-
picale, au pays du soleil, la science fouille la terre; elle
interroge les profondeurs du sol, où gisent, convertis en
charbon ou en pierre, ces arbres d'un autre âge. Dans ses
fouilles, bien au-dessous des assises terrestres où les palmiers sont couchés, elle exhume une autre race plus
vieille encore, plus étrange, et mêlée à celle des conifères.
C'est la race des fougères arborescentes, qui, après avoir
formé la végétation dominante du globe, jusque sous les
pôles, habitent maintenant, en petit nombre, les îles des
mers les plus chaudes. Les fougères actuelles de l'Europe

sont d'humbles plantes, d'un mètre au plus de hauteur,
souvent de quelques pouces. Leur tige est réduite à une
courte souche rampant sous terre; mais dans les archipels des mers équatoriales, les fougères deviennent des
arbres d'un port comparable à celui des palmiers. Leur
tige s'élance d'un jet à quinze et vingt mètres d'élévation,
et se couronne au sommet d'une grande touffe de feuilles
élégamment découpées. Au centre de la touffe, les feuilles
les plus jeunes sont enroulées en crosse. C'est là un trait
caractéristique de toutes les fougères.

Au milieu des végétaux acotylédonés, uniquement composés de cellules en très-grande majorité, les fougères
font une remarquable exception par leur structure ligneuse, l'emploi de la fibre et
du vaisseau, la configuration en
arbre. Il faut s'attendre à trouver, dans ces représentants de la
première végétation ligneuse de
la terre, une structure spéciale.
Et en effet la tige d'une fougère
arborescente est bien ce que le
règne végétal peut nous montrer de plus disparate avec l'organisation habituelle. Voici la

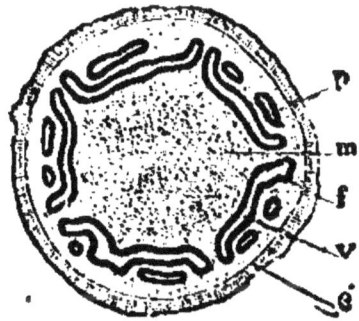

Fig. 45. Section d'une tige de
Fougère arborescente.

section d'une pareille tige. Au milieu d'une masse cellulaire *m*, constituant la majeure partie de la tige, plongent
des faisceaux ligneux bizarrement contournés en dessins
blancs bordés de noir. La partie blanche *v* de ces faisceaux est formée par un amas de vaisseaux; la partie
noire par des couches de fibres imprégnées d'une matière noirâtre. En *p* est encore du tissu cellulaire, communiquant çà et là, par les brèches de l'irrégulière zone ligneuse, avec le tissu cellulaire de la partie centrale.
Enfin en *é* est une enveloppe dure, tenant lieu d'écorce.'
Elle est formée par les bases des vieilles feuilles qui sont
tombées à mesure que la tige s'est élevée. Dans les souches
des fougères de nos pays, on peut observer quelque chose

de cette curieuse structure. C'est ainsi que la souche de
la fougère commune reproduit, avec ses faisceaux ligneux
noirâtres, le dessin grossier d'un aigle héraldique à deux

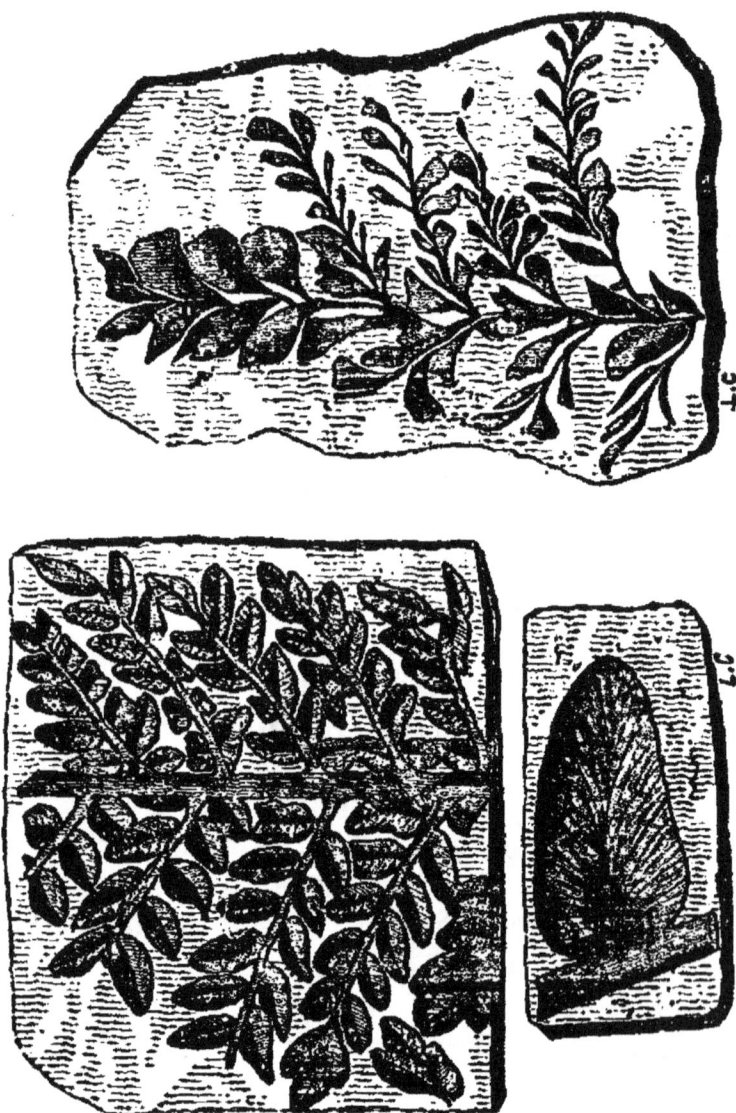

Fig. 46. Spécimen de Fougères fossiles de la houille.

têtes, comme pour inscrire en caractère de blason la no-
blesse de son antique race.

Longtemps avant les palmiers, les fougères arborescentes peuplaient en particulier quelques langues de terre.

qui, devenues plus étendues par le retrait de l'Océan, devaient être un jour l'Europe. Elles formaient la majeure partie de sombres forêts que n'a jamais égayées le gazouillement des oiseaux, où n'a jamais résonné le pas d'un quadrupède. La terre ferme encore n'avait pas d'habitants. Seule, la mer nourrissait dans ses flots une population de monstres, moitié poissons, moitié reptiles, dont les flancs, en guise d'écailles, étaient vêtus de plaques d'émail. L'atmosphère était irrespirable sans doute, car elle contenait en dissolution, à l'état de gaz mortel, l'énorme masse de charbon devenue depuis la houille. Mais les fougères arborescentes, ainsi que d'autres végétaux leurs contemporains, travaillaient à son assainissement pour rendre la terre ferme habitable. Elles soutiraient à l'air son charbon, l'emmagasinaient dans leurs feuilles et leurs tiges; puis, tombant de vétusté, faisaient place à d'autres et à d'autres encore qui poursuivaient sans relâche, dans leurs forêts silencieuses, la grande œuvre de la salubrité atmosphérique. L'épuration de l'air fut enfin accomplie et les fougères en arbre périrent. Leurs débris enfouis sous terre, à la suite des révolutions du globe, sont devenus des lits de houille, où des feuilles et des tiges admirablement conservées de forme, se retrouvent abondamment aujourd'hui et racontent, dans leurs archives, l'histoire de cette antique végétation, qui nous a fait une atmosphère respirable et a mis en dépôt, dans les entrailles du sol, les assises de charbon, richesse des nations.

X

Racine.

Structure de la racine. — Absence de feuilles et de bourgeons. — Mode d'allongement. — Radicelles. Chevelu. — Direction. — Expérience de Duhamel. — Direction de la racine et de la tige de gui. — Racine pivotante. — Racine fasciculée. — Collet. — Dimensions de la racine. — L'arrête-bœuf. — La luzerne. — Utilité des racines profondes en agriculture. — Assolement. — Comment on transforme une racine pivotante en racine rameuse.

En sa structure, la racine diffère à peine de la tige ; elle est formée des mêmes organes élémentaires, cellules, fibres et vaisseaux, disposés dans un ordre exactement semblable. Ainsi, dans les végétaux à un seul cotylédon, elle comprend des paquets de fibres et de vaisseaux noyés dans une masse cellulaire ; tandis que dans les végétaux à deux cotylédons, elle est formée d'une partie ligneuse et d'une partie corticale où se retrouvent les diverses régions de la tige, zones concentriques et rayons médullaires pour le bois, liber, couche cellulaire, couche subéreuse et finalement épiderme pour l'écorce. Ces deux parties s'accroissent en épaisseur par des couches annuelles qui se superposent absolument de la même manière que dans la tige.

Son caractère différentiel le plus net consiste en l'absence de bourgeons et de feuilles. Jamais, si ce n'est en des circonstances très-exceptionnelles, la racine ne porte de bourgeons ; jamais non plus elle ne se couvre de feuilles, pas même de maigres écailles, qui sont après tout des feuilles transformées en vue de fonctions particulières.

Une autre différence bien caractérisée est fournie par le mode d'allongement. Dans toute son étendue, la tige participe à l'accroissement en longueur. Si l'on pratique des marques à sa surface, on reconnaît, après un certain temps, que la distance de l'une à l'autre s'est accrue aussi bien vers la base qu'au milieu et au sommet. La racine, au contraire, ne s'allonge que par son extrémité. On

le constate en observant que les traits de repère prati-
qués à sa surface conservent indéfiniment leurs distances
respectives, excepté celui du bout terminal qui s'éloigne
de plus en plus. L'extrémité de la racine est donc dans un
état permanent de formation, le tissu y est toujours
: une, exclusivement cellulaire, et de la sorte apte par
excellence à s'imbiber des liquides dont le sol est imprégné, à peu près comme le ferait une fine éponge. Pour
rappeler cette faculté d'absorption, l'extrémité toujours
naissante des racines est désignée par le nom de *spongiole*.
Les spongioles terminent les *radicelles*, c'est-à-dire les
dernières subdivisions de la racine, subdivisions dont l'ensemble porte le nom de *chevelu*, à cause d'une vague ressemblance avec une chevelure touffue.

La tige et la racine ont des tendances diamétralement
opposées; à la première il faut la lumière, à la seconde
l'obscurité. Pour atteindre le grand jour, la tige, quand
elle ne peut se dresser d'elle-même, met en œuvre tout un
arsenal d'escalade : vrilles, agrafes, crochets, crampons.
Elle se jette sur les tiges voisines, elle les enlace de ses
spirales; au besoin elle les étouffe dans ses replis. La
racine recherche l'obscurité du sol ; pour y parvenir, rien
ne la rebute. A défaut de terre végétale, elle plongera
dans la glaise ou le tuf, elle s'insinuera parmi les pierres
ou glissera dans les fissures du roc. Ces tendances inverses
se dessinent dès le plus bas âge.

Une graine germe dans le sol. A peine issue de son
œuf végétal, la plantule dirige sans hésitation sa racine
de haut en bas pour l'enfoncer dans la terre, et sa tige
de bas en haut pour la conduire au grand jour. Alors vous
dérangez la graine de sa position; vous la renversez sens
dessus dessous, la racine en haut, la tige en bas. La
jeune plante recourbe en crochet sa racine et sa tige
et fait ainsi reprendre à la première la direction de haut
en bas, à la seconde la direction de bas en haut. Vous
recommencez l'épreuve, vous renversez une seconde fois
la graine. Mais vos manœuvres sont encore déjouées : la ra-

cine et la tige s'infléchissent une seconde fois et reviennent chacune à la direction voulue. Un instinct invincible paraît les animer. En dépit de toutes les difficultés que vous pouvez leur susciter, elles reprennent, l'une sa descente, l'autre son ascension, et périssent plutôt que d'intervertir leurs directions respectives. Des diverses expériences que l'on peut faire à ce sujet, en voici une bien remarquable pratiquée par Duhamel, à qui l'on doit de savantes recherches sur la végétation. — Un gland de chêne est semé dans un tuyau vertical rempli de terre. La semence germe, et suivant l'habituelle loi, la jeune plante dirige sa racine en bas et sa tige en haut. On renverse alors le tuyau de manière que le dessus devienne le dessous, et le dessous le dessus. Bientôt la petite racine fait un coude brusque avec sa primitive direction, la petite tige en fait autant, et chacune reprend l'orientation conforme à ses tendances. Autant de fois on retourne le tuyau, autant de fois les deux parties inverses de la plante se coudent et changent de direction, démontrant ainsi l'insurmontable énergie qui pousse la racine à descendre et la tige à monter. Enfin dans cette lutte obstinée pour reprendre la direction intervertie par l'expérimentateur, la racine, si le tuyau est en verre, se coude toujours vers le côté obscur, vers le côté opposé à la lumière, tandis que la tige se coude vers le côté exposé au grand jour. Lumière et ascension pour la tige, descente et obscurité pour la racine, telles sont les conditions qui font loi.

Dans cette double tendance vers le jour et vers la terre, y a-t-il quelque vague discernement de la part de la plante; la racine et la tige sont-elles capables de chercher et de choisir ; ou plutôt n'y aurait-il pas ici en action cette mystérieuse puissance qui, préposée à la sauvegarde des êtres, fait accomplir à la moindre créature, aveuglément, sans prévision, des actes d'une incomparable sagesse? Chez les animaux, elle prend le nom d'instinct. Le mammifère nouveau-né, sans expérience acquise, sans essai préalable, sans tâtonnements, s'attache au mamelon où il

suce la vie ; de même la plante, par un instinct qui lui
est propre, plonge obstinément sa racine dans la terre, la
grande mamelle des végétaux, et dresse sa tige hors du
sol pour déployer ses feuilles au grand air.

La direction verticale, la racine en bas et la tige en
haut, est suivie par le plus grand nombre des plantes ;
néanmoins quelques-unes font exception mais en confir-
mant la loi générale, d'après laquelle chaque végétal
plonge sa racine dans le milieu qui doit l'alimenter et
dirige sa tige en sens inverse. Dans cette catégorie se
trouvent diverses plantes parasites, dont la plus connue
est le gui.

Le gui vit aux dépens de la séve de divers arbres, en
particulier de l'amandier, du pommier et bien plus rarement du chêne. C'est lui que nos pères vénéraient dans
les forêts de la vieille Gaule, et que les druides cueillaient
en grande pompe sur les chênes avec une faucille d'or. Il
plonge sa racine dans le bois de la branche nourricière,
s'y incorpore solidement et désormais s'abreuve de la séve
de l'arbre. Ses fruits sont des baies blanches et pleines
d'un suc visqueux. Les grives, qui en sont friandes, en
emportent quelquefois les graines collées aux pattes ou
au bec. Un de ces oiseaux, supposons, arrive sur un pommier, les pattes engluées des baies du gui. La grive frotte
les pattes contre la branche, et la semence de l'arbuste
parasite se trouve collée au pommier, tantôt sur la face
supérieure de la branche, tantôt sur le côté ou même sur
la face inférieure, suivant la manière dont l'oiseau se sera
frotté. Bientôt la graine germe, et, sans hésitation aucune,
elle dirige sa racine contre la branche pour l'enfoncer
dans le bois, de haut en bas lorsqu'elle est au-dessus, de
bas en haut lorsqu'elle est au-dessous, latéralement lorsqu'elle est par côté. Quant à la tige, elle prend une direction exactement inverse.

Ici l'évidence est complète : la jeune plante se comporte
comme si elle savait discerner et choisir, comme si elle
reconnaissait la branche, où doit plonger la racine, et

l'air, où la tige doit aller. Il y a donc chez les végétaux une obscure ébauche de l'instinct de l'animal. Par des moyens qui resteront, à tout jamais sans doute, le secret de l'ineffable Puissance veillant aux destinées de la création, les plantes discernent les milieux qu'elles doivent habiter. Quelques-unes, destinées à vivre en parasites dans une position quelconque, modifient la direction de leur tige et de leur racine suivant la manière dont la graine s'est trouvée placée au moment de la germination. Les autres, beaucoup plus nombreuses et destinées à vivre implantées dans le sol, dirigent invariablement leur racine de haut en bas et leur tige de bas en haut; sous la domination de cette tendance inflexible, elles sont assurées de trouver les conditions nécessaires à leur existence. La tige en montant, la racine en descendant, trouveront, la première l'air et le jour, la seconde la fraîcheur et l'obscurité.

D'une manière générale, la racine est donc la partie descendante de la plante; et la tige, la partie ascendante. La ligne idéale, assez indécise, où la plante cesse d'être tige pour devenir racine, prend le nom de *collet*.

La racine affecte diverses formes qui se ramènent à deux types fondamentaux. Tantôt elle se compose d'un corps principal ou *pivot*, qui donne naissance à des ramifications à mesure qu'il plonge plus avant dans le sol. On lui donne alors le nom de *racine pivotante*. Cette forme appartient aux dicotylédonés. Tantôt elle comprend une touffe, un faisceau de divisions simples ou ramifiées, qui, nées à la même hauteur, marchent à peu près du pair en importance. La disposition en faisceau lui a valu le nom de *racine fasciculée*. Cette forme appartient aux monocotylédonés. Ainsi, jusque dans le ténébreux domaine du sol, les végétaux à deux cotylédons et les végétaux à un seul adoptent des dispositions différentes. Cette loi cependant souffre d'assez nombreuses exceptions : certaines plantes dicotylédonées, le melon par exemple, perdent la racine pivotante qu'elles avaient à la germination et la remplacent par une racine fasciculée; d'autres appartenant aux monocotylédonées, le lis et la tulipe par exemple, ont aussi d'abord une racine pivotante, mais qui devient plus tard fasciculée.

En général, le développement de la racine est proportionné à celui de la tige. Ainsi le chêne, l'orme, l'érable, le hêtre et tous nos grands arbres ont une racine vigoureuse, profonde, pour soutenir leur énorme branchage et lui donner appui contre les coups de vent. Mais il ne manque pas d'humbles herbages dont la racine est hors de proportion avec le reste de la plante, et devient un vigoureux pivot comme n'en possèdent pas d'autres végétaux bien plus développés dans leur partie aérienne. De ce nombre sont la mauve, la carotte, le radis. La luzerne donne pour support à sa maigre touffe de feuillage une racine plongeant à deux et trois mètres de profondeur. La bugrane, mauvaise herbe de nos champs, n'a qu'une tige effilée de deux ou trois pans de longueur; elle est cependant fixée au sol par des racines tellement longues et tenaces, qu'elles arrêtent la charrue de labour, ce qui a valu à la plante le nom vulgaire d'arrête-bœuf.

Une opération agricole, d'un intérêt capital, est basée, en partie du moins, sur le développement excessif de certaines racines. — La plante est un laboratoire où la vie convertit en matières alimentaires l'ordure de nos basses-cours. Un tombereau de fumier devient, au gré de l'agriculteur, en passant par tel ou tel autre végétal, des légumes, des fruits, du pain. Cette matière immonde, cet engrais, est donc chose très-précieuse, que rien ne pourrait remplacer, qu'il faut utiliser jusqu'à la dernière parcelle. Notre nourriture à tous en dépend. Enrichi de cet engrais, le sol produit une première récolte de blé, je suppose. Mais le froment, avec le faisceau de ces racines maigrelettes, n'a tiré parti que des principes fertilisants de la couche superficielle, en laissant intacts ceux que la pluie a dissous et entraînés dans les couches profondes. Il s'est admirablement acquitté de sa mission, il est vrai; il a fait table rase et converti en blé tout ce que contenait d'engrais la couche du sol accessible à ses racines; si bien que, en semant encore du froment, on n'obtiendrait pas de récolte. Le sol se trouve alors épuisé à la surface; mais, dans sa profondeur, il est encore riche. Eh bien! qui se chargera d'exploiter les couches du fond pour en extraire encore des aliments? Ce ne sera pas l'orge, ni l'avoine, ni le seigle, dont les petites racines fasciculées ne trouveraient rien à glaner après le froment dans l'étage supérieur du sol. Ce sera la luzerne, qui plongera ses racines, de la grosseur du doigt, à un mètre de profondeur, à deux, à trois s'il le faut, et en ramènera l'engrais sous forme de fourrage, devenant, par le concours de l'animal qui s'en nourrit, chair alimentaire, laitage, toison, ou tout au moins travail. Cette succession de deux ou plusieurs plantes, qui tirent le meilleur parti possible d'un sol préparé, porte en agriculture le nom d'*assolement*.

La racine profonde, si convenable pour utiliser les étages inférieurs du sol, en d'autres circonstances devient un embarras. Soit un arbre qu'il s'agit de transplanter. Sa longue racine à pivot va rendre l'opération difficile et chanceuse. Il faut d'abord creuser profondément pour l'arracher comme pour le replanter, il faut ensuite veiller à ne pas endommager la racine, car elle est unique, et si elle ne reprend pas le plant périra. Il serait maintenant préférable que l'arbre eut des racines fasciculées, enfouies à peu de profondeur : on l'arracherait sans peine; et si quelques racines périssaient dans l'opération, il en resterait d'intactes qui suffiraient pour le succès de la transplantation.

Ce résultat peut s'obtenir : on parvient aisément à faire perdre à l'arbre sa racine à pivot et à lui faire prendre, non un faisceau régulier de racines égales dans le genre de celui des monocotylédonées, mais bien une racine très-rameuse et peu profonde, qui présente les avantages de la racine fasciculée sans en avoir la forme. Ainsi dans les pépinières de chênes, où les jeunes arbres séjournent une dizaine d'années avant d'être transplantés, deux ans après le semis, on passe la bêche sous le sol pour trancher net la racine principale, qui deviendrait un robuste pivot. Le tronçon qui reste se ramifie alors horizontalement sans gagner en profondeur. On peut encore paver de tuiles le sol de la pépinière. Le pivot de l'arbuste s'allonge tant qu'il n'a pas atteint cette barrière, mais arrivé là, forcément il cesse de croître en profondeur pour se ramifier latéralement.

XI

Racines adventives.

Racine normale et racines adventives. — Le tussilage. — Le lierre. La vanille. — Le pandanus et le cocotier. — Figuiers des Indes. — Un contemporain des éléphants de Porus. — Bouturage. — Rôle d'une cloche en verre dans le bouturage. — Végétaux qui se prêtent le mieux à cette opération. — Marcottage. — L'œillet. — Provignage. — Marcottage à l'aide d'un pot fendu ou d'un cornet de plomb. — Sevrage graduel. — Pourquoi on bute le maïs, la garance, la réglisse.

La racine dont nous nous sommes occupés jusqu'ici est primordiale, originelle; toute plante la possè à l'issue de la graine; elle apparaît dès que la semence germe. Mais beaucoup de végétaux possèdent d'autres racines qui se développent en divers points de la tige, remplacent la racine originelle quand elle vient à périr, ou du moins lui viennent en aide quand elle persiste. On les nomme *racines adventives*. Leur rôle est d'une importance capitale, notamment dans certaines opérations d'horticulture dont je vous parlerai bientôt. Mais d'abord, ne serait-ce que pour montrer combien la plante sait se plier aux circonstances, citons quelques exemples de racines adventives.

Le tussilage, vulgairement nommé pas-d'âne à cause de ses feuilles qui figurent l'empreinte du sabot d'un âne, est une plante commune dans les terres cultivées, humides et marneuses. Ses fleurs jaunes s'épanouissent au premier printemps, bien avant que se montrent les feuilles,

vertes en dessus, blanches et cotonneuses en dessous. La
tige est souterraine et dépérit par son extrémité vieillie,
tandis qu'elle s'allonge par l'autre, toujours rajeunie au
moyen de nouveaux bourgeons. Ce tronçon annuel de tige,
continuation du tronçon précédent en proie à la pourriture, émet des racines adventives qui remplacent la racine primordiale, depuis longtemps disparue.

Pour se fixer à l'écorce des arbres, aux as-
pérités des rochers et des murs, le lierre est armé, sur la
face seule de la tige en contact avec l'appui,
d'une brosse de crampons sem-
blables à de courtes racines. Ce ne sont pas
des racines pourtant, ou du moins ils n'en
remplissent pas les fonctions. Ce

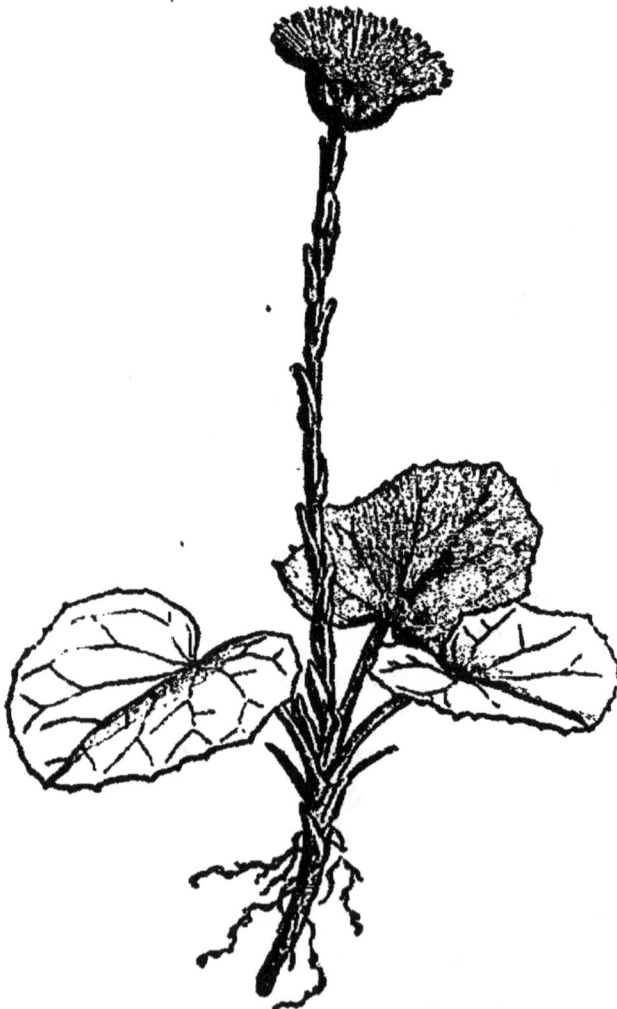

Fig. 47. Tussilage.

sont des appareils d'escalade et non des suçoirs; ils
servent à la plante pour grimper contre des parois verti-
cales. Mais qu'une occasion favorable se présente, et les
crampons du lierre deviennent des racines adventives,
qui plongent dans le sol et nourrissent la plante. On peut

le constater dans les ramifications du lierre étalées sur la terre.

Dans les forêts tropicales de l'Amérique, une plante à tige menue, remarquable par l'arôme suave de ses fruits, la vanille, s'établit en parasite sur quelque vieux tronc carié. De là, semblable à un mince cordage couvert de

Fig. 48. La Vanille.

feuilles charnues d'un beau vert, elle s'élance d'arbre en arbre pour sortir de l'ombre opaque de la forêt et gagner la lumière des hauteurs. Les distances qu'elle franchit ainsi, grimpant, s'élançant, escaladant, finissent par devenir si considérables, que la nourriture puisée par les racines ordinaires affluerait trop difficilement aux bourgeons. La vanille émet alors une foule de racines adventives par sa tige et ses ramifications. Quelques-unes se fixent sur les écorces voisines, dans le terreau amassé au sein de quelque plaie mal cicatrisée; mais la plupart pendent du haut des grands arbres et flottent dans l'atmosphère humide de la forêt. Dans cet air attiédi, toujours saturé de vapeurs, elles trouvent un supplément de nourriture qui vient largement en aide à la plante. Dans nos serres, où elle est parfois cultivée, la vanille serpente autour du premier support venu, et laisse pendre à l'air, comme dans ses forêts natales, une multitude de racines adventives.

Sur les îlots édifiés par les coraux, dans les mers tropicales, et récemment émergés des flots, un arbre croît, appelé le premier à défricher leur sol calcaire, à le préparer pour d'autres végétaux, et finalement à le rendre habitable pour l'homme. C'est le

Fig. 49. Le Cocotier et le Pandanus.

pandanus ou vacoua, qui partage ses providentielles fonctions avec le cocotier. A eux deux, ils sont les premiers colons de l'îlot madréporique. Leurs graines, matelassées d'étoupe et cuirassées de robustes coques, qui les défendent de l'âcreté de la vague, viennent des ar-

chipels voisins échouer et germer sur ces terres nouvelles, dont le sol, uniquement formé d'un sable de coraux, serait impropre à toute autre végétation. Les deux
défricheurs se mettent à l'œuvre, le feuillage dans le
ciel bleu, les racines dans le flot salé. L'île est alors habitable. L'homme peut venir : il trouvera sur le récif de
corail de quoi se nourrir, se bâtir une hutte et se tisser
un pagne. Or dans le sable de coraux brisés, imbibe
d'infiltrations salines, la nourriture est rare et l'appui
peu solide. Comment résister aux coups de vent qui ba-
laient la surface rase de l'îlot et font gronder le tonnerre
des ondes sur sa ceinture de récifs; comment recueillir
les rares particules nutritives disséminées dans un sol de
craie pure? Un supplément de racines pare à cette
double difficulté. De la tige du pandanus sortent, à des
hauteurs diverses, de fortes racines adventives, qui,
aériennes supérieurement, plongent leur extrémité inférieure parmi les éclats de coraux, et contribuent autant
que les racines normales à soutenir l'arbuste et à l'alimenter. Il n'est pas rare de voir le pandanus dressé, loin
du sol, au sommet d'une forte charpente formée par les
racines adventives. Son compagnon de défrichement, le
cocotier, sans avoir recours à ce curieux échafaudage de
racines mi-partie aériennes, et mi-partie souterraines,
plonge du moins dans les crevasses du récif de nombreuses racines adventives pareilles à des câbles vigoureux.

Certains figuiers particuliers aux Indes ont une manière
fort remarquable de soutenir et de mettre en communication avec la terre leur énorme branchage étalé horizontalement. Des branches principales descendent des piliers
ligneux, qui d'abord se balancent à l'air semblables à de
grosses cordes, puis touchent le sol, s'y implantent et deviennent enfin autant de colonnettes supportant l'édifice
commun. D'année en année, les ramifications s'étendent
en largeur; les piliers nécessaires à leur soutien descendent s'enfoncer dans la terre, et à la longue le figuier

forme une petite forêt touffue, une forêt à un seul arbre appuyé sur des centaines, sur des milliers de supports. Or ces piliers, descendus d'aplomb du haut des branches, sont encore des racines adventives, mais robustes, souvent énormes et prenant avec le temps l'apparence de véritables tiges.

On connaît dans les Indes, sur les bords du Nerbuddah, un figuier, à lui seul véritable forêt, dont trois mille trois cent cinquante colonnes, formées par ses racines adventives, supportent le gigantesque branchage. Figurons-nous trois mille trois cent cinquante arbres de grosseur diverse, dont trois cent cinquante à tige énorme et trois mille à tige plus petite; figurons-nous tous ces arbres reliés par les branches en une charpente continue, et nous aurons l'image du colossal figuier, qui abriterait une armée de sept mille hommes sous sa ramée, et dont les colonnes réunies exigeraient pour être embrassées une corde de six cents mètres de long. Suivant la tradition, Alexandre le Grand aurait vu ce figuier, alors que cédant aux murmures de ses soldats, il mettait fin, sur les bords de l'Indus, à son extravagante expédition. Quel est alors l'âge de ce vétéran du monde végétal, qui vit aux prises les phalanges d'Alexandre et les éléphants de Porus?

Un rameau, lui-même développement d'un bourgeon, est un individu de la communauté végétale; c'est une pousse de génération nouvelle, implantée sur la tige mère au lieu d'être implantée dans le sol. Étant séparé de la communauté, il peut, au moyen de racines adventives, puiser directement sa nourriture dans la terre, s'enraciner à part et vivre indépendant. Sur ce principe sont basées deux opérations horticoles d'une haute importance : le *bouturage* et le *marcottage*.

On nomme bouturage le procédé de multiplication qui consiste à détacher un rameau de la plante mère, et à le placer dans des conditions où il puisse développer des racines adventives. Le rameau détaché prend le nom de *bouture*, et celui de *plançon* lorsqu'il s'agit des arbres du bord de l'eau : saules et peupliers. Par son extrémité amputée, le rameau est mis en terre, en un lieu frais, ombragé, où l'évaporation soit lente et la température douce. L'abri d'une cloche en verre est souvent nécessaire pour maintenir l'atmosphère ambiante dans un état convenable d'humidité, et empêcher le rameau de se dessécher avant d'avoir acquis les racines qui lui permettront de réparer ses pertes. Pour plus de sûreté, si le rameau est très-feuillé, on enlève la majeure partie des feuilles inférieures afin de réduire autant que possible les surfaces d'évaporation, sans compromettre la vitalité du plant, qui réside surtout dans la partie supérieure. Mais dans bien des cas, ces précautions sont inutiles ; ainsi pour multiplier la vigne, le saule, le peuplier, on se contente d'enfoncer en terre le rameau détaché. Dans tous les cas, l'extrémité plongée dans le sol humide ne tarde pas à émettre des racines adventives, et désormais le rameau se suffit à lui-même et devient un plant indépendant.

Les végétaux à bois tendre, à tissus gorgés de suc, sont ceux qui prennent de bouture avec le plus de facilité ; tels sont le saule, dont le bois est si mou, et le pélargonium, habituel ornement de nos parterres, dont la tige est en majeure partie formée de tissu cellulaire charnu. Les végétaux à bois compacte et dur sont, au contraire, de reprise très-difficultueuse, impossible même. Ainsi le bouturage échouerait infailliblement avec le chêne, le buis et une foule d'autres végétaux à tissu ligneux serré.

Quelques plantes, et de ce nombre est l'œillet, poussent à la base de la tige mère des ramifications droites et souples qui peuvent servir à obtenir autant de plants nouveaux. On couche ces rameaux en leur faisant décrire un coude, que l'on fixe dans la terre avec un crochet ; puis on redresse l'extrémité, que l'on maintient verticale avec un tuteur. Le coude enterré émet tôt ou tard des racines adventives, et d'ici là la souche mère nourrit le rameau. Lorsque les parties enterrées ont produit un nombre suffisant de racines adventives, on tranche les ramifications en deçà du point enraciné. Chacune d'elles, transplantée à part, est désormais un végétal distinct. Cette opération se nomme *marcottage*, et les divers plants détachés de la souche première se nomment *marcottes*.

Le succès par ce procédé est mieux assuré que par le bouturage, qui, sans préparation aucune, prive brusquement le rameau de la nourriture fournie par la tige et l'oblige à se suffire immédiatement à lui-même. De tout temps le marcottage a été employé pour la multiplication de la vigne. Dans ce cas particulier, les rameaux couchés en terre se nomment *provins*, et l'opération elle-même porte le nom de *provignage*.

Fig. 50. Marcottage à l'aide d'un cornet de plomb.

D'autres végétaux, le laurier-rose par exemple, n'ont pas assez de flexibilité dans leurs ramifications pour se prêter au marcottage tel qu'il vient d'être décrit : la branche casserait si l'on essayait de la couder pour la coucher en terre. Quelquefois enfin la ramification est située trop haut. Alors un pot fendu en long ou un cornet de plomb est appendu à l'arbuste, et la branche à marcotter est placée dans le pot ou le cornet suivant son axe. Le pot est ensuite rempli de terreau ou de mousse, que l'on maintient humide par de fréquents arrosements. Dans ce milieu toujours frais, des racines adventives tôt ou tard apparaissent. On procède alors à une sorte de sevrage du rameau, c'est-à-dire qu'on fait au-dessous du cornet une section légère qu'on approfondit davantage de jour en jour. On a ainsi pour but d'habituer peu à peu la plante à se passer de la tige mère et à vivre par elle-même. Enfin un coup de sécateur achève la

séparation. Ce sevrage graduel est pareillement utile pour
les marcottes couchées en terre : il assure le succès de
l'opération.

En provoquant la formation de racines adventives, la
culture n'a pas toujours pour but la multiplication de la
plante; elle se propose quelquefois d'obtenir de nombreuses racines, soit pour fixer plus solidement la plante
au sol, soit pour avoir plus abondante récolte. Le moyen
le plus efficace pour atteindre ce résultat est d'accumuler
de la terre à la base de la tige. C'est ce qu'on appelle
buter. La portion enterrée se couvre bientôt de racines.
Le maïs, par exemple, abandonné à lui-même, est trop
mal enraciné pour résister aux vents et aux pluies, qui le
couchent. Afin de lui donner plus de stabilité, l'agriculteur
bute le maïs. Dans la terre amoncelée à la base de la tige,
des paquets de racines adventives se forment et fournissent à la plante un solide appui. La garance contient dans
ses racines une matière tinctoriale d'un grand prix, l'aliza-
rine. L'intérêt de l'agriculteur est donc de lui en faire
développer le plus possible. A cet effet, on bute la plante,
on l'enterre à demi. On bute également la réglisse pour
accroître le nombre de ses racines, à saveur sucrée.

XII

Formes de la tige.

Importance de la disposition longitudinale des fibres. — Tronc. —
Stipe. — Chaume. — Résistance de la forme ronde et creuse à la
rupture. — Ponts tubulaires. — Plumes et os longs des animaux.
— Structure remarquable de la tige du froment. — Bambous. —
L'extérieur plus dur que le centre dans les tiges monocotylédonées.
— Tiges sarmenteuses. — Lianes. — Tiges grimpantes. — Tiges vo-
lubiles. — Stolons. — Colonies du fraisier et de la violette. —
Tiges rampantes. — La lysimaque monnoyère. — Végétation des
contrées polaires. — Rhizomes. — Turions. — Rhizomes des carex et
des graminées. — Dunes. — Fixation des dunes. — Tiges des cactées.

La structure de la tige est peu variée. Nous avons décrit plus haut ce qu'on pourrait appeler les trois ordres

fondamentaux de l'architecture végétale : l'ordre des
arbres dicotylédonés, qui bâtissent en cylindres ligneux
emboîtés l'un dans l'autre ; l'ordre des palmiers, qui, dans
un massif cellulaire, disposent une charpente de piliers
fibreux répartis au hasard ; l'ordre des fougères arborescentes, qui cerclent leur colonne cellulaire d'un rempart
bizarrement sinueux de fibres et de vaisseaux.

Dans les trois ordres, les fibres et les vaisseaux sont
méthodiquement assemblés dans le sens longitudinal de
la tige, jamais dans le sens transversal. Le motif en est
évident. Supposez un paquet de fils agglutinés. Vous
pourrez le diviser aisément suivant la longueur : vous
n'aurez à vaincre que l'adhésion des fils l'un à l'autre.
Mais pour le rompre en travers, comme il faut casser les
fils et non les désunir, un effort violent sera nécessaire.
De même, à cause de l'arrangement longitudinal de ses
faisceaux ligneux, la tige se fend en long sans trop de
difficulté, tandis qu'elle résiste en travers et ne cède qu'au
tranchant de la hache. Sous les efforts d'un coin enfoncé
à coups de massue, le bois se fend toujours en long, jamais
transversalement. La haute utilité de cette disposition des
fibres saute aux yeux. Pour tenir tête au vent, qui tend à
la casser en travers, la tige subordonne tout à la résistance transversale, et ne met qu'en seconde ligne la résistance longitudinale moins compromise. En disposant
ses faisceaux ligneux dans le sens de la longueur, la plante
acquiert souplesse, élasticité et en même temps résistance
contre les chocs de l'air ; elle plie et ne rompt pas.

Si pour la structure interne, les tiges se rapportent à
un petit nombre de types, si toutes même se ressemblent
dans la disposition des fibres et des vaisseaux relativement
aux conditions de solidité, elles présentent dans leur configuration extérieure une grande variété.

On nomme *tronc* la tige du chêne, du hêtre, du tilleul,
du sapin et en général des arbres dicotylédonés. D'aspect
sévère et de constitution robuste, le tronc est l'apanage
des géants du monde végétal. Sous les grandes ombres

de ses branches noueuses, un trait vous frappe avant
tout : c'est la sereine majesté de la force. Le tronc diminua
peu à peu de grosseur de la base au sommet ; supérieurement, il se divise en branches, rameaux et ramilles. Il
s'accroît en diamètre par la formation annuelle d'une
couche ligneuse superposée à celles des années précédentes.

Pour les végé-
taux herbacés et
même les végé-
taux ligneux mais
qui, par leur fai-
ble taille, ne mé-
ritent pas le nom
d'*arbre*, on em-
ploie simplement
le mot de *tige*. Le
végétal ligneux est
appelé *arbrisseau*,
lorsque la tige, ra-
mifiée presque au
niveau du sol, s'é-
lève à une hauteur
qui peut varier de
un à cinq mètres
environ. Ses bour-
geons sont enve-
loppés d'écailles
protectrices com-
me dans les ar-

Fig. 31. Stipe de Palmier.

bres ; ses pousses deviennent ligneuses jusqu'à l'extrémité.
Tels sont le lilas, le troène. Un *sous-arbrisseau* est un
végétal ligneux qui se ramifie dès sa base, et ne dépasse
guère un mètre de hauteur. Ses bourgeons sont dépourvus
d'enveloppe écailleuse ; l'extrémité de ses pousses reste
herbacée et périt chaque année par les rigueurs de l'hiver.
La lavande, le thym appartiennent à cette catégorie.

7

On nomme *stipe* la tige des palmiers et des fougères arborescentes. C'est une élégante colonne, de port élancé, de flexibilité gracieuse, à peu près d'égale grosseur d'un bout à l'autre et couronnée par un grand faisceau de feuilles, au centre duquel est un gros bourgeon terminal. Ce bourgeon est unique; s'il périt, le palmier décapité meurt. Le stipe s'accroît donc en longueur sans jamais se ramifier.

On réserve le nom de *chaume* pour la tige creuse des graminées, c'est-à-dire des céréales, des roseaux, des bambous, des brins de foin et des mille races plébéiennes qui forment le tapis de la terre, prairies, pelouses et gazons. Arrêtons-nous un moment sur l'art admirable qui préside à la structure de cette tige. La connaissance d'un beau théorème de mécanique nous est ici nécessaire.

Nous avons, je suppose, dix kilogrammes de fer, ni plus ni moins, à notre disposition; et il s'agit de façonner ce fer en une tige longue d'un mètre et douée de la plus grande résistance possible dans le sens transversal. Quelle forme d'abord donnerons-nous à la tige métallique? La ferons-nous triangulaire, ronde, carrée? De savants calculs établissent que, pour lui donner le plus de solidité, il faut la faire ronde. Ce point établi, la ferons-nous pleine ou creuse? Les mêmes calculs répondent qu'il faut la faire creuse, car alors seulement elle résistera le plus possible à la rupture par flexion. Le théorème mécanique annoncé est donc celui-ci : c'est avec la forme ronde et creuse qu'une quantité déterminée de matière résiste le mieux à la rupture.

Voici l'une des plus grandioses applications, sinon de la forme ronde, quelquefois impraticable, du moins de la forme creuse. Les ponts tubulaires, savante création de l'industrie moderne, sont dus au génie de Georges Stephenson, l'immortel inventeur de la locomotive. Ce sont des tubes rectangulaires, d'énormes poutres en tôle rivée, à l'intérieur desquelles, sur certains chemins de fer, les convois circulent pour traverser les fleuves. L'un des plus célèbres, celui de Menay, sur les côtes occidentales de l'Angleterre, franchit un bras de mer de cinq cent soixante mètres. Deux poutres tubulaires, de cinq millions et demi de kilogrammes chacune, le composent et forment à elles seules la double voie ferrée. Trois piles distantes l'une de l'autre de cent quarante mètres suffisent pour le soutenir entre les deux rives à une hauteur de trente mètres au-dessus du niveau des plus grandes marées. Quelle est donc la puissance qui, sur le vide, équilibre ces monstrueuses poutres de fer, et, malgré des enjambées effrayantes de cent quarante mètres, les empêche de fléchir quand gronde dans leur canal le tonnerre des convois en marche? C'est la puissance de la forme tubulaire, la puissance de la forme creuse.

La vie, encore plus ingénieuse que Stephenson, fréquemment utilise la forme ronde et creuse pour obtenir avec peu de matière des organes très-résistants. Les ailes de l'oiseau fouettent l'air dans le vol. Les plumes de ces rames aériennes doivent être d'une grande légèreté afin de ne pas entraver le vol par un excès de poids; elles doivent être très-fermes, à leur insertion dans les chairs surtout, afin de suppléer par la vigueur du coup d'aile à la faible résistance de l'air, et de ne pas fléchir sous les chocs réitérés. Le but est admirablement atteint avec la forme ronde et creuse de la base des plumes.

Tous les os longs de la machine animale, os des pattes, des ailes, des jambes, os pour saisir, marcher, grimper, voler, courir, nager, sont encore construits d'après le même principe. Pour être à la fois légers et résistants, de structure économique et cependant solide, ils affectent la forme ronde et creuse.

Le froment, cette plante bénie qui nous donne le pain, porte son lourd épi à l'extrémité d'une tige assez longue pour mettre la moisson à l'abri des scaillures du sol, assez menue pour croître en touffes serrées sans gêner les voisines, assez rigide pour soutenir le poids du grain, assez élastique pour fléchir sous le vent sans crainte de rupture. Cette réunion de qualités précieuses résulte de la forme ronde et creuse de la paille. De distance en distance, le chaume est en outre garni de nœuds qui le fortifient; de ces nœuds partent les feuilles, dont la base en forme de fourreau, enveloppe la tige et en augmente encore la solidité. Toutes ces délicates précautions ne sont pas encore suffisantes : le chaume est incrusté d'un bout à l'autre de la substance minérale la plus dure, la plus incorruptible : il est cimenté, pétri de silice, cette même matière qui forme les cailloux. Il serait impossible d'imaginer une structure plus savante. Aussi voyez avec quelle aisance l'épi, alourdi par le grain, est porté par le chaume, si fluet cependant que, sans une organisation toute particulière, il fléchirait sous son propre poids; voyez avec quelle gracieuse souplesse, quelle élasticité, se courbent, quand souffle le vent, les tiges d'un blé mûr. Alors la blonde moisson se soulève et s'affaisse, ondule en imitant les vagues de la mer. De ses flots d'or, émaillés de bleuets et de coquelicots, un doux murmure s'élève, et ce murmure nous parle d'un invisible Stephenson qui, devançant les calculs de nos ingénieurs, a donné le chaume rond et creux au froment, l'os rond et creux à l'animal, la plume ronde et creuse à l'oiseau.

Une tige creuse, garnie de distance en distance de nœuds qui interrompent la cavité centrale, des feuilles à base engaînante partant de ces nœuds, au tissu imprégné de silice, tels sont donc les caractères généraux du *chaume*. Dans quelques graminées tropicales, l'abondance de la silice est telle, que le chaume étincelle sous le briquet comme la pierre à fusil. Certains bambous, gigantesques graminées des pays tropicaux, ont des chaumes assez volumineux pour que chaque tronçon de tige compris entre deux nœuds constitue un véritable barillet d'une seule pièce, propre à contenir les liquides.

La haute science qui préside à la structure du chaume des graminées se retrouve, en ce qu'elle a de fondamen-

tal, dans la tige de toutes les monocotylédonées, qui fortifient l'intérieur sans se préoccuper du centre d'après le
principe mathématique du tube creux. La tige n'est pas,
il est vrai, fortifiée de nœuds et cimentée de silice, mais du
moins elle est toujours rendue plus dure à l'extérieur par
l'accumulation des fibres ligneuses, tandis que le centre

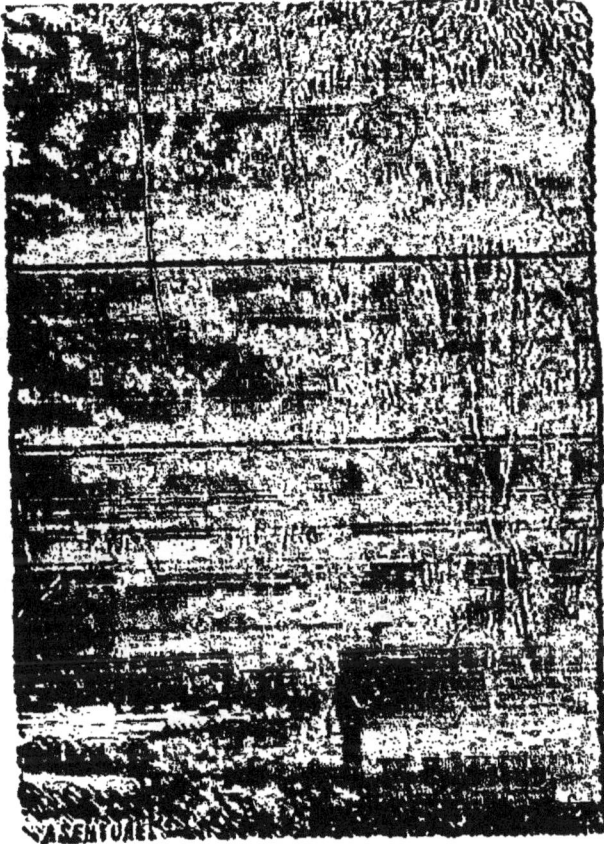

Fig. 52. Forêt de Bambous.

est tantôt creux, tantôt occupé par du tissu cellulaire de
faible résistance. C'est ce que nous avons reconnu dans
le palmier, et ce que nous retrouverions à des degrés divers chez tous les végétaux à un seul cotylédon. Les grandes
acotylédonées, les fougères arborescentes, suivent le
même principe; elles placent au dehors leur irrégulière
zone ligneuse et gardent pour l'intérieur le tissu sans ré-

sistance uniquement composé de cellules. En somme : fortifier le dehors et négliger le centre de la tige, telle est l'invariable loi des végétaux qui ne possèdent pas la massive charpente de dicotylédonées, et doivent, avec peu de matériaux ligneux, acquérir une suffisante résistance à la rupture par flexion, loi d'une rigoureuse logique, loi conforme aux préceptes d'une mécanique supérieure.

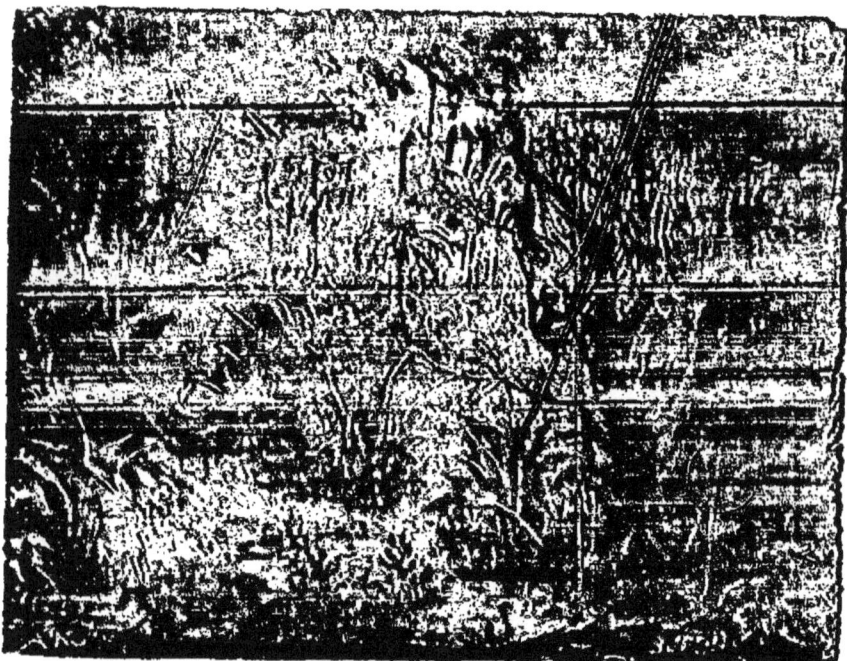

Fig. 53. Forêt vierge de l'Amérique du sud.

Un des grands besoins de la tige, c'est de se dresser vers le ciel pour déployer son feuillage à la lumière du grand jour. Le plus communément, les plantes se dressent par leurs propres forces; mais il en est qui ne pourraient le faire sans secours. Les unes, dites *tiges sarmenteuses*, prennent appui sur les végétaux voisins. C'est ainsi que les lianes, courant de branche en branche dans les forêts de l'Amérique du sud, relient les arbres entre eux par un inextricable réseau de longues guirlandes et de câbles tendus, qui servent aux singes et aux chats-tigres pour escalader prestement les cimes les plus hautes, passer d'un arbre à l'autre sans toucher terre, et traverser les rivières comme sur des ponts suspendus. Dans leur ascension effrénée vers la lumière, certaines lianes mettent en œuvre des moyens d'escalade redoutables à l'arbre qui sert d'appui. L'une d'elles, la liane meurtrière des forêts du Brésil, aplatit sa tige et la recourbe en demi-canal pour l'appliquer étroitement sur l'arbre; puis elle envoie, l'une à droite, l'autre à gauche, deux fortes lanières de bois qui se rejoignent, se soudent et enlacent le tronc comme deux bras fermés. Un peu plus haut, à mesure que la liane s'élève, une seconde agrafe est passée autour du tronc. Ces lacets suspenseurs se répètent de distance en distance, si bien qu'à la fin l'arbre se trouve cerclé de la base au sommet par les courroies ligneuses de son protégé. Mai; alors la tige sarmenteuse est au terme de son ascension et les deux végétaux, l'embrassant et l'embrassé, entre-mêlent leurs cimes. On dirait un seul tronc avec deux formes de feuillage, avec deux espèces de fleurs et de fruits. Mais si l'arbre est dicotylédoné, les agrafes de la liane ne tardent pas à devenir des lacets de strangulation; le tronc enlacé, n'ayant plus sa liberté d'accroissement en diamètre, se dessèche et meurt. La liane quelque temps se maintient debout appuyée sur le tronc qu'elle embrasse; puis le défunt pourrit et l'arbuste étrangleur tombe, pour ne plus se relever, dans la bourbe du sol.

La vigne, étalant ses pampres sur une treille, nous donne une idée des lianes tropicales. Dans le midi, il n'est pas rare de voir un cep tortueux enlacer de ses replis les branches d'un figuier et marier son feuillage et ses fruits au feuillage et aux fruits de son support. Comme moyens d'ascension, la vigne fait emploi de *vrilles,* filaments robustes et flexibles qui s'enroulent en spirale autour du premier objet venu et y fixent le pampre.

Quelques tiges, qualifiées de *grimpantes,* font encore

usage de vrilles pour s'élever en s'accrochant aux objets voisins. Exemples : le pois, la citrouille, la bryone, le concombre, la passiflore. D'autres, sur une de leurs faces, se hérissent d'une multitude de petits crampons aptes à prendre appui partout. Tel est le lierre, qui grimpe contre les arbres, les murs, les rochers les plus escarpés. Ses crampons sont des racines adventives, mais sans activité pour l'alimentation de la plante tant qu'ils sont en contact avec une surface aride. S'ils viennent à rencontrer de la terre végétale, ils s'y enfoncent, s'allongent et remplissent alors vraiment les fonctions ordinaires des racines.

Certaines plantes, dépourvues de tout appareil d'escalade, vrilles ou crampons, ont recours, pour s'élever, à un artifice fort remarquable. Elles s'enroulent en serpentant autour du premier support à leur portée. On les nomme *tiges volubiles*. De ce nombre sont le houblon, le haricot, le liseron. Pour chaque espèce de plante volubile, l'enroulement de la tige se fait dans un sens invariable. Supposons devant nous la plante enroulée autour de son support et considérons dans les spirales une portion quelconque traversant le support en avant. Si dans cette portion la tige monte en allant de la droite vers la gauche, on dit que l'enroulement se fait de droite à gauche ; si la tige monte en allant de la gauche vers la droite, on dit que l'enroulement est de gauche à droite. Le haricot, le liseron s'enroulent constamment de gauche à droite ; constamment aussi, le hou-

Fig. 54. Houblon (tige volubile).

blon et le chèvrefeuille s'enroulent de droite à gauche.

Pendant que la grande majorité des plantes met en
œuvre les moyens les plus variés pour se dresser à la lumière, quelques-unes dites *traçantes* se laissent traîner à
terre. Tel est le fraisier. De la touffe mère, divers rameaux
s'échappent, très-allongés, menus et rampant sur le sol.
On les nomme *stolons* ou *coulants*. Parvenus à une certaine distance, ils s'épanouissent à l'extrémité en une petite touffe qui prend racine dans le sol et bientôt se suffit à elle-même. La nouvelle pousse du fraisier, devenue

Fig. 55. Stolon de Fraisier.

assez forte, émet à son tour des rameaux allongés qui se
comportent comme les premiers, c'est-à-dire traînent à
terre, se terminent en rosettes de feuilles et s'enracinent.
La figure nous montre une première touffe plus vigoureuse
que les autres. De l'aisselle de l'une de ses feuilles sort un
coulant, dont le bourgeon terminal s'est développé en une
pousse déjà pourvue d'assez fortes racines. Un second coulant issu de cette pousse produit une troisième rosette,
dont les feuilles commencent à se déployer. A la suite de
pareilles propagations en nombre indéterminé, la plante
mère se trouve environnée de jeunes rejetons, espèces de
colonies végétales établies çà et là tant que le permettent

la saison et la nature du sol. Colonies est bien le mot : ce sont effectivement des bourgeons émigrés de la souche mère qui vont s'établir ailleurs, comme les habitants d'un pays trop peuplé s'expatrient dans l'espoir d'une vie plus facile. D'abord les rejetons établis autour de la plante mère sont reliés à celle-ci par les stolons. Il y a communication des colonies à la métropole, afflux de la sève du vieux plant vers les jeunes; mais tôt ou tard, les relations sont supprimées; les coulants se dessèchent, désormais inutiles, et chaque pousse, convenablement enracinée, devient un fraisier distinct. Nous retrouvons ici, en dehors des soins industrieux de l'homme, tous les traits du marcottage; l'opération artificielle trouve son équivalent et sans doute son modèle dans l'opération naturelle. Un long rameau se couche à terre, y prend racine, puis se détache de la souche mère par la destruction du coulant; de même l'horticulteur couche une longue pousse dans le sol, attend qu'elle ait pris racine et la sépare enfin d'un coup de sécateur.

La violette, la modeste amie des fourrés buissonneux, colonise comme le fraisier au moyen de stolons; elle étale à terre ses rameaux allongés et les enracine de çà de là.

D'autres tiges, dites *rampantes,* se couchent pareillement à terre et y prennent racine, mais sans recourir aux longues cordelettes des stolons, si remarquables dans le fraisier et la violette. Tantôt les rameaux enracinés ne deviennent pas des plants distincts par la destruction naturelle des liens qui les rattachent à la souche primitive; à moins d'accident, la communauté se maintient indivise, et les racines adventives servent à la plus grande vigueur de l'ensemble et non à l'indépendance mutuelle des bourgeons. Tantôt, et c'est de beaucoup le cas le plus fréquent, les vieilles ramifications se détruisent après avoir produit de jeunes générations enracinées. C'est ce que nous montre la lysimaque monnoyère, gracieuse plante du bord des fossés, à fleurs jaunes, à feuilles arrondies, que l'on a comparées à des pièces de monnaie. De cette comparaison

vient le nom de la plante. Ses tiges sont longues et rampantes, exactement étalées à terre. Des racines adventives
nombreuses naissent des divers points d'attache des feuilles
et fixent les pousses au sol à mesure qu'elles s'allongent.
Mais tandis que la plante rayonne de nouvelles ramifications dans tous les sens, la vieille tige dépérit, se dessèche
et meurt. Les rameaux émis vivent dès lors d'une vie qui
leur est propre. A leur tour, ils donnent naissance à d'autres
rameaux enracinés, puis se dessèchent. Ainsi chaque année, la lysimaque progresse dans un sens tandis qu'elle se
détruit du côté opposé, et en peu de temps il ne reste
plus rien de la pousse primitive. C'est toujours une lysimaque monnoyère, mais ce n'est plus celle qui était sortie de la graine. Par ce marcottage naturel, qui multiplie
les plants en progression géométrique, un seul pied de
lysimaque couvre, en peu d'années, d'individus distincts,
une étendue considérable de terrain. Un mode de végétation analogue se retrouve dans le serpolet et la véronique
petit chêne, qui étalent leur charmant tapis sur les pentes
sèches des collines.

En général, les plantes gênées dans leur développement
vertical par des conditions atmosphériques défavorables
s'épandent à terre et émettent des ramifications rampantes pour avoir dans le sol un appui plus solide. Telles sont
quelques plantes battues par les vents du large de l'Océan,
telles sont surtout les plantes des régions polaires. Des pelouses monotones, composées d'un petit nombre d'espèces, couvrent le sol glacé de l'Islande, de la Laponie, du
Spitzberg, du Groënland. Fouettées par l'âpre bise qui les
empêche de s'élever, les plantes restent petites, enlacées
l'une à l'autre pour se prêter mutuellement appui, serrées
en feutre compacte pour lutter de concert contre la ru-
desse du climat. Leurs ramifications, couchées par des
vents continuels, s'étalent sur le sol tourbeux et s'y cramponnent par de fortes racines adventives.

De nombreuses plantes, appartenant surtout aux monocotylédonées, possèdent des tiges qui s'étalent sous

terre au lieu de ramper à la surface du sol. Ces tiges rampantes souterraines ont le grossier aspect des racines,
avec lesquelles il serait facile de les confondre si l'on se
laissait guider par de superficielles apparences. On leur
donne le nom de *rhizomes*. Telles sont les tiges souterraines de l'iris, de l'asperge, du chiendent. Les rhizomes
se distinguent des racines à des caractères différentiels
d'une netteté parfaite. Jamais en aucun de ses points, une
racine ne porte de feuilles abritant un bourgeon à leur
aisselle ; elle ne porte pas davantage des écailles, si réduites
qu'elles soient, parce que ces écailles ne sont autre chose
que des feuilles rudimentaires. Mais le rhizome, en réalité véritable tige malgré son aspect de racine, se couvre
des productions de la tige : il porte des feuilles, ou plutôt des écailles, ayant un bourgeon à leur aisselle. Quelles
que soient les apparences, nous reconnaîtrons donc une
tige, un rhizome, partout où se montreront des écailles et
des bourgeons. De ces bourgeons, les uns se développent
en ramifications qui restent sous terre et accroissent le
rhizome ; les autres donnent des pousses qui viennent à
l'air libre épanouir leur feuillage et leurs fleurs. L'hiver
venu, les rameaux aériens périssent ; mais la tige persiste
sous terre à l'abri de la gelée. La plante fait ainsi deux
parts de son être, l'une séjournant dans le sol pour y conserver un foyer de vie, l'autre apparaissant au dehors en
temps opportun pour fleurir, fructifier et périr tous les
ans. Enfin par sa face inférieure, la partie souterraine émet
de nombreuses racines adventives.

Les bourgeons des rhizomes, lorsque le moment est
venu de monter aux réjouissances de la lumière, ont à
traverser une couche de terre plus ou moins épaisse. Aussi
pour ce trajet souterrain, sont-ils uniquement couverts
de grossières et courtes écailles, et ne déploient-ils de véritables feuilles qu'une fois débarrassés des étreintes du
sol. C'est de la sorte que se produisent les longues pousses
appelées *turions*. Les asperges, à l'état où on les mange,
sont les turions d'une tige souterraine. Complétement dé-

veloppées, elles deviennent de hauts panaches d'un feuillage très-menu, entremêlé de petits fruits rouges.

Deux familles de plantes appartenant aux monocotylédonées, les graminées et les cypéracées, sont remarquables par le développement que parfois atteignent leurs rhizomes. Qui ne connaît le chiendent, l'envahissante graminée de nos cultures? Ses tiges souterraines, toujours s'allon-

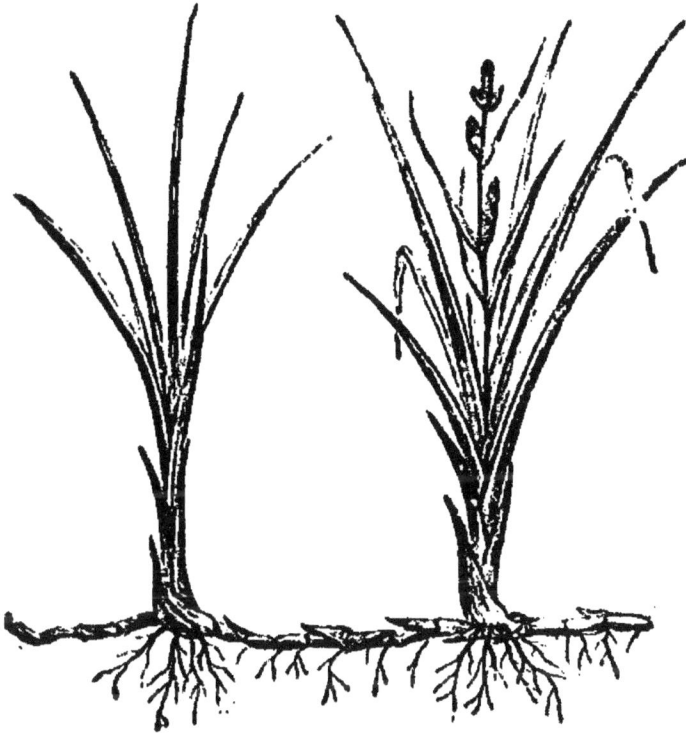

Fig. 56. Carex des sables.

geant et se ramifiant, défient la bêche et la charrue lorsqu'on veut les extirper. Dans les terrains limoneux du bord des eaux, dans les vases demi-fluides, une autre graminée, le roseau à balais, émet des rhizomes de la grosseur d'une corde, qui, tantôt à fleur de terre, tantôt plongeant dans les boues, parcourent une distance d'une vingtaine de mètres. Dans le sol spongieux des marais et dans les sables mouvants, certaines cypéracées, des carex, dépassent cette longueur. Enchevêtrées les unes dans les autres, croisées et recroisées en un réseau inextricable, ces ramifications souterraines forment la meilleure des charpentes pour maintenir en place un sol mouvant. Le carex des sables est utilisé pour fixer les digues des basses plaines de la Hollande et préserver le pays des irruptions de la mer; avec ses solides rhizomes, il rend stables les terres incertaines de l'embouchure des fleuves. Une graminée, le psamma des sables, de concert avec le pin maritime, a mis fin au fléau des dunes.

En quelques localités, la mer rejette sur le rivage d'immenses quantités de sable que le vent amoncelle en longues collines appelées dunes. Les côtes océaniques de la France présentent des dunes dans le Pas-de-Calais, à partir de Boulogne; en Bretagne, du côté de Nantes et des Sables-d'Olonne; et dans les Landes, depuis Bordeaux jusqu'aux Pyrénées, sur une longueur de soixante lieues. Dans le seul département des Landes, les dunes occupent une superficie de trente mille hectares. C'est un vaste désert où se dressent d'innombrables collines de sable mouvant, sans un arbrisseau, sans un brin d'herbe. Du haut de l'une de ces collines, où l'on ne parvient qu'en enfonçant dans le sable jusqu'aux genoux, l'œil suit avec ravissement, jusqu'aux extrêmes limites de l'horizon jaunâtre, les molles ondulations du sol, la croupe arrondie et brillante des dunes; le regard s'égare dans ce chaos de buttes d'un blanc étincelant, dont la crête balayée par le vent se couvre d'un brouillard de sable et fume comme la vague fouettée par la tempête. C'est la monotone ondulation et l'infini d'une mer dont les flots se gonflent et se dégonflent au souffle du vent; seulement, ici les vagues sont de sable et immobiles. Rien ne trouble le silence de ces mornes solitudes, si ce n'est parfois le cri rauque d'un oiseau de mer qui passe, et par intervalles réguliers, la grande clameur de l'Océan, voilé par les derniers mamelons des dunes. Malheur à l'imprudent qui s'engagerait dans ces régions sauvages un jour de tempête. Ce sont alors des nuages de sable lancés avec une force irrésistible, des trombes furieuses qui démantèlent les dunes et en font tourbillonner les débris dans les airs. Quand la bourrasque a cessé, la configuration du sol n'est plus la même : ce qui était colline est devenu vallée, ce qui était vallée est devenu colline.

A chaque tempête, les dunes progressent vers l'intérieur des terres. Le vent soufflant de la mer fait peu à peu ébouler une dune dans la vallée suivante, qui se comble et devient dune à son tour; et ainsi de suite jusqu'à la plus avancée qui s'écroule sur les terres cultivées. En même temps, la mer entasse de nouveaux matériaux sur le rivage, pour constituer une nouvelle colline de sable marchant à la file des autres. C'est de la sorte que les dunes envahissent lentement les terres cultivées et les recouvrent d'une énorme couche de sable stérile. Rien ne peut arrêter leur marche. Si une forêt se présente sur leur trajet, la forêt est ensevelie, et les cimes des plus grands arbres dominent à peine, comme de maigres buissons, les terribles collines mouvantes. Des villages entiers sont engloutis : habitations, église, tout disparaît sous le sable. Que faire devant un pareil ennemi, qui s'avance irrésistible, avec une régularité impitoyable, gagnant chaque année près de vingt mètres sur les terres cultivées? Au fléau que ne pourraient conjurer les forces de l'homme, on oppose une graminée, le psamma des sables, dans les landes, gourbet. Entre les mailles de ses robustes rhizomes, la plante enlace le sol mobile et le maintient fixé; mais comme son action est toute superficielle, on lui adjoint un arbre, le pin maritime, qui plonge profondément ses racines et finit par faire de la colline de sable un tout inébranlabe. La graminée commence le travail de fixation et permet à l'arbre de se développer; le pin, devenu fort, achève l'œuvre. C'est ainsi qu'on a mis fin aux ravages des dunes, et que, tout en sauvant un pays de la destruction, on a créé de vastes forêts à revenus considérables.

Les plus bizarres des tiges appartiennent aux cactées, vulgairement *plantes grasses*. Des formes étranges, des tissus charnus et gonflés de suc, des bouquets d'horribles épines, des feuilles réduites à d'imperceptibles écailles ou

Fig. 57. Echinocactus.

même manquant en entier, des fleurs remarquables d'ampleur et d'abondance, tels sont les traits communs à ces végétaux singuliers, amis des terrains les plus stériles, les plus calcinés par le soleil, du Mexique et du Brésil. Leur tige, toujours hérissée de faisceaux de piquants, est

tantôt une colonne à profondes cannelures longitudinales,
tantôt une sphère relevée de grosses côtes saillantes
disposées en méridiens, tantôt un échafaudage de pièces
aplaties ou de *raquettes* articulées l'une sur l'autre. La
première forme appartient aux cierges, la seconde aux
mamillaires, la troisième aux opontias, dont l'un, le nopal,
nourrit, sur ses raquettes, la cochenille ou l'insecte qui
nous donne le carmin ; et dont l'autre, naturalisé en Algérie, forme d'impénétrables massifs chargés du fruit
aqueux et sucré vulgairement connu sous le nom de figue
de Barbarie. Le tissu gonflé de suc des tiges des cactées
est, pendant la saison d'excessive sécheresse, la seule source
d'eau dans les steppes de l'Amérique méridionale. Enveloppés d'épais nuages de poussière, raconte Humboldt,
tourmentés par la faim et une soif dévorante, les chevaux
et les bestiaux errent dans le désert. Ceux-ci font entendre
de sourds mugissements ; ceux-là, le cou tendu, les na-
seaux au vent, cherchent à découvrir, par la moiteur du
souffle, le voisinage d'une flaque d'eau non entièrement
évaporée. Mieux avisé et plus astucieux, le mulet cherche,
par un autre moyen, à étancher sa soif. Une plante de
forme arrondie et à côtes nombreuses, le mélocactus, contient, sous son enveloppe hérissée de piquants, une moelle
très-aqueuse. Avec ses pieds de devant, le mulet écarte
les piquants, approche ses lèvres avec précaution, et se
hasarde à boire le suc rafraîchissant. Mais cette manière
de se désaltérer à une source vive, végétale, n'est pas toujours sans péril : bien souvent on voit de ces animaux
dont le sabot a été estropié par les terribles armes du
cactus.

XIII

Les bourgeons.

Bourgeons axillaires et bourgeons terminaux. — Bourgeons à feuilles. — Bourgeons à fleurs. — Bourgeons adventifs. — Feuilles, duvet et résine des bourgeons. — Propolis. — Origine des écailles. — Structure intérieure d'un bourgeon. — Préfoliation. — Bourgeons dormants. — Bourgeons écailleux et bourgeons nus. — Prompts bourgeons. — Taille des arbres. — Talles du blé. — Recépage. — Futaie et taillis. — Saules cultivés en têtards. — Ratissage des allées.

La tige, avec ses dépendances, n'est que la cité végétale, le support commun des individus dont l'association constitue la plante. Ces individus, qui sont-ils? Nous l'avons déjà dit; ce sont les bourgeons, dont nous allons maintenant étudier la structure.

Un bourgeon est un rameau à l'état naissant, c'est le jeune âge de l'individu végétal. Il apparaît d'abord sous forme d'un petit globule de tissu cellulaire, qui perce l'écorce et se recouvre d'ébauches de feuilles. Des vaisseaux s'y organisent, se mettent en rapport avec ceux de la tige et le jeune rejeton se trouve enraciné sur la plante mère.

Les bourgeons naissent en des points fixes; il est de règle qu'il s'en forme un à l'*aisselle* de chaque feuille, c'est-à-dire immédiatement en dessus du point d'attache de la feuille avec le rameau; il est de règle encore que l'extrémité du rameau en porte un. Ceux qui sont placés à l'aisselle des feuilles se nomment *bourgeons axillaires;* celui qui termine le rameau se nomme *bourgeon terminal.* Ils ne sont pas tous également vigoureux; les plus forts occupent le haut du rameau, les plus faibles le bas. Les feuilles inférieures en abritent même de si petits à leur aisselle, qu'il faut un peu d'attention pour les apercevoir. Ces bourgeons chétifs dépérissent fréquemment sans se développer. Sur un rameau de lilas, vous constaterez aisément ces différences de grosseur de bourgeon à bourgeon.

Qu'ils soient terminaux ou qu'ils soient axillaires, les bourgeons ont à remplir deux fonctions fondamentales qu'ils se répartissent entre eux. Les uns travaillent pour la prospérité du présent : ils élaborent la sève, ils alimentent la communauté ; les autres travaillent pour la prospérité de l'avenir : ils produisent et mûrissent des semences, qui doivent multiplier l'espèce, la disséminer sur la terre et la transmettre aux âges futurs. Les premiers se couvrent uniquement de feuilles quand ils se développent ; les seconds donnent des fleurs seulement, ou bien des feuilles et des fleurs à la fois. Dans le premier cas, ils portent le nom de *bourgeons à bois* ou à *feuilles;* dans les deux autres, ils se nomment *bourgeons à fleurs* ou *boutons.* Sur nos arbres fruitiers, les bourgeons à bois sont allongés, pointus; les bourgeons à fleurs sont arrondis et plus volumineux.

Les bourgeons axillaires et les bourgeons terminaux sont de génération régulière; ils constituent la population normale de la communauté; ils apparaissent sur toute plante qui doit vivre plusieurs années, si des causes accidentelles ne mettent pas empêchement à leur naissance. Mais lorsque la plante est en péril, et que, pour des raisons fortuites, les bourgeons réguliers font défaut ou sont insuffisants, d'autres se montrent d'ici, de là, au hasard, sur la racine même au besoin, pour ranimer une vie languissante et reconstituer le végétal dans un état de prospérité. Ces bourgeons accidentels sont pour la partie aérienne de la plante ce que les racines adventives sont pour la partie souterraine : les périls du moment les appellent à la vie en tout point menacée. Les bords de la plaie laissée par la section d'une branche, les régions de la tige étranglées par des ligatures, les parties de l'écorce endommagées par des contusions, sont les points où de préférence ils se montrent. On les nomme *bourgeons adventifs.* Leur structure ne diffère pas de celle des bourgeons normaux. Revenons donc à ceux-ci.

Pendant toute la belle saison, les bourgeons grossissent

à l'aisselle des feuilles; ils prennent des forces pour passer l'hiver. Les froids arrivent et les feuilles tombent, mais les bourgeons restent en place, solidement implantés sur un rebord de l'écorce ou *coussinet*, situé au-dessus de la cicatrice qu'a laissée la chute de la feuille voisine. Pour résister aux injures du froid et de l'humidité, qui leur seraient fatales, un trousseau d'hiver leur est indispensable : il consiste, au dedans, en chaudes enveloppes de bourre et de duvet; au dehors, en un robuste étui d'écailles vernissées. Considérons, par exemple, le bourgeon du marronnier. Au centre, l'ouate emmaillotte ses délicates petites feuilles; au dehors, une solide cuirasse d'écailles, disposées avec la régularité des tuiles d'un toit,

Fig. 58. Bourgeon de Marronnier.

l'enserre étroitement. En outre, pour empêcher l'humidité de pénétrer, les pièces de l'armure écailleuse sont goudronnées d'un mastic résineux, qui, maintenant pareil à du vernis desséché, se ramollit au printemps pour laisser le bourgeon s'épanouir. Alors les écailles, cessant d'être agglutinées l'une à l'autre, s'écartent toutes visqueuses, et les premières feuilles se déploient au centre de leur berceau entr'ouvert. Presque tous les bourgeons, au moment du travail printanier, présentent, à des degrés divers, cette viscosité résultant de la fusion de leur enduit résineux. Je vous signalerai d'une manière spéciale ceux du peuplier, qui, pressés entre les doigts, laissent suinter une abondante glu jaune et amère. Cette glu est diligemment récoltée par les abeilles, qui en font leur *propolis*, c'est-à-dire le ciment avec lequel elles mastiquent les fissures et crépissent les parois de la ruche avant de construire leurs rayons. Sous sa modeste apparence, vous le reconnaîtrez avec moi, le bourgeon est un chef-d'œuvre : son vernis repousse l'humidité, sa doublure de bourre, d'ouate, de poil follet roux, empêche l'accès du froid.

Les écailles forment les pièces essentielles du trousseau d'hiver des bourgeons. Ces écailles, que sont-elles, d'où proviennent-elles? L'observation et la comparaison vont nous l'apprendre. Armons-nous d'une aiguille et enlevons une à une les écailles d'un bourgeon de rosier ou de groseillier. Nous verrons leur forme se modifier graduellement de l'extérieur à l'intérieur et passer de la feuille parfaitement reconnaissable à l'écaille la plus simple. Les écailles des bourgeons ne sont donc autre chose que des feuilles modifiées en vue d'un usage spécial. Pour se faire un abri protecteur contre les intempéries, la pousse naissante métamorphose en écailles ses feuilles inférieures. Dans cette transformation, quelques bourgeons utilisent la feuille entière, par exemple ceux du lilas; d'autres emploient la queue de la feuille, ou même la base seule de cette queue, c'est ce que font les bourgeons du rosier et du groseillier.

Les feuilles suivantes, composant le cœur du bourgeon, ont la forme habituelle. Elles sont ,toutes petites, pâles, délicates et disposées d'une façon merveilleusement méthodique pour occuper le moins de place possible et tenir toutes, malgré leur grand nombre, dans leur étroit berceau. On est surpris de tout ce que renferme un bourgeon sous son étui d'écailles, dans un espace quelquefois si petit, que nous serions embarrassés pour y loger un grain de chènevis. Il y a là des feuilles par douzaines, il y a là des grappes entières de fleurs. La grappe enfermée dans un bourgeon de lilas compte cent fleurs et plus. Et tout cela trouve sa place dans l'étroite loge; rien n'est déchiré, rien n'est meurtri. Si les diverses pièces d'un bourgeon étaient désemboîtées une à une, si l'arrangement était une fois défait, quels doigts auraient l'habileté de le refaire? La vie seule, l'incomparable artiste en délicatesse et patience, a le pouvoir ·de faire contenir ainsi l'infini dans zéro.

Les feuilles principalement se prêtent à mille dispositions pour occuper le moins de place possible. Elles prennent dans le bourgeon la forme de cornets, elles s'enroulent en volute tantôt sur un bord seul, tantôt sur les deux ; elles se plient en deux soit en long, soit en large ; elles se pelotonnent, se chiffonnent ou se plissent en éventail. On donne à l'arrangement des feuilles dans le bourgeon le nom de *préfoliation*.

Les bourgeons, apparus au printemps, se fortifient pendant la belle saison pour rester ensuite stationnaires et en quelque sorte dormir, tout l'hiver, d'un profond sommeil. Ils se réveillent au printemps suivant et s'allongent en rameaux. Il est visible que ces *bourgeons dormants*, c'est ainsi que les appelle l'arboriculture dans son langage imagé, il est visible que ces bourgeons, destinés à supporter les chaleurs de l'été et les frimas de l'hiver, doivent être vêtus de manière à ne pas être grillés par le soleil ou meurtris par le froid. Ils sont tous, en effet, couverts d'une enveloppe d'écailles, et pour cette raison on leur donne le nom de *bourgeons écailleux*. Exemples : le lilas, le marronnier, le poirier, le pommier, le cerisier, le peuplier et à peu près enfin tous les arbres de nos pays.

Mais si l'arbre peut attendre et donner tout une année au développement de ses bourgeons, revêtus en conséquence d'un étui d'écailles, il est une foule de plantes pour qui le temps est très-limité : elles ne vivent qu'un an, aussi les appelle-t-on *plantes annuelles*. Telles sont la pomme de terre, la carotte, la citrouille, et tant d'autres. En quelques mois, quelques jours, à la hâte, elles doivent développer leurs bourgeons. Ceux-ci, n'ayant pas à traverser l'hiver, ne sont jamais enveloppés d'écailles protectrices ; ce sont des *bourgeons nus*. Aussitôt apparus, ils se mettent à l'œuvre, ils s'allongent, déploient leurs feuilles et deviennent des rameaux participant au travail de l'ensemble. Bientôt, à l'aisselle de leurs feuilles, d'autres bourgeons se montrent pour se comporter de même, c'est-à-dire se développer sans retard en rameaux et produire à leur tour d'autres bourgeons. Et ainsi de suite jusqu'à ce que l'hiver mette fin à cet échafaudage de gé-

nérations et tue la plante entière. Les plantes annuelles
se ramifient donc rapidement. En une année, elles produisent plusieurs générations de rameaux implantés les
uns sur les autres, tantôt plus, tantôt moins, suivant
leur espèce et leur degré de vigueur. Leurs bourgeons,
destinés à se développer immédiatement, sont toujours
nus. Les végétaux de longue durée, les arbres, se ramifient, au contraire, avec lenteur; ils n'ont qu'une génération de rameaux par année, et leurs bourgeons, destinés à passer l'hiver, sont écailleux.

Certains végétaux associent les deux genres de bourgeons : les bourgeons écailleux qui perpétuent la communauté d'une année à l'autre malgré les frimas, et les
bourgeons nus, qui rapidement prennent part au travail
général. Tels sont, par exemple, le pêcher et la vigne. A
la fin de l'hiver, le sarment porte des bourgeons écailleux,
matelassés de bourre ; et les rameaux du pêcher, des
bourgeons écailleux, enduits de vernis. Les uns et les
autres rentrent dans la catégorie des bourgeons dormants; ils ont reposé tout l'hiver dans leur étui de four-
rures et d'écailles. Au printemps, ils s'allongent en rameaux, suivant la loi commune; en même temps, à
l'aisselle de leurs feuilles, d'autres bourgeons se montrent
dépourvus d'enveloppes protectrices et se développent
sans tarder en rameaux. La vigne et le pêcher ont ainsi
deux générations en une seule année : la première, issue
de bourgeons écailleux qui ont passé l'hiver; la seconde,
de bourgeons nus formés au printemps même et connus
des arboriculteurs sous le nom de *prompts bourgeons*. Les
ramifications provenant de ces derniers donnent enfin
naissance à des bourgeons écailleux. qui dorment l'hiver
et reproduisent, l'année suivante, le même ordre de faits.

Après cet exposé de l'histoire générale des bourgeons,
arrêtons-nous un moment sur quelques faits de la pratique
agricole. Sauf de bien rares exceptions, chaque feuille,
vous ai-je dit, porte un bourgeon à son aisselle, parfois
même plusieurs. Or, pour ces divers bourgeons axillaires,

la vigueur décroît rapidement du sommet à la base du rameau : ceux d'en haut sont puissants, ceux d'en bas sont chétifs. Les bourgeons des feuilles les plus inférieures grossissent à peine, et le plus souvent même périssent sans parvenir à se développer. Dans certains cas cependant, par exemple pour maintenir le branchage des arbres fruitiers dans d'étroites limites et favoriser ainsi la production des fruits aux dépens de la production du bois, il est avantageux pour nous que ces bourgeons inférieurs se développent de préférence aux bourgeons supérieurs. On arrive à ce résultat par la taille. Le rameau est coupé tout près de son point d'attache, de manière que le tronçon restant conserve deux ou trois bourgeons au plus. Désormais toute la vigueur de végétation se porte sur les chétifs survivants, qui, sans l'amputation, auraient péri affamés par la concurrence des bourgeons supérieurs ; les matériaux alimentaires puisés par les racines profitent à eux seuls, au lieu d'être répartis, par rations fort inégales, à toute la lignée du rameau. Rappelés à la vie par le sécateur qui a supprimé leurs concurrents, les deux ou trois épargnés s'éveillent donc de leur somnolence maladive : ils prennent force, se gonflent, grossissent et finalement deviennent de vigoureuses pousses productives.

Le chaume du blé porte à l'aisselle de ses feuilles inférieures des bourgeons qui, suivant les circonstances, périssent au détriment de la récolte, ou se développent en multipliant le nombre des épis. Supposons d'abord le blé semé en automne. Dans cette saison froide et pluvieuse, la végétation est lente, la tige s'allonge peu et les divers bourgeons restent, très-rapproches l'un de l'autre, à peu près au niveau du sol. Favorisés par le voisinage de la terre humide, ces bourgeons émettent des racines adventives, qui les alimentent directement et leur procurent l'abondance que la racine ordinaire, livrée à elle seule, n'aurait pu leur donner. Ainsi stimulés par la nourriture, ils se développent en autant de chaumes terminés plus tard chacun par un épi. Mais si le blé est semé au printemps, l'allongement rapide, sous l'influence d'une douce température, porte les bourgeons à une trop grande élévation au-dessus du sol, pour qu'ils puissent s'enraciner. La tige reste alors unique. Dans le premier cas, d'un grain de blé semé s'élève une touffe de chaumes produisant autant d'épis; dans le second cas, la récolte est réduite à son expression la plus simple : par grain, une seule tige, un seul épi. C'est donc un résultat d'une haute importance que ce développement des bourgeons inférieurs des céréales. Pour l'obtenir, ou, comme on dit en agriculture, pour faire *taller* le blé, il faut que les bourgeons, du moins les plus inférieurs, soient en contact avec la terre, qui provoque l'émission des racines adventives. A cet effet, peu de temps après la germination, on passe sur le champ ensemencé un rouleau de bois qui, sans meurtrir les jeunes plantes, les enterre plus profondément.

Les bourgeons fortuits, ceux qui naissent en des points indéterminés pour réparer les dommages dans la plante en péril, les bourgeons adventifs enfin, se prêtent pareillement à de précieuses applications. On met en terre, je suppose, de jeunes plants d'arbres convenablement espacés. S'ils sont ensuite abandonnés à eux-mêmes, ces plants s'allongent chacun en un tronc unique, et le bois obtenu dans ces conditions prend le nom de *futaie*. Mais il peut être avantageux de remplacer ce tronc unique par un groupe de plusieurs tiges. Alors on *recèpe* la plantation, c'est-à-dire que l'on coupe les arbres au niveau du sol. Sur le bord de la grande plaie résultant de cette amputation, apparaissent des bourgeons adventifs, qui s'allongent en autant de tiges; et chaque pied, qui fût devenu un tronc d'arbre unique, est transformé en *souche*, d'où partent de nombreuses ramifications, toutes de même âge et de même force. Le bois prend alors le nom de *taillis*. Lorsque les ramifications ont acquis la grosseur que l'on désire, un nouveau *recépage* les abat et provoque des pousses plus nombreuses encore en multipliant le nombre des blessures. C'est ainsi qu'on parvient à faire produire à une souche, toujours amputée et toujours remise en vigueur par des bourgeons adventifs, une quantité de bois que ne donnerait pas le tronc d'arbre végétant en toute liberté.

Respecté par la hache, le peuplier s'élève en un majestueux obélisque de verdure ; le saule, si disgracieux au bord de nos fossés avec son chapiteau difforme, hérissé de piquets divergents, est, à l'état de nature, un arbre d'une rare élégance par la souplesse de ses ramifications et la finesse de son feuillage. Comme arbres d'ornement, ils n'ont certes rien à gagner à l'intervention de l'homme dans leur manière de végéter. Mais hélas ! le productif n'est pas toujours le compagnon du beau, et si l'on veut faire produire aux deux arbres abondante ramée et fagots, une décapitation, périodiquement répétée, les transforme en laids *têtards* couturés de cicatrices, éventrés de plaies sanieuses, meurtris de blessures, mais aussi luttant contre ces mutilations par des bourgeons adventifs qui renouvellent, toujours plus abondant, le branchage abattu.

Pour en finir avec ces bourgeons adventifs, qui pullulent alors que la plante est misérable et tiennent tête à la destruction jusqu'à épuisement complet, je vous rappellerai les mauvaises herbes, chiendent, gramens et autres, que l'on a tant de peine à extirper des allées d'un jardin si l'on se borne à *ratisser* le sol. Vous vous êtes mis en fatigue pour nettoyer vos allées ; tout a disparu, la place est nette, vous le croyez du moins. Erreur : dans quelques jours les gramens ont reparu, plus touffus que jamais. Le motif maintenant en est clair. En ratissant, vous avez fait un véritable recépage ; vous avez tranché les tiges, mais les blessures se sont couvertes de bourgeons adventifs rapidement devenus tiges. Au lieu de détruire, vous avez donc multiplié. On ne fait vraiment place nette qu'en arrachant. Alors tout est fini, bien fini.

XIV

Bourgeons émigrants.

Bourgeons fixes et bourgeons caducs. — Le lis bulbifère. — La ficaire. — Bulbilles. — Structure d'une tête d'ail. — Bulbe. — Structure de l'oignon et du poireau. — Bulbes tuniqués. — Culture des jacinthes en carafe. — Rôle des écailles charnues. — Tubercule. — La pomme de terre et le topinambour. — La pomme de terre est un rameau. — Le safran. — Bulbes solides. — Tubercules des orchidées. — Racines tubéreuses. — Le dahlia.

L'hydre, vous ai-je dit, se couvre de bourgeons, qui deviennent de jeunes hydres implantées sur la mère et vivant à ses dépens. Parvenues à maturité, ces hydres rejetons se détachent et vont s'établir ailleurs pour vivre indépendantes et devenir la souche d'une nouvelle lignée. Semblable émigration se retrouve dans divers polypiers : les polypes rejetons abandonnent la communauté et vont, d'ici, de là, se fixer où bon leur semble et bourgeonner à leur tour de nouvelles associations. En d'autres polypiers au contraire, la communauté se maintient indivise; les animalcules bourgeonnés ne quittent jamais le point où ils sont nés. La plante, vrai polypier végétal, reproduit trait pour trait ces deux genres de vie. Tantôt les bourgeons persistent sur le rameau qui les a produits, ils prennent racine aux points où ils sont nés. C'est le cas de beaucoup le plus général et celui qui nous est le plus familier. On donne à ces bourgeons qui d'eux-mêmes ne se détachent jamais de la plante mère, le nom de *bourgeons fixes*. A cette catégorie appartiennent les bourgeons nus ou écailleux, normaux ou adventifs, dont je vous ai parlé dans le précédent chapitre. Tantôt enfin, parvenus à un certain degré de force, les bourgeons quittent la plante mère; ils émigrent en quelque sorte, c'est-à-dire qu'ils se détachent et prennent racine dans la terre pour y puiser directement la nourriture. Ces derniers, nous les nommerons *bourgeons émigrants* ou *bourgeons caducs*, pour rappeler leur abandon de la tige natale et leur chute sur le sol quand ils se sont form's sur des rameaux aériens. Or il est visible qu'un bourgeon destiné à se développer isolément, par ses seules et propres forces, ne peut être organisé comme celui qui n'abandonne jamais son rameau nourricier. Pour suffire à ses premiers besoins, alors que des racines capables de l'alimenter ne sont pas encore émises dans le sol, il lui faut de toute nécessité des vivres emmagasinés; tout bourgeon qui émigre emporte donc des provisions avec lui.

On cultive dans les jardins un joli petit lis des hautes montagnes, le lis bulbifère, à fleurs orangées. Voici un fragment de la tige avec ses bourgeons situés à l'aisselle des feuilles. Ces bourgeons doivent passer l'hiver et se développer le printemps suivant. Ils n'ont pas cependant l'enveloppe hivernale, l'enveloppe d'écailles coriaces; ils sont revêtus, au contraire, d'écailles succulentes, très-épaisses, tendres et charnues, propres à les nourrir tout en les protégeant. Ces provisions, qui les rendent tout rondelets, dénotent des bourgeons caducs. Et, en effet, vers la fin de l'été, ils abandonnent la plante mère; au moindre vent,

Fig. 50. Fragment de tige du Lis bulbifère.

ils tombent d'eux-mêmes et s'éparpillent à terre, désormais livrés à leurs propres ressources. Si la saison est humide, beaucoup d'entre eux, encore en place à l'aisselle des feuilles, jettent une ou deux petites racines qui pendent à l'air comme pour se porter au devant de la terre. Octobre n'est pas arrivé, que tous nos bourgeons sont tombés. Alors la tige mère périt. Bientôt les vents et les pluies automnales les couvrent de feuilles mortes et de terreau. Sous cet abri, ils se gonflent tout l'hiver des sucs de leurs écailles, ils plongent peu à peu leurs racines dans le sol, et voilà qu'au printemps chacun étale sa première feuille verte pour continuer son évolution et devenir enfin une plante pareille au lis primitif.

La fleaire est une belle plante printanière à fleurs d'un jaune d'or, à feuilles luisantes taillées un peu sur le modèle de celles du figuier. Les terrains humides sont sa demeure de prédilection. La tige, après avoir fleuri, produit à l'aisselle de ses feuilles des bourgeons qui, au lieu de se développer immédiatement en rameaux, s'arrondissent en un corps charnu tout gonflé de sucs nutritifs. Bientôt la tige périt desséchée, mais les bourgeons persistent et végètent le printemps d'après avec les provisions emmagasinées dans leur masse.

On nomme *bulbilles* les bourgeons charnus destinés à se développer seuls, indépendamment de la tige mère; tels sont ceux de la fleaire et du lis bulbifère. L'ail nous en offre un autre exemple, bien plus familier. Prenez une tête entière d'ail. Au dehors se montrent d'abord des enveloppes blanches et arides. Enlevez-les. Au-dessous vous trouvez des rejetons qui s'isolent facilement tout d'une pièce. Puis viennent de nouvelles enveloppes blanches, suivies de nouveaux rejetons, de telle sorte que la tête entière est un paquet de rejetons et d'enveloppes intercalées. Ces enveloppes sont les bases desséchées des anciennes feuilles de la plante, feuilles blanches dans leur partie souterraine, qui subsiste encore, et vertes dans leur partie aérienne, qui manque maintenant. A l'aisselle de ces feuilles, des bourgeons se sont formés suivant la règle générale; seulement, comme ils sont destinés à se développer seuls, ils ont amassé des vivres dans l'épaisseur de leurs écailles, et c'est ce qui leur donne leur grosseur inusitée. Fendez-en un en long. Sous un fourreau coriace, vous trouverez une énorme masse charnue, formant à elle seule presque tout le rejeton. C'est là le magasin aux vivres. Avec de pareilles provisions, le bourgeon peut très-bien se suffire à lui-même. Et en effet, pour multiplier l'ail, les jardiniers ne s'adressent pas à la graine, ce serait par trop long. Ils s'adressent aux bourgeons, c'est-à-dire qu'ils mettent en terre, un à un, les bulbilles dont les têtes se composent. Chacun d'eux, nourri d'abord de ses vivres en réserve, pousse racines et feuilles et devient un pied d'ail complet.

Avant de poursuivre, une observation. Je vous ai fait reconnaître dans une tête d'ail des feuilles et des bourgeons ; mais où donc est la tige que tout cela suppose? Eh bien! cette tige existe, mais étrangement raccourcie, méconnaissable. Si vous détachez tous les bulbilles, il vous reste entre les mains un corps dur, aplati, marqué d'autant de cicatrices qu'il y a eu de rejetons détachés. Sur ses bords, il porte les débris de vieilles feuilles ou enveloppes blanches, et à sa base les restes des anciennes racines. Ce corps, c'est la tige, qui prend ici, à cause de son extrême raccourcissement, le nom de *plateau*.

Du *bulbille* ou *bulbe*, de l'ail à l'oignon, il n'y a qu'un pas. Fendez un oignon en deux, du sommet à la base ; vous le trouverez formé d'une suite d'écailles charnues, étroitement emboîtées l'une dans l'autre et portées sur une tige très-courte, sur un plateau pareil à celui de l'ail. Au centre de ces écailles succulentes, feuilles transformées en réservoir alimentaire, d'autres feuilles apparaissent avec la forme et la couleur verte normales. Un oignon est donc encore un bourgeon approvisionné pour une vie indépendante, au moyen de ses feuilles extérieures converties en écailles charnues; aussi lui donnet-on, à cause de sa grosseur, le nom de *bulbe*, dont l'expression de *bulbille* est le diminutif. Bulbe et bulbille ne diffèrent que par le volume : le bulbe est plus gros, le bulbille plus petit, et voilà tout. Vous avez observé sans doute que l'oignon, appendu au mur pour les besoins de la cuisine, s'éveille, pendant l'hiver, à la chale.. de l'appartement, et du sein de ses écailles rousses jette une belle pousse verte, qui semble protester contre les rigueurs de la saison et nous rappelle les douces joies du printemps. A mesure qu'il grandit, ses écailles charnues se rident, se ramollissent, deviennent flasques et tombent enfin en pourriture pour lui servir d'engrais. Tôt ou tard cependant, les provisions étant épuisées, la pousse dépérit à moins d'être mise en terre. Vous avez là un exemple bien frappant d'un bourgeon qui se développe seul à la faveur de ses provisions. Le poireau, lui aussi, est un bulbe, mais de forme plus élancée. Comme l'oignon, il résulte d'une série de bases de feuilles engaînées l'une dans l'autre. Les bulbes ainsi construits s'appellent *bulbes*

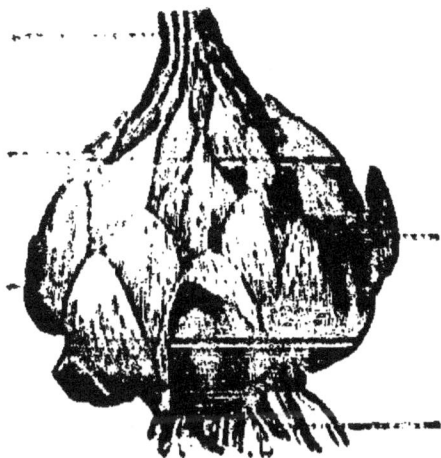

Fig. 60. Bulbe du Lis blanc.
r, racines; e, e, e, écailles; t, base de la tige.

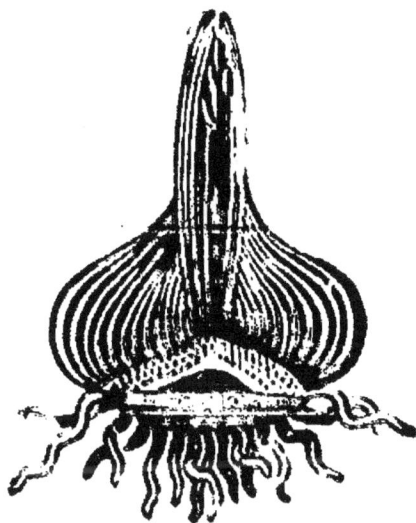

Fig. 61. Bulbe de Jacinthe.

tuniqués, parce que leurs feuilles charnues enveloppent le cœur des bourgeons comme autant de tuniques. On leur applique aussi à tous le nom du plus vulgaire, l'oignon; et on les appelle indistinctement des *oignons.*

D'autres fois, les feuilles-écailles, trop étroites pour faire le tour entier du bulbe, sont disposées à la manière des tuiles d'un toit. Le bulbe est dit alors *écailleux.* Tel est celui du lis ordinaire, à grandes fleurs blanches (*fig.* 60).

Beaucoup de plantes à bulbe, ou, comme on dit encore,

à oignon, donnent de magnifiques fleurs, souvent d'une culture où ne peut plus facile. De ce nombre est la jacinthe. Voici un oignon de jacinthe ouvert. Vous y reconnaissez les parties constituantes d'un bulbe : une courte tige ou *plateau* émettant des racines et des écailles charnues engaînées l'une dans l'autre. Du cœur des écailles montent déjà des feuilles ordinaires, avec une grappe de fleurs en bouton. On applique aux oignons de jacinthe la culture ordinaire, c'est-à-dire qu'on les met en terre; et alors ils fleurissent au printemps. Mais on peut aussi les cultiver sur la cheminée et les faire fleurir en hiver. On met un de ces oignons sur le goulot d'une carafe pleine d'eau, ou bien dans un petit vase rempli de mousse qu'on a soin de maintenir humide. Sans plus, le bulbe végète, excité par la chaleur de l'appartement. Il émet de fines racines blanches, qui plongent dans l'eau de la carafe ou dans la mousse humide; il déploie ses feuilles et enfin épanouit sa belle grappe de fleurs. Or n'allez pas croire qu'un peu d'eau claire ait, à elle seule, réalisé ce petit prodige d'une plante délicate en floraison au milieu des rigueurs de l'hiver. Le bulbe porte avec lui sa nourriture; stimulé par la chaleur de l'appartement, il a fleuri avant l'heure, nourri de sa propre substance.

Il y a des bourgeons appelés aux périls d'une existence indépendante et qui, avant de se séparer de la plante mère, n'emmagasinent point des vivres, n'épaississent point leurs écailles; mais alors la racine et le rameau, tantôt l'un tantôt l'autre suivant l'espèce végétale, sont chargés de l'approvisionnement. En premier lieu, considérons le rameau.

Lorsqu'il est destiné à l'alimentation future des bourgeons qu'il porte, le rameau, au lieu de venir à l'air où il se couvrirait de feuillage et de fleurs, reste sous terre, où rien ne le distrait de son travail. Là, sordidement vêtu de pauvres écailles brunes, derniers vestiges des feuilles auxquelles il a renoncé, opiniâtrement il amasse, il thésaurise pour faire un avenir à ses bourgeons. Il devient corpulent et si difforme, que, n'osant plus l'appeler rameau, les botanistes le nomment *tubercule*. Une fois les provisions faites, le tubercule se détache de la plante mère, et désormais les bourgeons qu'il porte trouvent en lui, pour émigrer, des vivres abondants. Un *tubercule* est donc un rameau souterrain, gonflé de nourriture, ayant de minces écailles en guise de feuilles, et couvert de bourgeons qu'il doit alimenter.

La pomme de terre est un tubercule. Démontrons que, malgré sa disgracieuse forme et son séjour dans le sol, ce tubercule est réellement un rameau et non une racine

Fig. 62. Pomme de terre avec ses yeux ou bourgeons.

ainsi qu'on le croit d'habitude. Une racine ne porte jamais de feuilles, ni rien qui en dérive, comme des écailles. Elle ne produit pas de bourgeons, si ce n'est dans des circonstances exceptionnelles; lorsque, par exemple, le salut de la plante est menacé ; et encore, même dans le plus pressant péril, est-elle le plus souvent inhabile à bourgeonner. Ce ne sont pas là ses fonctions. Or, à la surface d'une pomme de terre, que voyons-nous? Certains enfoncements, des yeux, c'est-à-dire autant de bourgeons, car ces yeux se développent en rameaux si la pomme de terre est placée dans des conditions favorables. Sur les tubercules vieux, on les voit, dans l'arrière-saison, s'allonger en rejetons ne demandant qu'un peu de

9

soleil pour verdir et devenir des tiges. La culture utilise
cette propriété. Le tubercule est coupé en quartiers, et
chaque fragment mis en terre produit un nouveau pied à
la condition expresse qu'il ait au moins un œil ; s'il n'en
a pas, il pourrit sans rien produire. De plus, avant l'arra-
chage, des yeux sont cachés à l'aisselle de petites
écailles, qui se détachent facilement plus tard et passent
inaperçues, si l'on n'a soin de les observer sur des tubercules jeunes extraits du sol avec soin.
Ces écailles sont des feuilles modifiées
pour une vie souterraine, des feuilles
aux mêmes titres que les enveloppes coriaces d'un bourgeon écailleux. Puisqu'elle a feuilles et bourgeons, la pomme
de terre est un rameau. Si des doutes
vous restaient sur cette conclusion, j'a-
jouterais qu'en *buttant* la plante, c'est-
à-dire en amoncelant de la terre autour
de son pied, on convertit en tubercules
les jeunes rameaux enterrés ; j'ajoute-
rais encore que, dans les années plu-
vieuses et sombres, on voit quelques-
uns des rameaux ordinaires s'épaissir à
l'air libre, et devenir des tubercules plus
ou moins parfaits.

Le tubercule du topinambour dissi-
mule moins sa nature de rameau. Les
bourgeons y sont disposés deux à deux
sur des nodosités, en face l'une de l'autre,
tour à tour d'avant en arrière et de droite à gauche, absolument comme le sont les feuilles et leurs bourgeons
axillaires sur la tige.

Le safran nous offre une organisation intermédiaire
entre le bulbe et le tubercule. La partie inférieure de la
tige se renfle en une masse compacte féculente, en un
tubercule revêtu par les bases filreuses et engaînantes des
feuilles. Sa forme est ronde et légèrement aplatie. A l'ais-

Fig. 63. Safran.

sole de ses minces enveloppes se trouvent des bourgeons, dont les plus vigoureux sont les supérieurs suivant la règle habituelle. L'amas alimentaire destiné à ces bourgeons se trouve donc ici dans la tige elle-même, devenue réservoir obèse de fécule, et non dans les feuilles, qui restent de fines et arides enveloppes; sous ce rapport, l'organe nourricier des bourgeons est un tubercule. Mais d'autre part, cet organe est étroitement enveloppé par la base persistante des vieilles feuilles, ainsi que cela se passe dans l'oignon et tous les bulbes tuniqués. Sous ce nouvel aspect, la partie souterraine du safran est un bulbe. Pour rappeler ce double caractère, on lui donne le nom de *bulbe solide*. C'est un bulbe à cause de ses tuniques ou enveloppes engainantes, bases arides des vieilles feuilles; mais au lieu de se subdiviser en écailles charnues, ce bulbe est solide, compacte, c'est-à-dire porte la masse alimentaire dans l'axe lui-même, dans la tige changée en tubercule. Mis en terre, le bulbe solide du safran émet par sa base un faisceau de racines, tandis que le bourgeon terminal se développe en feuilles et en fleurs. En même temps, les bourgeons axillaires donnent un faisceau de feuilles et se renflent à la base en autant de bulbes implantés sur le premier. Pour nourrir toute cette lignée, le bulbe mère graduellement s'épuise, se ride, se flétrit et n'est plus, quand la végétation est terminée, qu'une dépouille inerte. Mais alors, enrichis de sa substance, les jeunes bulbes ont pris tout leur accroissement; ils se séparent l'un de l'autre et recommencent chacun, l'année suivante, les mêmes phases d'évolution.

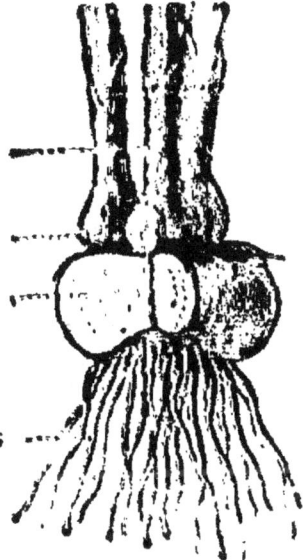

Fig. 64. Bulbe du Safran. r, racines; b, bulbe solide; c, bourgeons développés en nouveaux bulbes; f, feuilles.

La substance amassée en réserve dans les écailles charnues des bulbes et dans l'axe féculent des tubercules, sert non-seulement à la nourriture de la jeune plante actuelle mais encore à la formation de nouveaux bulbes, de nouveaux tubercules, sauvegardes de l'avenir. Je la comparerais volontiers à un patrimoine que le passé lègue au présent, et que le présent doit léguer au futur, enrichi de tout le travail des générations à qui il a profité. Le bulbe du safran a puisé ses économies alimentaires dans le bulbe qui l'a précédé; il les écoule maintenant dans les bulbes ses successeurs, qui les transmettront eux-mêmes à d'autres, mais accrues, d'une génération à la suivante, par le travail des racines.

Dans certains cas cependant, ce patrimoine conserve une valeur à peu près invariable; c'est un capital que la plante ne fait pas valoir et qu'elle se borne à transmettre avec fidélité. C'est ce que nous montrent diverses orchidées, si curieuses par la forme étrange de leurs fleurs. Arraché au moment de la floraison, un pied d'orchis présente à la base de la tige, pêle-mêle avec les racines, deux tubercules ovoïdes, parfois de la grosseur d'une noix. L'un est ferme, rebondi; l'autre est ridé, flasque, et cède plus ou moins sous la pression des

Fig. 65. Orchis.

doigts. Entre les deux, il n'est pas rare de rencontrer des peaux arides, dont la mieux conservée figure un petit sac vide et tout chiffonné; on peut l'insuffler par son orifice et lui faire prendre ainsi la forme et la grosseur des deux tubercules. Les trois âges sont là représentés : le passé, le présent et le futur. Le petit sac chiffonné, si le temps et l'humidité du sol ne l'ont pas détruit,

représente le passé. L'année dernière, c'était un tubercule gonflé de vivres; il s'est vidé et réduit à une mince
peau pour nourrir sa tige et léguer sa substance au
tubercule actuel. Le présent est représenté par le tubercule flétri, dont la chair se ramollit, se fluidifie lentement et se transvase dans les parties de la plante de
formation nouvelle. C'est aux dépens de sa substance que
s'est nourrie la jeune pousse avant qu'elle eut des racines,
c'est aux dépens de sa substance que se gonfle le tubercule nouveau. Ce dernier, frais, consistant, plein de vigueur, représente l'avenir; il porte en germe la plante de
l'année prochaine. La saison finie, l'orchis va périr; la
tige se desséchera ainsi que les racines, le tubercule qui
l'a nourrie ne sera plus qu'une dé-
pouille sans valeur; mais le second
tubercule, survivant seul à la ruine
de la plante, persistera sous terre et
attendra le soleil printanier pour
développer son unique bourgeon en
un pied d'orchis semblable au précédent. C'est ainsi qu'au moyen de
son double magasin de vivres, de
son double tubercule dont l'un se vide
tandis que l'autre s'emplit, l'orchis

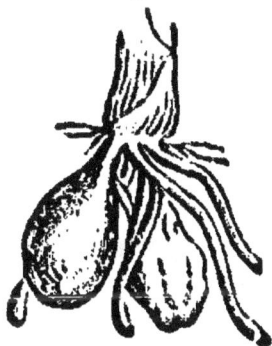
Fig. 66. Tubercules
d'Orchis.

transmet, d'une année à l'autre, un bourgeon approvisionné et se perpétue indéfiniment à la même place, si
rien ne vient troubler cette admirable filiation. Les tubercules successifs sont alternés dans leur arrangement,
c'est-à-dire qu'ils naissent tour à tour à droite puis à
gauche; de cette manière, la plante ne se déplace point
mais oscille d'un centimètre ou deux chaque année autour
de la même position moyenne. Tel pied d'orchis que l'on
rencontre solitaire en un point non fréquenté est peut-
être le descendant de centaines de générations, qui se sont
succédé exactement à la même place et se sont trans-
mis intact l'héritage tuberculaire, toujours consommé
pour les besoins du présent, mais toujours reconsti-

tué en valeur pareille pour les besoins de l'avenir.

On n'est pas d'accord sur la nature des tubercules des orchidées; les uns y voient des racines, les autres des rameaux souterrains. Racine ou rameau, peu importe au fond; ce double tubercule, dont le plus vieux transvase en quelque sorte sa substance dans le plus jeune avant de périr, n'en est pas moins un exemple remarquable des moyens mis en œuvre par la plante pour assurer l'avenir à sa descendance. Dans beaucoup de végétaux d'ailleurs, la racine est chargée de la haute fonction d'amasser des vivres et de les tenir en réserve pour la génération future, comme le fait le rameau gonflant son axe en tubercule, ou bien épaississant ses écailles en bulbe. La racine renflée en réservoir alimentaire à l'usage des bourgeons prend le nom de *racine tubéreuse*. Comme exemples, je vous citerai celles du dahlia, de la carotte, de la betterave, du navet.

Fig. 67. Racine tubéreuse du Dahlia.

Considérons en particulier la racine du dahlia. Au premier aspect, rien de plus analogue à un paquet de pommes de terre que ce faisceau de tubérosités. Mais remarquez qu'ici il n'y a pas d'écailles, qu'il n'y a pas d'yeux. Ces renflements ne sont donc pas des tubercules; ce sont des racines tubéreuses. Pendant tout l'été, tout l'automne, le dahlia se couvre de grandes et magnifiques fleurs. Les froids venus, la partie aérienne de la plante périt; mais quelques bourgeons persistent, tout à la base de la tige, avec le paquet de racines tubéreuses qui doivent, l'année suivante, les alimenter. Ces racines sont extraites de terre et tenues au sec, à l'abri des gelées. Au printemps, on divise la touffe commune en autant d'éclats qu'il y a de bourgeons dans le tronçon de tige qui la surmonte; et chaque éclat, pourvu d'un germe et d'au moins une racine nourricière, reproduit un pied de dahlia.

Le rôle des racines tubéreuses est dans toutes les plantes le même que dans le dahlia : au moyen de provisions mises en réserve dans leur masse charnue, elles viennent en aide aux bourgeons qui survivent à la mort de la tige. L'homme utilise, pour son alimentation, divers de ces réservoirs nourriciers; il sait même, par son industrie, en provoquer la formation dans des plantes qui, livrées à elles-mêmes, n'en produiraient pas ou n'en donneraient point d'aussi riches.

XV

La greffe.

Greffe. — Condition première du succès. — Idées erronées sur la greffe. — Greffe par approche. — Greffe en fente. - Greffe en couronne. — Greffe en écusson. — Greffe en flûte. — Origine des végétaux cultivés. — Pomme de terre sauvage. — Chou des falaises. — Poirier sauvage. — Lambrusque. — Retour à l'état sauvage. — Importance de la propagation par greffe, bouturage et marcottage. — Utilité du semis.

Un bourgeon, ou bien le rameau qu'il donne en se développant, est une unité, un individu de l'association végétale; il a sa vitalité propre, il constitue un plant distinct qui, au lieu de prendre racine dans la terre, prend racine sur la branche qui l'a produit. Ce principe fondamental nous a rendu compte de l'émigration de certains bourgeons, comme les bulbilles de l'ail, du safran et du lis bulbifère, qui se détachent de la plante mère et deviennent, au moyen de leurs racines adventives, autant de plantes indépendantes l'une de l'autre. Le même principe donne raison du bouturage et du marcottage, opérations qui détachent le rameau de sa branche, où il s'abreuvait de sève, pour le transplanter en terre, où de lui-même il doit puiser les sucs nutritifs. Il explique enfin la greffe,

qui consiste à transplanter le bourgeon ou le rameau de
sa branche sur une autre branche, de son arbre sur un
autre arbre.

Le végétal qui doit servir de support nourricier prend
le nom de *sujet*; et le bourgeon ou le rameau qu'on y
implante, celui de *greffe*. Une condition indispensable est
à remplir pour la réussite de ce changement de support :
le bourgeon transplanté doit trouver auprès de sa nouvelle
branche nourricière des aliments en rapport avec ses
goûts, c'est-à-dire une séve conforme à la sienne. Cela
exige que les deux plantes, le sujet et celle d'où provient
la greffe, soient de la même espèce ou du moins appartiennent à des espèces très-rapprochées, car la similitude
de la séve et de ses produits ne peut résulter que de la
similitude d'organisation. On perdrait son temps à vouloir greffer le lilas sur le rosier, le rosier sur l'oranger. Il
n'y a rien de commun entre ces trois espèces végétales,
ni dans les feuilles, ni dans les fleurs, ni dans les fruits.
De cette différence de structure résulte infailliblement une
différence profonde de nutrition. Le bourgeon de rosier
périrait donc affamé sur une branche de lilas; le bourgeon
de lilas en ferait autant sur une branche de rosier. Mais
on peut très-bien greffer lilas sur lilas, rosier sur rosier,
oranger sur oranger. Il est possible d'aller plus loin. On
peut faire nourrir un bourgeon d'oranger par un citronnier, un bourgeon de pêcher par un abricotier, un bourgeon de cerisier par un prunier et réciproquement; car
il y a entre ces végétaux, pris deux à deux, une étroite pa-
renté que vous entrevoyez déjà, mais que vous comprendrez mieux lorsque nos études seront plus avancées.
Il faut en somme, pour la réussite de la greffe, la
plus grande analogie possible entre les deux végétaux.
Les anciens étaient loin d'avoir des idées bien nettes sur
cette absolue nécessité de la ressemblance d'organisation ;
ils nous parlent de rosiers greffés sur le houx, pour
obtenir des roses vertes, de vignes greffées sur le
noyer, pour avoir des raisins à grains énormes, pareils en

volume à des noix. De telles greffes, et d'autres entre végétaux complétement dissemblables, n'ont jamais existé que dans l'imagination de ceux qui les ont rêvées. Enfin il est indispensable que la greffe et le sujet aient un large contact entre leurs tissus les plus vivants, et par conséquent les plus aptes à se souder entre eux. Ce contact doit donc se faire par le tissu cellulaire des deux écorces et surtout par le cambium. Et en effet, l'activité vitale du végétal réside, avant tout, dans les tissus jeunes qui se forment entre le bois et l'écorce. C'est là que la séve circule; c'est là que s'élaborent de nouvelles cellules, de nouvelles fibres, pour former d'un côté une couche d'écorce et de l'autre une couche de bois. C'est donc là encore et seulement là que la soudure est possible entre la greffe et le sujet.

On distingue trois principaux genres de greffes, savoir : la *greffe par approche*, la *greffe par rameaux*, et la *greffe par bourgeons*. La forme donnée aux entailles et l'agencement des parties mises en contact donnent lieu, dans la pratique, à de nombreuses subdivisions qui ne sauraient trouver place ici. Bornons-nous à ce qu'il y a d'essentiel.

La greffe par approche est l'analogue du marcottage, avec cette différence que le sol est remplacé par le végétal devant servir de support. Dans le marcottage, on provoque la formation de racines adventives soit en couchant dans la terre un rameau encore adhérent à la tige qui le nourrit, soit en lui faisant traverser un pot fendu, un cornet de plomb rempli de mousse humide. Lorsque, sous l'influence de ce milieu nourricier, des racines ont été émises en nombre convenable, on sèvre graduellement le rameau par des entailles et enfin on le détache de la plante mère. Dans la greffe par approche, on se propose de même de faire enraciner, non plus en terre mais sur un végétal voisin, un rameau, une branche, une cime d'arbre, tenant encore aux pieds dont ils font partie. Supposons deux arbrisseaux à proximité l'un de l'autre, et proposons-nous d'implanter sur le premier une branche du second. On incise d'entailles correspondantes les parties qui doivent être mises en contact ; on fait exactement coïncider les tissus jeunes et vivants, le cambium et le tissu cellulaire de l'écorce ; au moyen de ligatures, on maintient le tout en place, et l'on abandonne les deux blessures rapprochées au lent travail de la vie. Nourrie par sa propre tige dont elle n'est pas encore séparée, la branche à transplanter mélange sa sève à la sève du support ; de part et d'autre des tissus s'organisent pour cicatriser les plaies, se juxtaposent, se soudent entre eux, et tôt ou tard la branche fait corps avec la tige étrangère. Il faut maintenant sevrer la greffe, c'est-à-dire la priver peu à peu de l'alimentation que lui fournit sa propre tige et l'habituer au régime de la nourrice qu'on lui a donnée artificiellement. On y parvient, comme pour une simple marcotte, au moyen d'entailles graduelles ou de ligatures pratiquées en dessous de la soudure. Quand on juge que la branche puise toute sa nourriture dans le nouveau support, on la sépare de la plante mère.

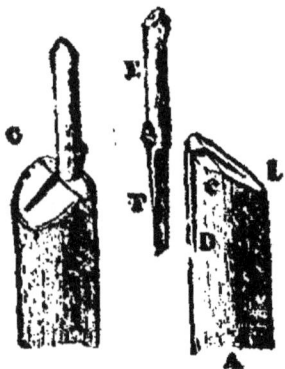

Fig. 68. Greffe en fente.

La greffe par rameaux correspond au bouturage. Elle consiste à transplanter sur une nouvelle tige un rameau détaché de la plante mère. La méthode la plus usitée est celle des *greffes en fente*. Un mauvais poirier, je suppose, est dans votre jardin, venu de semis ou apporté de son bois natal. Vous voulez lui faire produire de bonnes poires. La marche à suivre est celle-ci. On tranche net la tête du sauvageon et dans le tronçon en terre on fait une profonde entaille. Puis on prend sur un poirier d'excellente qualité un rameau muni de quelques bourgeons. On taille son extrémité inférieure en biseau et l'on implante la greffe dans la fente du sujet, bien exactement écorce contre écorce, bois contre bois. On rapproche le tout par des ligatures et l'on recouvre les plaies de mastic, ou, à son défaut, d'argile maintenue en place avec quelques chiffons. Ainsi emmaillotté, le moignon n'a pas à souffrir de l'accès de l'air, qui le dessécherait. Avec le temps, les plaies se cicatrisent, le rameau soude son écorce et son bois à l'écorce et au bois de la tige amputée. Enfin les bourgeons de la greffe, alimentés par le sujet, se développent en ramifications et au bout de quelques années la tête du poirier sauvage est remplacée par une tête de poirier cultivé, donnant des poires pareilles à celles de l'arbre qui a fourni la greffe.

Fig. 69. Greffe en fente.   Fig. 70. Greffe en couronne.

Si l'on désire obtenir un arbre à ramifications plus nombreuses et si d'ailleurs la grosseur du sujet s'y prête, rien n'empêche d'implanter deux greffes dans l'entaille, l'une à chaque extrémité. Mais on ne pourrait pas en mettre davantage dans la même fente, parce que l'écorce de la greffe doit être, de toute nécessité, en contact avec l'écorce du sujet, afin que des deux parts le cambium mette en communication ses tissus naissants. Si le tronc amputé est assez fort, on peut encore disposer un cercle de greffes sur le pourtour de la section, comme le représente la figure. La greffe est dite alors en couronne.

La greffe par bourgeons consiste à transplanter sur le sujet un simple bourgeon avec le lambeau d'écorce qui le porte. C'est la plus fréquemment usitée. Suivant l'époque de l'année où l'opération est faite, la greffe est dite à *œil poussant*, ou bien à *œil dormant*. Dans le premier cas, la greffe se pratique au printemps, au moment de l'éveil de la végétation, de manière que l'œil ou le bourgeon mis en place sur le sujet se soude avec lui et se développe ou *pousse* bientôt après; dans le second cas, le bourgeon est posé de juillet ou août, à l'époque de la sève automnale, de telle sorte qu'il *dort* c'est-à-dire reste stationnaire pendant tout l'automne et tout l'hiver, après avoir contracté adhérence avec le sujet.

Vous avez donné asile dans votre parterre à un églantier, le vulgaire gratte-cul, qui végétait pauvrement au bord du chemin en compagnie de la ronce. L'arbuste n'est pas beau. Au fond, c'est bien le rosier pour la tige, les épines, les feuilles, les fruits; mais quelles tristes roses! Cinq modestes pétales, bien réguliers, mais pâles, à peine teintés d'incarnat, sans odeur. Il s'agit de faire produire à l'arbuste la splendide rose à cent feuilles. Au moment de la sève d'automne, de juillet ou septembre, on incise l'écorce du sauvageon d'une double entaille en forme de T, pénétrant jusqu'au bois mais sans l'endommager. On soulève un peu les deux lèvres de la blessure. Puis, sur un rosier à belles fleurs, on détache un lambeau d'écorce muni d'un bourgeon, lambeau qu'on nomme *écusson*. On a soin de bien enlever le bois qui pourrait adhérer à la face intérieure de l'écusson, tout en respectant l'écorce, le tissu verdâtre surtout qui forme la couche interne. Enfin l'on introduit l'écusson entre l'écorce et le bois du sujet et l'on rapproche les lèvres de la plaie au moyen d'une ligature, de manière que l'écusson soit bien appliqué contre le bois du sujet. Le printemps suivant, le bourgeon transplanté adhère à sa nouvelle nourrice, que l'on ampute alors au-dessus de la greffe. Dans peu de temps, l'églantier se couvre de roses à cent feuilles. C'est ce qu'on nomme la *greffe en écusson*.

Pour la greffe en *flûte* ou en *sifflet*, on incise transversalement l'écorce en dessus et en dessous d'un bourgeon; puis, entre les deux traits, on pratique une incision longitudinale. Le cylindre d'écorce est alors enlevé sans peine tout d'une pièce si l'opération se fait au moment de la séve. Sur le sujet, d'égale grosseur, on enlève un cylindre semblable et on le remplace par le cylindre portant le bourgeon que l'on veut transplanter. Enfin des ligatures

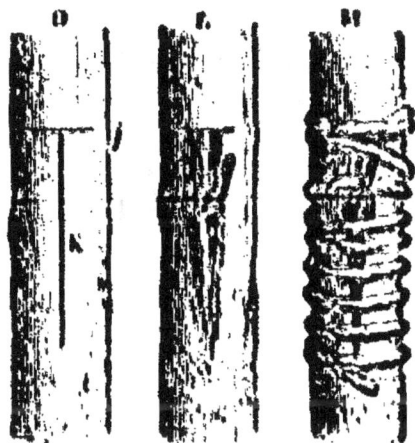

Fig. 71. Greffe en écusson.

Fig. 72. Greffe en flûte.

et du mastic rapprochent et recouvrent les parties mal jointes.

Vous connaissez maintenant, en ce qu'ils ont d'essentiel, les trois modes de propagation usités en culture : la marcotte, la bouture et la greffe. Pour bien comprendre la haute utilité de ces opérations, arrêtons-nous un instant sur l'origine de nos végétaux cultivés. Vous vous figurez peut-être que, de tout temps, en vue de notre alimentation, le poirier s'est empressé de produire de gros fruits à chair fondante; que la pomme de terre, pour nous faire plaisir, a gonflé ses gros rameaux souterrains de pulpe farineuse; que le chou-cabus, dans le désir de nous être agréable, s'est avisé lui-même d'empiler en tête compacte de belles feuilles blanches. Vous vous figurez que le froment, le potiron, la carotte, la vigne, la betterave et tant d'autres encore, épris d'un vif intérêt pour l'homme, ont de leur propre gré toujours travaillé pour lui. Vous croyez que la grappe de la vigne est pareille maintenant à celle d'où Noé retira le jus qui le grisa; que le froment, depuis qu'il a paru sur la terre, n'a pas manqué de produire tous les ans une récolte de grain; que la betterave et le potiron avaient aux premiers jours du monde la corpulence qui nous les rend précieux. Il vous semble, enfin, que les plantes alimentaires nous sont venues dans le principe telles que nous les possédons maintenant. Détrompez-vous : la plante sauvage est en général pour nous une triste ressource alimentaire; elle n'acquiert de la valeur que par nos soins. C'est à nous, par notre travail, notre culture, à tirer parti de ses aptitudes en les modifiant.

Dans son pays natal, sur les montagnes du Chili et du Pérou, la pomme de terre à l'état sauvage est un maigre tubercule, de la grosseur d'une noisette. L'homme donne accueil dans son jardin au misérable sauvageon ; il le plante dans une terre substantielle, il le soigne, il l'arrose, il le féconde de ses sueurs. Et voilà que, d'année en année, la pomme de terre prospère; elle gagne en volume, en propriétés nutritives, et devient enfin un tubercule farineux de la grosseur des deux poings.

Sur les falaises océaniques, exposées à tous les vents, croît naturellement un chou, haut de tige, à feuilles rares, échevelées, d'un vert cru, de saveur âcre, d'odeur forte. Sous ces agrestes apparences, il recèle peut-être de précieuses aptitudes. Pareil soupçon vint apparemment à l'esprit de celui qui le premier, à une époque dont le souvenir s'est perdu, admit le chou des falaises dans ses cultures. Le soupçon était fondé. Le chou sauvage s'est amélioré par les soins incessants de l'homme; sa tige s'est affermie; ses feuilles, devenues plus nombreuses, se sont emboîtées, blanches et tendres, en tête serrée; et le chou pommé a été le résultat final de cette magnifique métamorphose. Voilà bien, sur le roc de la falaise, le point de départ de la précieuse plante; voici, dans nos jardins potagers, son point d'arrivée. Mais où sont les formes intermédiaires qui, à travers les siècles, ont graduellement amené l'espèce aux caractères actuels? Ces formes étaient des pas en avant. Il fallait les conserver, les empêcher de rétrograder, les multiplier et tenter sur elles de nouvelles améliorations. Qui pourrait dire tout le travail accumulé qui nous a valu le chou-cabus?

Et le poirier sauvage, le connaissez-vous? C'est un affreux buisson, hérissé de féroces épines. Ses poires, détestable fruit qui vous serre la gorge et vous agace les dents, sont toutes petites, âpres, dures et semblent pétries de grains de gravier. Certes celui-là eut besoin d'une rare inspiration qui, le premier, eut foi dans l'arbuste revêche et entrevit, dans un avenir éloigné, la poire beurrée que nous mangeons aujourd'hui.

De même, avec la grappe de la vigne primitive, dont les grains ne dépassent pas en volume les baies du sureau, l'homme, à la sueur du front, s'est acquis la grappe juteuse de la vigne actuelle; avec quelque pauvre gramen aujourd'hui inconnu, il a obtenu le froment; avec quelques misérables arbustes, quelques herbes d'aspect peu engageant, il a créé ses races potagères et ses arbres fruitiers. La terre, pour nous engager au travail, loi suprême de notre existence, est pour nous une rude marâtre. Aux petits des oiseaux, elle donne abondante pâture; à nous, elle n'offre de son plein gré que les mûres de la ronce et les prunelles du buisson. Ne nous en plaignons pas, car la lutte contre le besoin fait précisément notre grandeur. C'est à nous, par notre intelligence, à nous tirer d'affaire ; c'est à nous à mettre en pratique la noble devise : Aide-toi, le ciel t'aidera.

L'homme s'est donc étudié de tout temps à démêler parmi les innombrables espèces végétales, celles qui peu-

vent se prêter à des améliorations. La plupart sont restées
pour nous sans utilité; mais d'autres, prédestinées sans
doute, créées plus spécialement en vue de l'homme, se sont
faites à nos soins et par la culture ont acquis des propriétés
d'une importance capitale, car notre nourriture en dépend.
L'amélioration obtenue n'est pas cependant si radicale,
que nous puissions compter sur sa permanence si nos
soins viennent à faire défaut. La plante tend toujours à
revenir à son état primitif, comme si elle avait regret de
s'être ralliée à l'homme. Que le jardinier, par exemple,
abandonne le chou-cabus à lui-même, sans engrais, sans
arrosage, sans culture; qu'il laisse les graines germer
au hasard où le vent les aura chassées, et le chou s'empres-
sera d'abandonner sa pomme serrée de feuilles blanches,
pour reprendre les feuilles lâches et vertes de ses parents
sauvages. La vigne pareillement, affranchie des soins de
l'homme, deviendra dans les haies la maigre lambrusque,
dont toute la grappe n'équivaut pas à un seul grain de rai-
sin cultivé; le poirier reprendra, sur la lisière des bois, ses
longs piquants et ses petits fruits détestables; le prunier
et le cerisier réduiront leurs fruits à des noyaux recou-
verts d'une pellicule amère; enfin toutes les richesses de
nos vergers s'appauvriront jusqu'à devenir pour nous
sans valeur.

Ce retour à l'état sauvage s'effectue même dans nos
cultures, malgré tous nos soins, quand on a recours au
semis pour reproduire la plante. On sème, je suppose,
des pépins pris dans une excellente poire. Eh bien ! les
poiriers issus de ces graines ne donnent, pour la plupart,
que des poires médiocres, mauvaises, très-mauvaises
même. Quelques-uns seulement reproduisent la poire
mère. Un autre semis est fait avec les pépins de seconde
génération. Les poires dégénèrent encore. Si l'on continue ainsi les semis en puisant toujours les graines dans
la génération précédente, le fruit, de plus en plus petit,
âpre et dur, revient enfin à la méchante poire du buisson.
Un exemple encore. Quelle fleur mettre en parallèle avec

la rose, si noble de port, si odorante, d'un pourpre si vif ? On sème les graines de la superbe plante, et ses descendants se trouvent de misérables buissons, de simples églantiers comme ceux de nos haies. Rien d'étonnant : la noble fleur avait pour point de départ un églantier ; par le revirement du semis, elle reprend les caractères de sa race. Chez quelques plantes enfin, les améliorations acquises par la culture sont plus stables et persistent malgré l'épreuve du semis, mais à la condition expresse que nos soins ne leur feront jamais défaut. Toutes donc, abandonnées à elles-mêmes et propagées par semences, reviennent à l'état primitif, après un certain nombre de générations, chez lesquelles s'effacent peu à peu les caractères imprimés par l'intervention de l'homme.

Puisque nos arbres fruitiers, nos plantes ornementales, retournent plus ou moins rapidement par le semis au type sauvage, comment faire alors pour les propager sans crainte de les voir dégénérer ? Il faut recourir à la greffe, au marcottage, au bouturage, inappréciables ressources qui nous permettent de stabiliser dans le végétal la perfection obtenue par de longues années de travail, et de profiter des améliorations déjà obtenues par nos devanciers, au lieu de recommencer nous-mêmes une éducation à laquelle une vie humaine serait loin de suffire. Par la transplantation des bourgeons ou des rameaux, nous adjoignons à notre travail individuel le travail accumulé de nos prédécesseurs. La marcotte, la bouture et la greffe reproduisent fidèlement, en effet, tous les caractères de la plante sur laquelle elles ont été prises. Tels sont les fruits, les fleurs, le feuillage du végétal qui a fourni les bourgeons transplantés, et tels seront les fruits, les fleurs, le feuillage des végétaux issus de ces bourgeons. Rien ne s'ajoutera aux caractères que l'on veut propager, mais aussi rien n'y manquera. A des fleurs doubles sur le pied d'où proviennent la bouture et la greffe, correspondront des fleurs doubles sur les plantes issues de cette bouture et de cette greffe ; à telle nuance

de coloration correspondra précisément la même nuance ;
à tels fruits volumineux, sucrés et parfumés, correspondront les mêmes fruits volumineux, sucrés et parfumés. La moindre particularité qui, pour des motifs
inconnus, apparaît sur une plante venue de semis, parfois
sur un seul rameau, comme la forme découpée du feuillage, la panachure des fleurs, se reproduit avec une fidélité minutieuse si la greffe et la bouture sont prises sur
le rameau affecté de cette modification. Par ce moyen,
l'horticulture journellement s'enrichit de fleurs doubles
ou de nuance nouvelle, de fruits remarquables par leur
grosseur, leur maturation précoce ou tardive, leur chair
fondante, leur arôme plus prononcé. Sans le secours de
la greffe et de la bouture, ces précieux accidents, apparus une fois, on ne sait trop comment, seraient per-
dus à la mort de la plante favorisée du hasard ; et la
culture devrait indéfiniment recommencer ses tentatives
pour provoquer des améliorations qui, à peine obtenues,
ne tarderaient pas à lui échapper toujours, faute de
moyens pour les fixer et les rendre permanentes.

Le semis, en effet, ne l'oubliez pas, est impropre à perpétuer de tels caractères, d'une haute importance pour
nous, mais sans valeur pour la plante, souvent même
nuisibles à sa vitalité. Il donne le végétal tel que la nature l'a fait, dépouillé des accessoires que l'homme a su
lui ajouter. Les semences de fleurs doubles donnent des
fleurs simples, les graines de fruits perfectionnés donnent des fruits dégénérés, sinon toujours après un seul
semis, du moins après plusieurs générations ; et le type
sauvage reparaît dans toute son agreste robusticité, à
laquelle il faut quelquefois recourir pour remettre en vigueur les espèces affaiblies par une trop longue propagation artificielle. Enfin chaque graine est le point de
départ d'une nouvelle association végétale ayant des
tendances, des qualités, qui lui sont propres ; tandis que
la bouture et la greffe ne sont que les démembrements
d'une association dont elles reproduisent jusqu'aux

moindres habitudes. En cela se résument les avantages que présentent l'un et l'autre mode de multiplication. Veut-on obtenir des variétés de couleur, de feuillage, de taille, de port, il faut recourir au semis. Sur le nombre des plants levés, quelques-uns s'écarteront du porte-graines et présenteront peut être des particularités dignes d'être conservées. Ce résultat obtenu, et le semis seul peut le donner, la greffe et la bouture forcément interviennent pour le perpétuer et le propager. Le semis fait du nouveau, la greffe et la bouture le conservent.

Si l'histoire en avait conservé le souvenir, que de tentatives longues et pénibles ne retrouverions-nous pas pour obtenir nos diverses plantes cultivées avec quelques sauvageons sans valeur. Songez à tout ce qu'il a fallu d'heureuses inspirations pour choisir dans le monde végétal les espèces aptes à se modifier en bien, d'essais patients pour les assujettir à notre culture, de fatigues pour les améliorer d'une année à l'autre, de soins pour les empêcher de dégénérer et nous les transmettre dans leur état de perfection; songez à toutes ces choses et vous comprendrez que dans le moindre fruit, dans le moindre légume, il y a plus que le travail du jardinier qui nous les fournit. Il y a là le travail accumulé de cent générations peut-être, nécessaires pour créer la plante potagère avec un mauvais sauvageon. Nous vivons des fruits et des légumes créés par nos prédécesseurs; nous vivons du travail, des forces, des idées du passé. Que l'avenir, à son tour, puisse vivre de nos forces, de celles du bras comme de celles de la pensée, et nous aurons dignement rempli notre mission.

XVI

Les Feuilles.

La plante puise à la fois sa nourriture dans l'atmosphère et dans le sol. Pour se mettre en rapport avec le sol, elle a les racines ; pour se mettre en rapport avec l'atmosphère, elle a les feuilles. En son plus haut degré de complication, une feuille comprend trois parties : le *limbe*, le *pétiole* et les *stipules*. Le pétiole est ce qu'on nomme vulgairement la queue de la feuille ; le limbe est la lame verte qui le termine ; les stipules sont des expansions foliacées situées à la base du pétiole.

Le limbe d'une feuille a deux faces : la *face supérieure*, plus lisse, plus verte, tournée vers le ciel, et la *face inférieure*, plus pâle, plus rugueuse, tournée vers la terre. Il est parcouru dans son épaisseur par des lignes proéminentes, qui forment la charpente de la feuille et prennent le nom de *nervures*. Des fibres, des trachées et des vaisseaux assemblés en fines cordelettes les composent presque en entier. Les intervalles vides de cette charpente sont remplis par des cellules vertes. Dans une feuille qui pourrit à terre, la partie cellulaire se détruit aisément, tandis que les nervures, plus résistantes, persistent et forment alors une élégante dentelle. Nous avons déjà reconnu deux arrangements principaux dans cette charpente foliaire. Tantôt les nervures sont assemblées parallèlement l'une à l'autre dans toute la longueur de la feuille ; tantôt elles se ramifient, se rejoignent par leurs subdivisions et forment de la sorte un réseau à mailles irrégulières. Quelques exceptions écartées, les feuilles à nervures parallèles appartiennent aux monocotylédonées, et les feuilles à nervures en réseau aux dicotylédonées.

La disposition des nervures ou *nervation* se présente sous trois aspects principaux dans les feuilles des végétaux dicotylédonés. Premièrement, la nervure la plus importante, ou nervure *primaire*, continue le pétiole

Fig. 73. Feuille   Fig. 74. Feuille d'Érable.   Fig. 75. Feuille
de Chêne.   de Capucine.

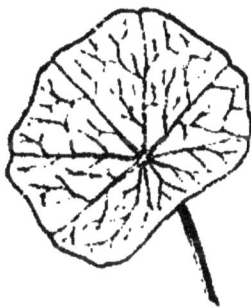

suivant la ligne médiane de la feuille et se subdivise à droite et à gauche en nervures *secondaires*, distribuées des deux côtés de la première comme le sont les barbes d'une plume par rapport à l'axe de celle-ci. La nervation est dite alors *pennée*. Exemple, la feuille du chêne (*fig.* 73).

En second lieu, dès l'entrée du pétiole dans le limbe, plusieurs nervures se forment à peu près d'égale grosseur et rayonnent autour de leur point commun de naissance, à peu près comme les doigts rayonnent autour de

la paume de la main. Ce cas se présente dans les feuilles
de l'érable. La nervation est dite alors *palmée* (*fig.* 74).

En troisième lieu, le pétiole aboutit, non plus au bord
du limbe, mais en un point plus ou moins central, d'où
les principales nervures rayonnent dans tous les sens et
rappellent l'irradiation des ornements d'un bouclier. La
nervation est dite alors *peltée*. La feuille de la capucine
nous en donne un exemple (*fig.* 75).

Fig. 76. Ciguë.

Si le bord du limbe
est continu, sans dents,
sans échancrures, com-
me dans le buis, l'oli-
vier, le lilas, le laurier,
la feuille est qualifiée
d'*entière*. Mais en gé-
néral, le bord du limbe
est plus ou moins pro-
fondément découpé.
Les découpures les
moins profondes en-
gendrent les *dents*, les
crénelures. Les inci-
sions qui pénètrent
jusqu'à la moitié du
limbe environ produi-
sent des *lobes*; celles
qui plongent jusqu'à
la nervure occupant le
milieu de la feuille
produisent des *partitions*. Enfin les divisions et subdivisions du limbe peuvent devenir très-nombreuses, si bien
que parfois la feuille est à peu près réduite aux seules
nervures, accompagnées d'une étroite bordure de tissu
cellulaire. On nomme *laciniées* toutes ces feuilles dont
les subdivisions se répètent indéfiniment. La carotte, le
fenouil, la ciguë, nous en fournissent des exemples
(*fig.* 76).

Lorsque le limbe est unique, comme dans le poirier, la vigne, le lilas, la feuille est dite *simple*. Mais fréquemment la même feuille comprend plusieurs limbes distincts. Considérons, par exemple, le rosier. Nous voyons, dans une seule feuille, de trois à sept limbes reliés à un pétiole commun, qui représente la nervure médiane des feuilles ordinaires. Chacune de ces subdivisions de la feuille totale, subdivisions que l'on serait tenté de prendre au

Fig. 77. Rosier.

premier abord pour autant de feuilles distinctes, se nomme *foliole*, et la feuille en son entier prend la qualification de *composée*. La feuille du rosier est donc une *feuille composée*, comprenant d'une à trois paires de folioles, et en outre une foliole terminale. Nous retrouvons la même structure, avec un plus grand nombre de folioles, dans la feuille composée du robinier, vulgairement acacia. Sur le pétiole commun, souvent aussi nommé *rachis*, sont insérés des pétioles secondaires ou *pétiolules*, et chacun de ceux-ci se continue par la nervure médiane de la foliole correspondante (*fig.* 78).

La disposition symétrique des folioles, à droite et à gauche du pétiole commun, rappelle encore ici l'arrangement des barbes sur les deux côtés d'une plume ; pour ce motif, on dit que le rosier et le robinier ont des feuilles *composées pennées*. D'autres fois, les folioles rayonnent à l'extrémité du pétiole commun et prennent la disposition palmée. La feuille est dite alors *composée palmée*. Exemples, le marronnier d'Inde, la vigne vierge (*fig.* 79).

Sur un même végétal, l'immense majorité des feuilles possède une configuration constante ; cependant la fixité des formes n'est pas absolue.

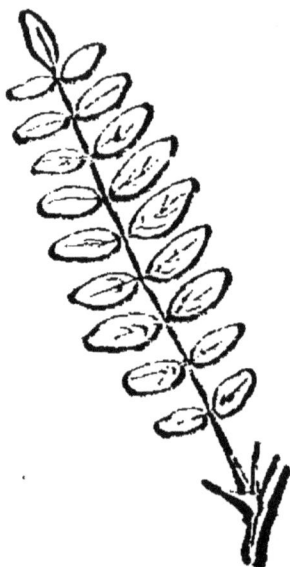

Fig. 78. Feuille de Robinier, vulgairement Acacia.

Aux principales étapes de sa vie, la plante modifie plus ou moins son feuillage ; les feuilles qui naissent tout à la base de la tige diffèrent souvent de forme de celles qui se montrent plus haut, et celles-ci diffèrent des feuilles avoisinant les fleurs.

Les deux premières feuilles qu'émet la jeune pousse, les feuilles formées par les cotylédons, ou, comme on dit, les *feuilles séminales*, rarement ont la forme des suivantes. Elles sont presque toujours entières, à quelque degré de division qu'arrivent les autres. Voyez à

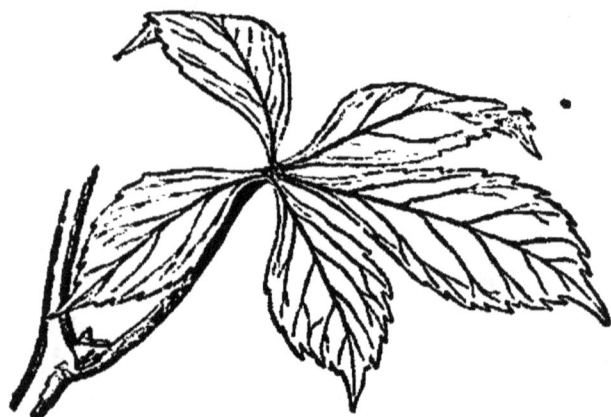

Fig. 79. Feuille de Vigne vierge.

ce sujet les feuilles séminales en forme de cœur du radis, les feuilles séminales en forme de languette de la carotte et du persil. En outre, à la base de la tige, les feuilles ont fréquemment une configuration à part, qui dérive de la forme générale par des modifications graduelles, ou même n'a pas de transition. Ainsi une gracieuse plante des prairies, la cardamine, a ses feuilles inférieures composées de larges folioles dentelées, tandis que les feuilles supérieures n'ont que des folioles en étroites languettes (*fig.* 80).

D'autres fois, sur les divers rameaux, à toutes les hauteurs, les feuilles modifient plus ou moins leur forme. Ainsi le mûrier à papier (*fig.* 81) porte à côté l'une de l'autre des feuilles entières et des feuilles à deux ou trois lobes. Le mûrier à papier est un arbre originaire du Japon. Il vient très-bien dans nos climats et n'est pas rare sur nos promenades publiques. Les Chinois utilisent les fibres de son liber pour fabriquer du papier, et les Polynésiens pour obtenir l'étoffe ordinaire de leurs vêtements.

Enfin, au voisinage des fleurs, les feuilles se rapetissent, se simplifient en se subdivisant moins, et perdent quelquefois leur coloration verte pour prendre une nuance semblable

Fig. 80. Cardamine des prés.

à celle des fleurs. Elles diffèrent tellement alors des feuilles ordinaires, qu'on n'a pas hésité à leur donner un nom spécial, celui de *bractées*.

Lorsque la plante est aquatique, ses feuilles aériennes diffèrent fréquemment de ses feuilles submergées. Nous en avons un remarquable exemple dans certaines renoncules à petites fleurs blanches qui peuplent les mares au premier printemps. Leurs feuilles supérieures, surnageant au-dessus de l'eau, sont simplement lobées ; leurs feuilles inférieures, totalement immergées, sont dici-ees en délicates houppes. Les feuilles, nous le verrons plus tard, sont

Fig. 81. Mûrier à papier.

les organes respiratoires de la plante. Dans l'eau, où les principes gazeux qu'elle doit respirer sont plus rares qu'à l'air libre, la feuille est déchiquetée en fines lanières pour avoir une plus grande surface d'absorption. Pareillement, les branchies, ou l'appareil respiratoire des poissons, sont composées de nombreuses petites lamelles qui s'étalent dans la cavité des ouïes au contact vivifiant de l'eau aérée. La sagittaire fréquente le voisinage des eaux, parfois elle est même immergée. Lorsqu'elles se développent dans l'air, ses feuilles ont la forme d'un fer de flèche porté sur un long pétiole, ce qui a valu son nom à la plante (*sagitta*, flèche) ; lorsqu'elles sont plongées dans le courant, elles prennent la forme d'étroits rubans d'un mètre de longueur et plus.

La queue de la feuille prend le nom de pétiole. C'est un étroit faisceau de vaisseaux et de fibres, qui s'épanouit dans le limbe et se ramifie en produisant les nervures. Sa forme est généralement cylindrique, avec une fine gouttière à sa face supérieure. Il est quelquefois aplati dans le sens horizontal, quelquefois encore dans le sens vertical. Dans ce dernier cas, le poids du limbe est équilibré d'une façon instable par le pétiole donnant appui

Fig. 82. Renoncule aquatique.
f, feuilles aériennes; cf, feuilles submergées.

Fig. 83. Sagittaire.

sur sa tranche, et la feuille, au moindre vent, est dans une agitation continuelle. C'est ce que l'on observe dans nos peupliers à qui l'on donne le nom de *trembles* à cause de l'habituel tremblotement de leur feuillage.

Il y a des feuilles dont le pétiole mesure plusieurs fois la longueur du limbe; il y en a d'autres où il est très-raccourci; d'autres enfin où il est complétement nul. La feuille sans pétiole est dite *sessile*. Le plus souvent, une feuille sessile se rattache à son support par toute sa base ; elle cerne ainsi le rameau dans une portion plus ou moins étendue de la circonférence, en d'autres termes, elle l'embrasse. Dans ces conditions, elle est qualifiée d'*embrassante* (fig. 84).

Lorsqu'elles sont disposées sur les tiges deux par deux, en face l'une de l'autre, les feuilles embrassantes fréquemment se soudent par leur base et forment un tout qui semble une feuille unique, à deux moitiés symétriques, et traversée en son milieu par le rameau. Certains chèvrefeuilles présentent cette curieuse disposition, prononcée surtout au voisinage des fleurs. A la maturité, les baies rougeâtres de ces arbrisseaux, groupées dans le creux des deux feuilles conjointes, ont l'apparence d'un amas de fruits artificiellement dressé sur une soucoupe de verdure.

A son point d'attache avec le rameau, le pétiole habituellement se renfle un peu et s'élargit pour donner à la feuille un appui plus solide ; il est en outre fixé sur une légère excroissance latérale du rameau, sur une espèce

Fig. 84. Laiteron des champs.

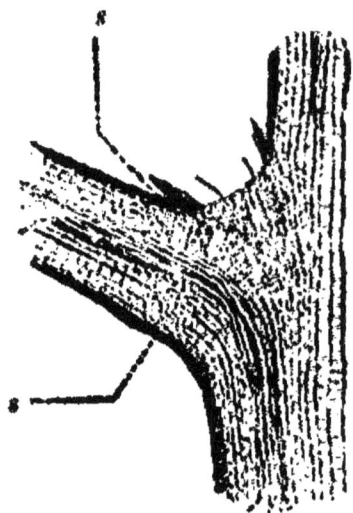

Fig. 85. Point d'attache d'une feuille avec son rameau.
s, s, couche séparatrice.

de petite console, que nous avons déjà nommée *coussinet*. La manière dont la feuille est reliée à son support n'est pas toutefois une simple juxtaposition ; il y a con-

tinuité entre le pétiole et le rameau ; les fibres, les trachées, les vaisseaux du premier se prolongent sans interruption dans le second. En automne, quand elle a
fini son temps, la feuille mourante se détache néanmoins
avec netteté du rameau, sans efforts, sans déchirures, en
laissant une *cicatrice* régulière où se voient, au milieu
du tissu cellulaire formant l'enveloppe externe, un certain nombre de marques qui sont les faisceaux fibro-
vasculaires rompus.

Le mécanisme de cette chute est frappant d'élégante
simplicité. Lorsque la feuille commence à perdre sa coloration normale, le vert, et prend une teinte jaune ou
rougeâtre, signe de caducité, les restes d'une vitalité
languissante sont employés à tout disposer pour une
facile séparation. Dans le coussinet, une couche transversale de cellules se forme, toutes petites, transparentes
et pleines de fécule, qui manque partout ailleurs dans la
feuille. On lui donne le nom de *couche séparatrice*.
Ces cellules farineuses, sans consistance, sans adhésion
entre elles, cèdent aux tiraillements de la feuille que le
moindre souffle agite, se disjoignent et donnent lieu à
une étroite fissure qui cerne tout le coussinet. Seuls les
faisceaux de fibres et de vaisseaux ne sont pas atteints
par cette dissociation ; mais trop faibles pour supporter
longtemps le poids du limbe, ils se rompent à leur tour
et la feuille se détache. Cette séparation sans violence
s'observe dans la plupart de nos arbres, dans le noyer,
le peuplier, l'orme, le tilleul, le lilas, le poirier, par
exemple.

Plus rarement, la couche de petites cellules à grains
d'amidon, la couche séparatrice en un mot, ne se forme
pas dans l'épaisseur du coussinet. La feuille morte persiste
alors sur l'arbre une grande partie de l'hiver et ne se détache qu'arrachée par les coups de vents. C'est ce que
nous montre le chêne, dont le feuillage mort et d'un
roux brun se maintient longtemps en place et ne cède
que peu à peu aux violences de la mauvaise saison. Il

peut se faire même que les feuilles sèches persistent plusieurs années sur l'arbre et ne disparaissent que détruites par les intempéries. Ainsi le dattier déploie tout au sommet de son stipe l'élégant faisceau de ses énormes feuilles vertes. En dehors se montrent des feuilles sèches mais plus ou moins entières ; plus bas sont des feuilles réduites, par l'action prolongée de l'atmosphère, à des tronçons de pétiole; plus bas enfin ces restes disparaissent consumés par les ans, et le tronc ne présente plus que de vagues cicatrices de ses anciennes feuilles.

Dans beaucoup de plantes, immédiatement au-dessus de son point d'attache, le pétiole s'élargit et se courbe en une ample rigole, qui enveloppe, engaîne la tige comme dans un fourreau ; aussi donne-t-on le nom de *gaîne* à cette partie de la feuille. Par de là, le pétiole reprend sa forme habituelle. La gaîne est surtout remarquable dans diverses plantes de la famille des ombellifères, notamment dans l'angélique. Elle forme un long et solide étui, qui donne plus de résistance à la tige, elle-même creusée d'un large canal. Les tiges creuses des graminées, les chaumes, ont de même des feuilles longuement engaînantes. Dans l'angélique et beaucoup d'autres ombellifères, le limbe va diminuant de la base au sommet de la tige, tandis que la gaîne grandit, si bien que les feuilles supérieures ne sont plus que d'amples membranes enveloppant les jeunes rameaux et les groupes de fleurs non encore épanouies.

Si l'expansion qui produit la gaîne, au lieu d'adhérer au pétiole dans toute sa longueur, se détache de droite et de gauche et s'isole partiellement ou en entier, le résultat est ce qu'on nomme *stipules*. Les stipules sont donc des expansions foliacées accompagnant la base du pétiole. Elles se trouvent dans un grand nombre de plantes, mais non dans toutes, car leur rôle est fort secondaire ainsi que celui du pétiole. La partie vraiment importante, vraiment active, de la feuille, c'est le limbe, qui existe presque toujours, et quand il manque est rem-

placé dans ses fonctions par d'autres organes prenant alors
sa structure. Portez votre attention sur la feuille compo-

Fig. 86. Rameau de Pois.
La feuille porte à sa base d'amples stipules, et a ses folioles supérieures
transformées en vrilles.

sée pennée du rosier (*fig.* 77). Tout à la base du pétiole
commun, vous verrez, de droite et de gauche, un rebord

membraneux, vert, qui supérieurement se termine en oreillette libre. Ce sont là les stipules. Mais la forme et l'ampleur de ces organes varient singulièrement d'une espèce végétale à l'autre. Tantôt les stipules sont libres et prennent un grand développement, qui pourrait les faire confondre avec les feuilles ; c'est ainsi que les feuilles pennées du pois (*fig.* 86) sont douées de deux énormes stipules bien plus grandes que les folioles ; on les distingue de celles-ci en remarquant qu'elles sont situées à la base même du pétiole et non échelonnées sur sa longueur. Tantôt elles sont soudées, soit au pétiole, comme dans le rosier, soit entre elles comme dans les astragales ; tantôt enfin elles entourent la tige et lui forment un étui que termine parfois une élégante collerette.

Dans bien des plantes, l'aubépine, le poirier, l'abricotier, les stipules n'ont qu'une durée très-éphémère ; elles tombent quand s'est épanouie la feuille qu'elles accompagnent. Leur principale utilité est de servir d'enveloppe protectrice aux feuilles encore fort jeunes. Examinez la sommité d'une tige de géranium. Vous verrez la feuille naissante abritée, de droite et de gauche, par de larges stipules, véritables courtines de son berceau. Lorsque la feuille est étalée, vigoureuse, à l'abri du péril, les stipules se dessèchent et se détachent.

Quelques figuiers, en particulier celui qui fournit la gomme élastique, sont plus remarquables encore sous ce rapport. Leurs jeunes feuilles sont roulées en cornet l'une dans l'autre, et chacune d'elles est revêtue d'un long capuchon formé par les stipules. Quand le moment opportun est venu, le capuchon stipulaire tombe, et la feuille qu'il abritait se déploie.

Votre attention ne s'est jamais probablement arrêtée sur la disposition que les feuilles affectent en se succédant de la base au sommet du rameau ; vous n'avez accordé à leur arrangement sur la tige que ce coup d'œil vague, irréfléchi, que l'on donne aux choses en soi indifférentes ; et si l'on vous demandait comment les feuilles

s'échelonnent sur l'axe qui les porte, vous répondriez :
Il en vient un peu partout, au hasard. — Eh bien! non,
les feuilles ne sont pas disposées au hasard. Toute chose,
en ce monde, obéit aux lois harmoniques du nombre, du
poids, de l'ordre; tout se pèse, tout se mesure, tout se
dénombre. La moindre brin d'herbe dispose ses feuilles
d'après une délicate géométrie dont je vais vous expliquer les éléments.

Le premier besoin des feuilles est de s'étaler à l'air
libre et de voir le jour; vous en saurez bientôt les motifs. Si elles se superposaient trop directement, les
feuilles se nuiraient donc entre elles, en se faisant mutuellement ombre et se masquant le soleil, dont les
rayons sont d'une absolue nécessité pour leur travail.
Pour éviter, ou plutôt pour retarder autant que possible
cette nuisible superposition, la plante échelonne ses
feuilles sur une ligne spirale qui monte avec une géométrique régularité; c'est, si vous le voulez, l'escalier à vis
d'une haute tour. A la base de cet escalier, elle établit la
première feuille; en un point plus élevé, mais qui ne
correspond pas au précédent, elle met la seconde; plus
haut encore, et toujours de côté, elle fixe la troisième;
et ainsi de suite, si bien que les points d'attache des diverses feuilles tournent, s'élevant toujours, sans se superposer. Tôt ou tard, c'est inévitable, quand toutes les
places sont prises, une feuille pourtant finit par se trouver
juste au dessus d'une autre; la spirale, en tournant, superpose deux points d'attache, mais c'est à une telle distance, que l'accès du soleil sur la feuille d'en bas est à
peine entravé par la feuille d'en haut. A partir du point
superposé, l'ordre primitif recommence et fait par conséquent correspondre une à une les nouvelles feuilles
aux feuilles inférieures.

Le dessin est ici nécessaire. La figure 87 représente un
rameau de poirier. Partons d'une feuille, la première
venue et que nous numéroterons 1. Pour aller de cette
feuille à la suivante, pour monter en quelque sorte d'un

11

étage, suivons la spirale idéale que nous pouvons imaginer s'enroulant autour du rameau et passant par toutes les feuilles dans leur ordre successif. Nous arrivons d'abord à la feuille 2. Vous voyez que pour ne pas gêner la première de son ombre, elle a pris place de côté. Poursuivons. Nous rencontrons la feuille 3, qui n'est superposée ni à la première, ni à la seconde. Vient après la feuille 4, ne correspondant à aucune de celles qui précèdent. Un étage de plus nous conduit à la feuille 5, toujours disposée de façon à ne pas recouvrir celles d'en bas. Enfin la feuille 6 est juste placée au dessus de la feuille 1, et lui forme, pour ainsi dire, plafond à la hauteur de cinq étages.

Au dessus de la feuille 6, la spirale monte toujours avec la même distribution des feuilles. La feuille 6, superposée à 1, est suivie de la feuille 7, superposée à 2 ;

Fig. 87. Disposition des feuilles sur un rameau de Poirier.

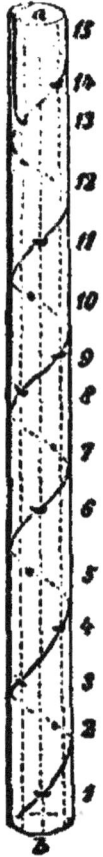

Fig. 88. Arrangement des feuilles du Poirier.

puis de la feuille 8, superposée à 3 ; des feuilles 9, 10, 11, etc., superposées aux feuilles 4, 5, 6, etc. Avec la feuille 11, on se retrouve sur l'alignement qui passe déjà par 1 et par 6 ; on s'y retrouverait encore avec les feuilles 16, 21, 26, etc., c'est-à-dire toutes les fois qu'on aurait monté de cinq feuilles. Ainsi, de cinq en cinq, les feuilles du poirier reprennent la même disposition. Dans une série de cinq feuilles consécutives, aucune ne sert de plafond aux précédentes; mais d'une série à l'autre, la superposition a lieu, et l'ensemble des feuilles est aligné sur cinq rangées rectilignes qui vont d'un bout à l'autre du rameau. Une rangée comprend les feuilles 1, 6, 11, etc.; une autre, les feuilles 2, 7, 12, etc.; une troisième, les feuilles 3, 8, 13, etc.; une quatrième, les feuilles 4, 9, 14, etc.; une cinquième enfin, les feuilles 5, 10, 15, etc.

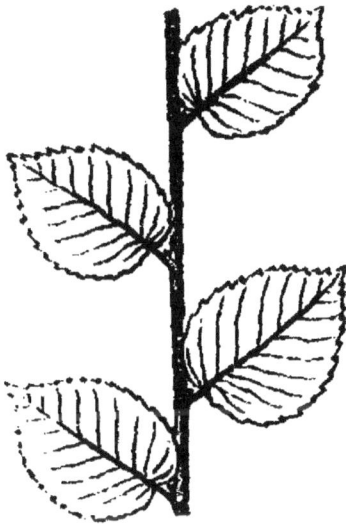

Fig. 89. Disposition des feuilles sur un rameau d'Orme.

Fig. 90. Arrangement des feuilles de l'Orme.

Fig. 91. Souchet.

Fig. 92. Arrangement des feuilles du Souchet.

Remarquez que chacune de ces séries est composée d'une suite de nombres qui vont en augmentant de 5 de l'un à l'autre; remarquez aussi sur la figure 88 que pour aller de la feuille 1 à sa correspondante 6, ou d'une manière générale pour aller d'une feuille quelconque à celle qui lui est immédiatement superposée, la spirale idéale qui passe par toutes les feuilles fait deux fois le tour du rameau. Cet arrangement des feuilles se superposant de cinq en cinq, et dont chaque série de cinq fait deux tours de spire, s'appelle *quinconce* et se montre très-fréquemment dans les végétaux dicotylédonés.

On connaît d'autres arrangements plus compliqués, par exemple celui où les feuilles se superposant de 8 en 8 en faisant trois tours de spire; celui où elles se superposent de 13 en 13 en faisant cinq tours; et d'autres encore. Mais ces arrangements sont de plus en plus rares à mesure que leur complication s'accroît, et nous ne nous y arrêterons pas davantage. Revenons à des cas plus simples. — Dans l'orme (*fig.* 89) les feuilles sont alignées sur deux rangées dont l'une comprend les numéros impairs 1, 3, 5, 7, etc., et l'autre les numéros pairs 2, 4, 6, 8, etc. La superposition se fait ainsi de deux feuilles en deux feuilles. Avec cet arrangement, les feuilles sont dites *alternes*, parce qu'elles sont alternativement disposées à droite et à gauche du rameau sur deux rangées rectilignes.

Dans le souchet (*fig.* 91) la feuille 4 se superpose à 1, la feuille 5 à 2, la feuille 6 à 3, etc. La superposition se fait donc de 3 en 3 feuilles, et chaque groupe de 3 embrasse un tour de spire. Cet arrangement est qualifié de *tristique*, parce que les feuilles sont disposées sur trois rangées rectilignes le long du rameau. On l'observe dans beaucoup de végétaux monocotylédonés.

Les feuilles disposées une par une le long d'une spirale, suivant l'une quelconque des lois dont je viens de vous donner une idée, se nomment feuilles *éparses*, ou mieux feuilles *spiralées*. Leur point de naissance sur le rameau s'appelle *nœud*, et la distance entre deux nœuds consécutifs s'appelle *entre-nœud*.

D'autres fois, les feuilles sont groupées deux par deux, trois par trois, quatre par quatre ou davantage, autour d'un même nœud. Chacun de ces groupes s'appelle *verticille*, et les feuilles sont qualifiées de *verticillées*. Lorsque le verticille est de deux, les feuilles plus fréquemment sont dites *opposées* (*fig.* 93). Il est à remarquer que, dans ces associations deux par deux, chaque groupe se met en croix avec le groupe inférieur, toujours dans le but évident de gêner le moins possible l'accès de la lumière. Du reste la loi est générale, et, quel que soit leur nombre, les feuilles d'un verticille ne se placent pas au dessus de celles du verticille inférieur, mais bien en face

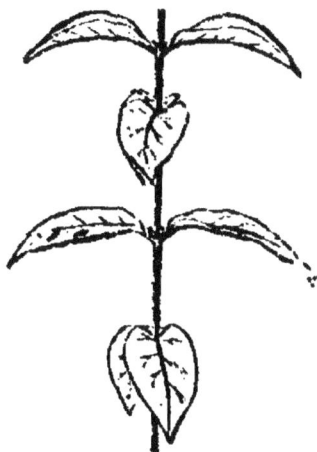

Fig. 93. Feuilles opposées.

Fig. 94. Feuilles de Laurier-rose verticillées par trois.

des intervalles qui les séparent. On désigne cette disposition en disant que deux verticilles consécutifs *alternent* leurs feuilles. Nous en avons un bel exemple dans le laurier-rose, dont les feuilles sont verticillées par trois (*fig.* 94).

XVII

Mouvements des Feuilles.

Retournement des feuilles. — Expériences de Ch. Bonnet. — Sophora du Japon. — Alstrémère pélégrine. — Sainfoin oscillant. - Dionée gobe-mouches. — Végétaux carnivores. — Sensitive. Action du choc, de la chaleur, de la lumière, de l'électricité, des corrosifs chimiques. — Influence de l'habitude. — Action de l'éther et du chloroforme sur les animaux. — Action sur la sensitive.

A l'animal revient le mouvement volontaire ; à la plante, l'immobilité. Le premier se déplace, s'agite au gré de ses instincts ; la seconde persiste dans un continuel repos. Cette opposition entre l'activité d'une part et l'inertie de l'autre semble tellement nette, qu'on l'a proposée comme caractère différentiel entre l'animal et la plante. Dans une vue d'ensemble, la différence est fondée ; dans les détails, elle comporte de frappantes exceptions qui démontrent l'étroite analogie des deux règnes quant aux propriétés générales. Sœur de l'animal et son aînée, la plante a parfois, comme lui, la faculté de se mouvoir spontanément ; en présence de certains faits, l'on se demande même si la sensibilité lui est vraiment refusée, cette sensibilité vague, inconsciente, apanage des derniers échelons de l'animalité. Ce chapitre est consacré à l'exposé des principaux documents sur cette grave et difficile question.

Une feuille comprend deux faces : l'une supérieure, plus lisse et plus verte ; l'autre inférieure, plus pâle et plus rugueuse, à cause du relief des nervures. Leur structure anatomique n'est pas exactement la même, leur rôle dans le travail de la végétation ne l'est pas davantage ; la face qui regarde la lumière du ciel a d'autres fonctions que la face ayant devant elle l'ombre du sol. Qu'adviendra-t-il donc si la feuille est artificiellement mise dans une position inverse, si l'on tourne vers le ciel son dessous et vers la terre son dessus ? Avec ce retournement, qui donne de l'ombre à la face faite pour la lumière, et de la lumière à la face faite pour l'ombre, la feuille ne peut accomplir son habituel travail.

D'un mouvement très-lent, mais obstiné, continu, la feuille se retourne alors d'elle-même en tordant son pétiole et remet dessus ce qui doit être dessus, dessous ce qui doit être dessous. Si, à diverses reprises, la main de l'homme intervient pour rétablir la position renversée, chaque fois, par une nouvelle torsion du pétiole, la feuille remet les choses en l'état normal. « J'ai incliné, dit Ch. Bonnet, le botaniste philosophe de Genève, j'ai incliné ou courbé des jets de plus de vingt espèces de plantes, soit

herbacées soit ligneuses, et je les ai tenus fixés dans
cette situation. Les feuilles de ces jets ayant été mises
ainsi dans une position contraire à celle qui leur est naturelle, j'ai eu bientôt le plaisir de les voir se retourner
et reprendre leur position ordinaire. J'ai réitéré l'expérience sur le même jet jusqu'à quatorze fois consécutives,
sans que cet admirable retournement ait cessé de s'y
opérer. » Cette persistance de la feuille à se tordre sur sa
base, se détordre, se retordre encore pour déjouer les
obstacles et reprendre la position conforme à sa nature,
rappelle l'invincible opiniâtreté de la plante en germination, qui brusquement se coude toutes les fois qu'on
dérange la graine, et remet la racine en bas, la tige en
haut. Cependant, comme si la fatigue la gagnait, la feuille
est plus lente à se retourner à mesure que l'épreuve se
répète. Dans les expériences de Ch. Bonnet, une feuille
de vigne mettait un jour pour revenir à sa position naturelle après la première inversion ; elle en mettait
quatre après la quatrième, et huit après la sixième. C'est
sous le stimulant de la lumière solaire que le retournement se fait dans le plus court délai. En deux heures,
aux rayons d'un soleil ardent, l'ingénieux expérimentateur de Genève a vu se retourner une feuille d'arroche. Cette
promptitude n'a été dépassée par aucune autre plante.

En dehors des renversements artificiels, œuvre de
l'homme, la plante est parfois dans la nécessité de retourner toutes ses feuilles. Certains végétaux, au lieu de diri-
ger leurs ramifications de bas en haut, les dirigent en
sens inverse, de haut en bas. Cette marche rétrograde est
tantôt le résultat purement mécanique de la longueur et
de la faiblesse des rameaux, qui pendent suivant la verticale faute d'une rigidité suffisante pour résister à la
pesanteur ; le saule pleureur en est un exemple. Tantôt
elle n'a d'autre cause que les propensions mêmes du
végétal, dont les jets vigoureux s'infléchissent, non sous
leur poids, mais par l'effet d'une tendance naturelle.
Ainsi le sophora du Japon, arbre assez fréquent dans nos

jardins, recourbe en crosse à leur base toutes ses branches
et dirige ses rameaux faibles ou forts de haut en bas, en
formant à distance, autour de la tige, une enceinte de
verdure. Le renversement de tout le feuillage est la conséquence de cette direction inverse ; mais les feuilles
savent reprendre, à mesure qu'elles se développent, la
situation qui leur convient. Elles sont composées pennées, comme celles de notre acacia vulgaire. Le pétiole
commun porte à la base un vigoureux renflement qui se
tord sur lui-même, entraîne la feuille entière malgré son
poids et la remet dans la position normale.

L'alstrémère pélégrine, vulgairement lis des Incas, est
une élégante amaryllidée originaire du Pérou. On la cultive dans les serres. Son feuillage nous présente la plus
singulière des anomalies. Les feuilles se composent d'un
limbe ovulaire et allongé, qui se rétrécit en un pétiole
ayant la forme d'un étroit ruban. Or ce ruban pétiolaire
est toujours tordu sur lui-même, de manière que la
feuille présente en haut ce qui serait en bas sans la torsion, et en bas ce qui serait en haut. Si l'on détord le
pétiole pour ramener la feuille à ce qui semblerait devoir
être sa régulière situation, on reconnaît, avec une profonde surprise, que la face supérieure est pâle et ridée
tandis que la face inférieure est lisse et verte. Voilà donc
une plante qui, par une étrangeté inexplicable, a toutes
ses feuilles mises sens dessus dessous bien que la tige
n'ait rien d'exceptionnel et se dresse verticalement. Les
pétioles rubannés, en effectuant un demi-tour sur eux-
mêmes, rétablissent les feuilles dans la position voulue, et
tournent en haut la face inférieure lisse et verte, en bas
la face supérieure pâle et rugueuse. S'il était permis de
comparer l'œuvre de la création à l'œuvre de l'homme,
ne dirait-on pas, dans les feuilles du lis des Incas, un vice
de mise en place, résultat de quelque distraction qui
aurait tourné en dessus ce qui devait être tourné en dessous? Mais la défectuosité est aussitôt reconnue et les
pétioles y remédient par leur torsion.

A ces mouvements d'une lente ténacité par lesquels les feuilles renversées seront ramenées dans leur régulière situation, la plante en associe d'autres, amples et brusques, qui rappellent mieux ceux de l'animal. Trois plantes surtout sont renommées sous ce rapport : le sainfoin oscillant, la dionée gobe-mouches et la sensitive.

Le sainfoin oscillant fut observé pour la première fois, il y a un siècle, dans les plaines les plus humides et les plus chaudes du delta du Gange, par milady Monson, qui parcourait l'Inde pour en étudier l'histoire naturelle. Depuis lors, la singulière légumineuse a été introduite dans les serres d'Europe, où l'on a pu vérifier les récits de la savante exploratrice. Ses feuilles, comme celles de notre trèfle, sont composées chacune de trois folioles, avec cette différence que les folioles du sainfoin oscillant sont très-inégales, celle du milieu grande et ovale, atteignant jusqu'à un décimètre de longueur, les deux latérales fort petites en proportion et mesurant au plus une paire de centimètres.

La grande foliole est soumise à une alternative de redressement et d'abaissement que provoque la présence ou l'absence du soleil. Dans la nuit, elle est pendante et appliquée contre la tige par sa face inférieure. Aussitôt le jour paru, elle se meut lentement et se redresse peu à peu à mesure que le soleil monte. A l'heure de midi, par un jour bien vif, elle est en ligne droite avec le pétiole. On la voit alors, si la chaleur est ardente, s'animer d'un tremblotement très-appréciable. Puis le soleil décline, et la foliole décline aussi pour reprendre, à la nuit, sa position pendante. Outre cette oscillation générale réglée par le cours de l'astre, elle en accomplit d'accidentelles d'après l'état lumineux du ciel. Un nuage vient-il à projeter de l'ombre, la foliole descend ; le jour reprend-il sa sérénité, la foliole remonte. Elle est enfin tellement sensible à l'influence de la lumière, qu'à toute heure du jour elle change de direction, s'élève ou s'abaisse, suivant que l'illumination de l'atmosphère s'active ou s'affaiblit.

Le mouvement des deux folioles latérales est bien plus remarquable et indépendant de l'excitation lumineuse. Dans l'obscurité comme à la lumière, de nuit ainsi que de jour, pourvu que la température soit convenablement élevée, ces deux folioles s'abaissent et se relèvent à tour de rôle sans discontinuer, semblables à deux ailes qui lentement battraient l'air en sens inverse. Dès que celle de droite est parvenue au terme de son ascension, la foliole de gauche descend, reste un moment stationnaire au point le plus bas de sa course, puis remonte, tandis que la foliole opposée redescend. Il suffit d'une paire de minutes pour l'aller et le retour. L'ascension est plus lente que la descente et s'effectue quelquefois par secousses pareilles à celles d'une aiguille de montre à secondes. Le nombre de ces petits élans saccadés est d'une soixantaine par minute. Ce perpétuel jeu de balançoire est d'autant plus actif que le temps est plus humide et plus chaud ; il persiste sur les feuilles détachées de la plante et ne cesse qu'à la mort des folioles. Dans nos serres, le sain-foin indien a des oscillations moins promptes ; il lui arrive même de tromper ses longues heures d'exil par une immobilité prolongée.

Des mouvements analogues, mais bien plus faibles, s'observent dans les feuilles du pois et du haricot. Il est donc à croire que beaucoup de végétaux, même de ceux qui nous sont le plus familièrement connus, offriraient des mouvements spontanés comme ceux du sainfoin oscillant, si nous les examinions avec le soin nécessaire. En général, ils nous échappent à cause de leur extrême faiblesse et de leur lenteur.

La dionée gobe-mouches est une petite herbe des marais de la Caroline du Nord. Ses feuilles se composent d'un pétiole dilaté sur les côtés en larges ailes, et d'un limbe arrondi dont les deux moitiés peuvent jouer autour de la nervure médiane comme autour d'une charnière et s'appliquer l'une contre l'autre. Ce limbe est en outre bordé de longs cils pointus et raides. Si quelque insecte vient à s'y poser, la feuille rapproche vivement ses deux moitiés et saisit la bestiole dans le filet de ses cils entre-croisés. Plus l'insecte s'agite pour se libérer, plus le piège végétal se contracte, excité par les mouvements du captif. Alors se passe un fait plus étrange encore, et que volontiers l'on reléguerait au nombre des fables s'il n'é-tait affirmé par les témoins les plus di-gnes de foi. Autour de l'insecte mort, la feuille transpire une humeur qui conver-tit le petit cadavre en un putrilage li-quide. Le suc de cette purée animale est enfin absorbé par la feuille, qui s'en imbibe et en nourrit la plante. Il y a donc des végétaux carni-vores, chassant la proie pour s'en ali-menter. La dionée, entre autres, de ses feuilles fait des tra-quenards pour y prendre le gibier.

La sensitive est une plante herbacée originaire de l'Amé-

Fig. 93. Dionée gobe-mouches.

rique méridionale, recherchée à cause de son extrême ir-ritabilité, qui l'a rendue célèbre et lui a valu son nom. On la cultive en pots dans nos jardins. Elle a des feuilles deux fois pennées, une tige armée d'aiguillons crochus et des fleurs disposées en petites houppes globuleuses. La plante, je suppose, est au soleil, toutes les feuilles pleinement étalées. On touche légèrement une foliole, une seule, celle par exemple de l'extrémité. Aussitôt cette foliole se redresse obliquement, sa compagne du côté opposé en fait de même, et les deux viennent s'appliquer l'une contre l'autre par la face supérieure, au dessus du pétiole. L'impulsion donnée se propage plus loin. La seconde paire de folioles se meut comme la première, la troisième en fait autant, puis la quatrième, la cinquième, si bien que, de proche en proche et chacune à son tour, d'après l'ordre de succession, toutes se redressent et se couchent l'une sur l'autre.

La propagation de l'ébranlement peut suivre une marche inverse. Si l'on touche une foliole à la base de la double rangée, les autres se replient par ordre, d'arrière en avant de la feuille. L'impression est donc transmise, dans un sens comme dans l'autre, de la foliole ébranlée aux folioles suivantes. Si l'événement a peu de gravité, les trois ou quatre paires voisines du point atteint se replient, les autres ne remuent pas. Si le choc est plus rude, les folioles se replient d'un bout à l'autre, les pétioles partiels se rassemblent en un faisceau, le pétiole commun pivote sur son point d'attache et s'infléchit sur la terre. Enfin si la secousse est violente, toutes les feuilles se ferment à la hâte, prennent un aspect fané et pendent, comme mortes, le long de la tige. Dans tous les cas, le trouble est momentané. Le calme revenu, les pétioles tournent lentement sur leur base, les feuilles se redressent et les folioles s'étalent. Dans les brûlantes plaines

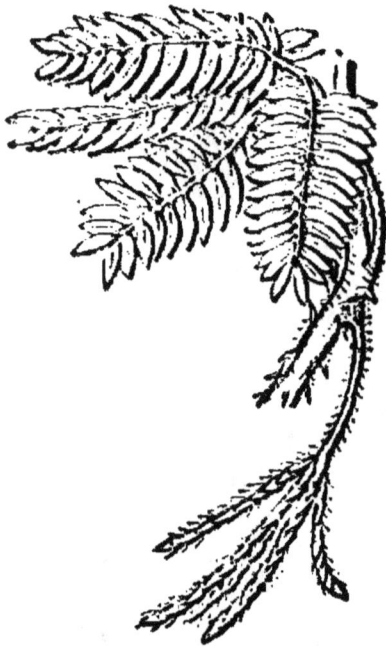

Fig. 96. Deux feuilles de Sensitive, l'une étalée, l'autre employée.

du Brésil, où la sensitive couvre de grandes étendues de terrain, il suffit parfois du galop d'un cheval ou même de la marche d'un passant sur la route pour provoquer l'extrême irritabilité de la plante. Le faible ébranlement que le pas du voyageur imprime au sol suffit pour faire refermer leurs feuilles aux sensitives les plus rapprochées ; celles-ci, en se mouvant, secouent les voisines, et de l'une à l'autre l'impulsion se propage à la ronde. Sans cause apparente, le tapis de verdure s'agite et prend un aspect flétri.

La sensitive n'est pas seulement impressionnée par le choc ou l'ébranlement, elle est encore sensible aux divers excitants qui mettraient en jeu l'irritabilité animale, comme l'étincelle électrique, le changement brusque de température, l'action de la chaleur ou du froid, l'effet corrosif des agents chimiques. Étalée dans la tiède atmosphère d'une serre, une sensitive se replie brusquement si l'on ouvre le vitrage pour laisser entrer l'air frais de l'extérieur ; elle se replie encore quand, épanouie à l'ombre, elle reçoit sans transition les rayons ardents du soleil. Il suffit d'un nuage qui rafraîchit la température en voilant un instant le soleil, pour lui faire fermer son feuillage. La décharge d'une étincelle électrique la commotionne brutalement, mais l'action la plus violente est celle de la chaleur ou d'un corrosif chimique. Si l'on concentre les rayons du soleil sur une foliole avec une lentille de verre, ou bien si l'on brûle légèrement cette foliole avec une mèche de papier allumé, la plante, en quelques minutes, ferme et rabat toutes ses feuilles à partir du point brûlé. On obtient le même résultat en déposant sur une foliole, avec toutes les précautions nécessaires pour éviter le moindre ébranlement, une gouttelette d'un liquide corrosif, tel que l'acide sulfurique. L'une et l'autre de ces deux épreuves, quoique ne blessant qu'un point de la sensitive, sans aucune secousse, causent une impression très-profonde et durable, car la plante expérimentée met jusqu'à une dizaine d'heures pour revenir à l'épanouissement. Si même l'épreuve est répétée plusieurs fois de suite, le pied le plus vigoureux devient languissant et finit par périr. De tels faits mettent en mémoire l'animal, qui revient vite d'une émotion légère, reste accablé longtemps par une douleur aiguë, et succombe enfin quand l'organisme est trop violemment ébranlé par la répétition de la souffrance.

L'analogie ne s'arrête pas là. Chez l'animal, tout point est apte à percevoir l'impression de la douleur et à la transmettre à l'ensemble, qui souffre de concert avec le point blessé et lui vient en aide ou du moins se contracte et se crispe. Entre toutes les parties du corps, il y a communauté de douleur; pour un point quelconque atteint, l'irritation se propage en tous les sens et l'inquiétude est générale. Pareille solidarité des organes et pareille faculté de transmettre suivant toutes les directions une impression locale se retrouvent dans la sensitive. Nous venons de voir l'impression se propager, d'une foliole à l'autre, du sommet à la base d'une feuille ou de la base au sommet indifféremment; elle se propage aussi, avec la même facilité, d'une extrémité quelconque de la plante à l'autre. Mettons à nu, en évitant toute secousse, un point des racines de la sensitive, et sur le point découvert, déposons une goutte d'acide sulfurique. Nous verrons la plante replier précipitamment ses feuilles de bas en haut, comme elle les aurait repliées de haut en bas si la goutte d'acide avait agi sur l'une des feuilles supérieures. Enfin si le point blessé est au milieu de la tige, l'irritation marche dans les deux sens à la fois, les feuilles se ferment de proche en proche en dessus et en dessous.

Chez l'animal, l'habitude émousse la sensibilité, et telle excitation légère qui provoquait au début des signes de malaise n'en provoque plus quand elle est longtemps continuée. La sensitive, elle aussi, subit l'ascendant de l'habitude. On cite à ce sujet l'expérience suivante. Une sensitive bien épanouie est mise dans une voiture. Aux premiers cahots du départ, les feuilles s'ébranlent et se ferment. Comme le voyage est de longue durée, la plante peu à peu se rassure en quelque sorte, se remet de son émotion, et finit par étaler son feuillage comme si elle était dans un complet repos. Les heurts des roues contre les cailloux, les soubresauts, dont le moindre au début l'aurait commotionnée, restent maintenant sans effet : la sensitive y est habituée. La voiture s'arrête, et l'épanouissement ne s'affirme que mieux. La marche reprend. Nouvelle contraction soudaine du feuillage mais de moindre durée que la première, comme si l'épreuve passée avait aguerri la sensitive contre l'épreuve présente. Enfin le parcours se continue et s'achève avec la plante épanouie en plein.

Certaines substances, telles que l'éther et le chloroforme, ont la propriété d'engourdir la sensibilité, de la suspendre momentanément et de produire ce qu'on nomme l'anesthésie. On utilise cette merveilleuse propriété pour supprimer la douleur dans de graves opérations chirurgicales. Rendu insensible pour quelques minutes, le patient est indifférent au bistouri qui lui taille les chairs. Mettons sous une cloche un oiseau avec une éponge imbibée d'éther. Dans cette atmosphère imprégnée de vapeurs éthérées, l'animal ne tarde pas à être pris d'une torpeur profonde ; bientôt il vacille, il tombe, en apparence mort. Retirons alors l'oiseau de dessous la cloche, car, si cet état se prolongeait trop, le retour à la vie ne serait plus possible. On reconnaît que le cœur lui bat comme d'habitude, que la respiration s'accomplit d'une façon régulière. L'animal est donc en vie, et cependant on peut le pincer, le piquer, le blesser grièvement sans amener le moindre frisson signe de douleur. La vie est là entière, moins la sensibilité. Puis cet état se dissipe comme une ivresse passagère, l'oiseau reprend ses sens, son aptitude à la douleur, et se retrouve enfin ce qu'il était avant l'expérience.

Soumettons la sensitive à une épreuve pareille. Au bout d'un certain temps, bien plus long que pour l'oiseau, l'irritabilité de la plante est engourdie. La sensitive est retirée de la cloche à éther avec son feuillage étalé comme il l'était au début; mais pour quelque temps ce feuillage est insensible. On peut choquer les folioles, les brûler, les traiter de telle façon que l'on voudra, sans parvenir à les faire fermer. Comme pour l'animal, cette impassibilité est passagère : si le séjour sous la cloche à éther n'a pas été de trop longue durée, ce qui amènerait, pour la plante ainsi que pour l'oiseau, la perte complète de la vie, la sensitive redevient peu à peu impressionnable et finit par fermer son feuillage au moindre attouchement.

Après ce court exposé des faits, quelle différence voyons-nous entre la sensibilité de l'étrange plante et la sensibilité de l'animal, j'entends de l'animal placé aux derniers échelons de la vie, le polype, par exemple, qui, fixé à sa roche sous-marine, épanouit ses tentacules en manière de fleur, ou les ferme et se crispe? Nous n'en voyons aucune. Entre l'animal et la plante, il n'existe pas de ligne de démarcation absolue; tous les attributs du premier, même le mouvement et l'impressionnabilité, se retrouvent dans la seconde, du moins à l'état de vague ébauche.

XVIII

Sommeil des Plantes.

Découverte du sommeil des plantes. — Le lotier pied d'oiseau. — Ce qu'on entend par sommeil des plantes. — Attitudes nocturnes de divers végétaux. — Attitudes nocturnes des animaux. — Retour des feuilles à la pose qu'elles avaient dans le bourgeon. — Sommeil des feuilles pennées. — Exemples divers. - Influence des chocs prolongés. — Changement d'aspect du paysage par un vent prolongé. — Sommeil de la sensitive. — Influence de l'âge. — Action de la lumière. — Expériences de Decandolle. — Le sommeil des plantes non comparable à celui des animaux.

Linné avait reçu de Sauvage, célèbre professeur de Montpellier, une plante méridionale, le lotier pied d'oiseau, dont il désirait étudier la floraison. La délicate plante, transportée du chaud littoral de la Méditerranée au milieu des froides brumes de la Suède, parvint cependant à fleurir, à force de soins, dans les serres d'Upsal. C'était pour la botanique un précieux événement que l'apparition des premières fleurs, toutes petites, jaunes et groupées trois par trois au milieu d'un faisceau de feuilles ; aussi quelle ne fut pas la pénible surprise de Linné lorsque, revenant sur le soir visiter encore une fois le lotier, il ne trouva plus les fleurs aperçues quelques heures avant. Cette floraison tant désirée lui échapperait donc, toutes les fleurs ayant disparu, coupées sans doute par quelque main jalouse ou détruites par les insectes. Le mal paraissait sans remède lorsque, le lendemain, allant une dernière fois aux informations, Linné retrouva e lotier aussi fleuri qu'il l'avait vu d'abord ; les mêmes fleurs, d'une fraîcheur parfaite, étaient présentes aux places primitives. Le mystère ne tarda pas à s'expliquer. Il fut reconnu qu'à l'approche de la nuit, le lotier relève ses folioles étalées et les rassemble autour de chaque groupe de fleurs, qui deviennent ainsi invisibles pour le regard le plus attentif. En même temps, les pédoncules se penchent un peu et les rameaux s'inclinent vers la terre. Tel fut le point de départ de la découverte du *sommeil des plantes.*

On appelle de ce nom la disposition que le feuillage de beaucoup de végétaux affecte pendant la nuit, disposition toute différente de celle qui est prise pendant le jour. Les plantes dorment, non toutes, non celles à ^'es coriaces, comme le chêne, le houx, le laurier, ^elles à feuilles délicates, à feuilles composées surlles dorment, c'est-à-dire que de nuit elles pren-
.. ne attitude autre que celle de jour. L'épinard, quand ..ent l'obscurité, redresse ses feuilles vers le haut de la tige et les applique contre la sommité encore tendre de la pousse ; l'impatiente, frêle balsamine du bord des eaux, fait tout le contraire ; elle infléchit ses feuilles vers la

le bas de la tige. L'œnothère, dont les grandes fleurs jaunes et odorantes embellissent les bords des fleuves, dispose ses feuilles supérieures en un abri nocturne autour de ses corolles ; les oxalis, à feuilles composées de trois folioles en forme de cœur, plient celles-ci en deux suivant la nervure médiane et les laissent pendre renversées de l'extrémité du pétiole commun. Les trèfles, comme le lotier pied d'oiseau, rassemblent leurs feuilles autour des fleurs ; les lupins, au contraire, quoique de la même famille, laissent, la nuit, leurs fleurs à découvert en dirigeant les feuillages vers le bas. Dans les Pyrénées, où l'on cultive pêle-mêle le lupin blanc et le trèfle incarnat, un même champ, aux différentes heures du jour, devient méconnaissable d'aspect. En plein soleil, c'est un riche tapis de verdure émaillé des têtes rouges du trèfle et des panaches blancs du lupin ; les ombres du soir venues, la première plante voile ses fleurs d'un rideau de feuilles, la seconde rabat son feuillage vers le sol et le champ paraît à moitié dégarni. Le trèfle semble avoir perdu ses fleurs et le lupin ses feuilles.

L'animal, suivant son espèce, varie d'attitude pour le repos nocturne. La poule monte au perchoir, soulève une patte dans le duvet et se cache la tête sous l'aile ; le chat recherche la cendre de l'âtre, où il se roule en manchon ; le mouton s'accroupit sur le ventre ; le bœuf se couche sur le flanc ; le hérisson se pelotonne en boule ; la couleuvre se dispose en spirale. De même, chaque espèce végétale a sa manière de dormir, très-variable de l'une à l'autre. Cette multiplicité d'attitudes nocturnes est cependant soumise à une loi générale, car on reconnaît dans la feuille une tendance marquée à reprendre, la nuit, la pose qu'elle avait dans le bourgeon, alors que, enveloppée d'écailles cotonneuses, elle dormait du profond sommeil du jeune âge. Ainsi l'une s'enroule grossièrement en cornet, en volute ; une autre se plie à la façon d'un éventail ; une troisième se ferme en deux, la moitié de droite sur la moitié de gauche ; une quatrième se chiffonne négligemment ; enfin chacune s'arrange à peu près suivant les plis qu'elle avait dans le bourgeon.

C'est principalement dans les feuilles composées que la disposition pour le repos nocturne est frappante. Examinez de jour un acacia, une mimose, enfin un de ces arbres à feuilles composées pennées si fréquemment cultivés dans nos jardins. Examinez-le de nouveau à la tombée de la nuit. Quelle curieuse modification s'est opérée dans le port du feuillage ! L'arbre a totalement changé de physionomie. De jour, les folioles étalées de droite et de gauche du pétiole commun, donnent au feuillage un aspect touffu, un air de vigueur qui charme le regard ; le soir arrive, et les folioles, comme abattues de fatigue, se couchent l'une sur l'autre. Le feuillage semble maintenant dégarni ; il est d'aspect triste, souffreteux. On le dirait fané par la sécheresse, frappé à mort par le hâle du jour. Mais cet état est temporaire : demain, dès l'aurore, vous verrez l'arbre épanouir de nouveau ses feuilles aussi fraîches que jamais.

Avec quelques exemples, précisons l'état de sommeil. Dans les mimosées, les folioles, étalées à l'état de veille, se rabattent d'arrière en avant sur le pétiole commun et se recouvrent en partie l'une l'autre à la manière des tuiles d'un toit. Dans l'amorpha ligneux ou faux indigotier, dès les premiers rayons du jour, les folioles sont étalées horizontalement. A mesure que le soleil monte, elles montent aussi, et à midi elles pointent vers le ciel. Puis elles redescendent, et, quand la nuit approche, elles sont tout à fait pendantes, appliquées dos à dos au dessous du pétiole commun. Le baguenaudier, dont les gousses membraneuses et gonflées ressemblent à de petites vessies, endort ses folioles dans une position toute contraire ; il les applique deux à deux, par leur face supérieure, au dessus du pétiole. La casse de Maryland abaisse le soir les siennes, comme le fait le faux indigotier. De cette façon, les folioles d'une même paire devraient s'assembler par leurs faces inférieures et dormir dos à dos ; mais en se tordant sur leur courte base, elles s'assemblent par leurs faces supérieures. La sensitive relève les siennes, les couche à peu près suivant la longueur de leur support commun et les dispose en deux rangées imbriquées, accolées l'une à l'autre. En outre, les pétioles secondaires se rapprochent en un faisceau, le pétiole principal pivote sur son point d'attache, et la feuille entière, régulièrement pliée, se rabat de haut en bas. Cette attitude nocturne est précisément la même que prend la sensitive soumise de jour à une excitation.

La même remarque s'applique aux diverses plantes chez lesquelles on peut exciter des mouvements : toutes prennent pour le sommeil la pose qu'elles affectent quand on met en jeu, d'une manière ou de l'autre, l'irritabilité de leur feuillage. Ainsi les trois folioles d'une feuille d'oxalis, quelque temps battues à petits coups, se plient en long et pendent au bout du pétiole. C'est exactement la disposition qu'elles auraient prise d'elles-mêmes aux approches de la nuit. Ainsi encore, un rameau de mimose ou d'acacia, longtemps et rudement secoué, replie ses feuilles comme il l'aurait fait sous la seule influence de l'obscurité. Telle est la cause du changement d'aspect qu'un vent prolongé peut amener dans le paysage : divers arbres, à feuillage difficilement impressionnable, finissent par céder aux secousses continues du vent et prennent en plein jour l'attitude nocturne.

Fig. 97. Oxalis corniculé.

La propension au sommeil est surtout remarquable dans le jeune âge; puis, à mesure qu'elle vieillit, la

plante prolonge ses veilles et ne s'endort qu'avec difficulté. Ainsi fait l'animal qui, jeune, est pris d'un sommeil facile et durable, et vieux n'a plus qu'un sommeil
court, irrégulier Parvenues à un certain point de maturité, quelques plantes, d'abord d'une grande aptitude à
dormir, perdent même totalement le sommeil ; les feuilles,
roidies par l'âge, n'obéissent plus aux causes délicates
de leur arrangement nocturne.

Ces causes, quelles sont-elles ? Pour quels motifs le
feuillage s'ouvre-t-il de jour pour se refermer de nuit ?
Par quoi sont enfin provoqués le sommeil et le réveil des
plantes ? — Question très-obscure, et qui touche aux
plus ardus problèmes de la vie. On sait que la lumière
remplit ici un rôle, sinon exclusif, du moins très-grand.
Toutes les feuilles aptes à dormir s'ouvrent le matin et
se ferment le soir, toutes s'étalent quand reparaît la
lumière du soleil, toutes se replient quand elle disparaît.
Il est donc manifeste que la clarté solaire, si puissante
d'ailleurs sur la végétation, est en cause dans les mouvements diurnes et nocturnes des feuilles. Cette action
de la lumière a été démontrée expérimentalement par
Decandolle.

Des sensitives furent enfermées dans un appartement
clos, qui de jour restait dans une obscurité profonde,
et de nuit était éclairé par la vive lumière de six lampes.
A ce revirement, qui du jour leur faisait la nuit, et de la
nuit le jour, les sensitives hésitèrent d'abord, tantôt
ouvrant, tantôt fermant leurs feuilles, sans règle fixe.
Les unes dormaient en présence de la lumière, les autres
veillaient dans l'obscurité ; néanmoins, après quelques
jours de lutte entre les habitudes et les nouvelles conditions d'existence, les plantes se soumirent à l'artificielle
alternative de ténèbres et de clarté. Elles épanouirent le
feuillage le soir, commencement de leur jour, et le fer-
mèrent le matin, commencement de leur nuit.

Le stimulant de la lumière, qui, distribuée en sens inverse de l'état naturel, change les heures de sommeil en

heures de veille et réciproquement, est donc bien une cause des mouvements des feuilles ; mais ce n'est pas la seule. En effet, ayant soumis des sensitives les unes à l'action continue de la lumière artificielle, d'autres à l'action continue de l'obscurité, Decandolle constata dans les deux cas des alternatives de sommeil et de veille ; seulement ces alternatives étaient plus courtes que dans les circonstances habituelles et très-irrégulières. Ainsi un jour sans fin n'empêche pas la plante de dormir, une nuit sans fin ne l'empêche pas de veiller. D'autre part, si la sensitive intervertit ses heures et se plie aux conditions de l'expérience lorsque la lumière et l'obscurité alternent en sens inverse de la périodicité naturelle, on connaît des plantes moins impressionnables qui, soumises aux mêmes épreuves, ne changent rien à leurs habitudes. Tels sont les oxalis, sur lesquels échouèrent toutes les tentatives de Decandolle. La lumière continue, l'obscurité continue, l'alternative de la lumière pendant la nuit et de l'obscurité pendant le jour, restèrent sans effet aucun ; les oxalis dormaient ou veillaient aux heures habituelles de sommeil ou de veille, malgré tous les artifices de l'expérimentateur.

Par un mécanisme inhérent à l'exercice de la vie, le végétal a donc en lui-même la cause essentielle des mouvements périodiques de ses feuilles ; la lumière, tantôt plus, tantôt moins, suivant la sensibilité de la plante, éveille ces mouvements mais elle ne les produit pas. Aller plus loin serait impossible : le sommeil de la plante échappe à l'explication tout comme le sommeil de l'animal. Il nous est même plus profondément inconnu encore à cause de sa dissemblance avec notre propre sommeil. Les plantes, en effet, ne dorment pas dans l'acception ordinaire du mot ; il n'y a pas évidemment chez elles de somnolence comparable à l'état de l'animal endormi, mais un simple retour des feuilles à l'arrangement qu'elles avaient dans le bourgeon. Ce retour à la pose du premier âge paraît signe de repos, de suspension momentané dans l'activité vitale, et cependant la manière d'être de la plante est alors tout le contraire de ce que le repos nous semble exiger. Les feuilles endormies sont dans des positions forcées, pénibles à garder, où elles se maintiennent à la faveur d'une rigidité qu'elles n'ont plus pendant la veille. Si l'on essaie de relever une feuille qui dort pendante, ou d'abaisser une feuille qui dort dressée, cette feuille casse au point d'attache plutôt que de fléchir. Comparez la roideur de la sensitive endormie avec l'inerte flaccidité de l'animal qui dort, et vous comprendrez qu'entre le sommeil de la plante et celui de l'animal il n'y a peut-être de commun que le nom.

XIX

Structure des Feuilles.

Épiderme. — Cellules épidermiques. — Fonctions de l'épiderme. — Feuilles aquatiques. — Poils. — Poils glanduleux. — Poils de l'ortie. — Leur analogie avec les armes venimeuses des animaux — Stomates. — Leur nombre. — Leurs fonctions. — Transpiration des végétaux. — Effets de la transpiration. — Nervures des feuilles. — Parenchyme. — Méats intercellulaires. — Chambres aériennes. — Contenu des cellules. — Chlorophylle. — Rôle des cellules à grains verts. — Leur situation à portée de la lumière.

Si de la pointe du canif on écorche légèrement la surface d'une feuille, un lambeau de pellicule est soulevé, extrêmement mince et de la transparence du verre. Quelque part que l'on promène la pointe d'acier, au-dessus, au-dessous, sur le limbe, sur le pétiole, la même pellicule reparaît. On lui donne le nom d'*épiderme*. Nous avons déjà trouvé une pareille membrane sur les jeunes tiges. Examiné à la vue simple, l'épiderme n'a rien de remarquable ; il faut le secours du microscope pour reconnaître son élégante et curieuse structure. Sous les verres grossissants, la fine lamelle se montre comme une mosaïque de pièces assemblées côte à côte à la manière des briques d'un parquet, et configurées, suivant l'espèce vé-

gétale, en rectangles, en losanges, en polygones rectilignes ou sinueux. Puis, çà et là, des boutonnières bâillent
avec de grosses lèvres proéminentes, puis encore quelques
pièces du carrelage épidermique se gonflent en vésicules,
se dressent en cornes, s'épanouissent en étoiles. Trois
choses sont donc à étudier dans l'épiderme : les pièces
assemblées en mosaïque, les prolongements dont quelques-unes sont armées, les boutonnières percées çà
et là.

Les pièces dont l'épiderme se compose sont des cellules.
Vous vous rappelez ces petits sachets clos de partout, que
nous avons trouvés dans l'écorce, dans le bois, dans la
moelle surtout. D'ordinaire ils sont arrondis, ou légèrement déformés par leur pression mutuelle. Ils contiennent des substances très-variées, des liquides, des grains
de fécule, des cristaux, des gommes, du sucre, des huiles,
des résines. Dans l'épiderme de la feuille, les cellules
sont, au contraire, généralement aplaties ; elles s'ajustent
exactement l'une à l'autre, si peu régulier que soit leur
contour ; elles sont disposées en une seule assise et ne
contiennent dans leur cavité rien qui ressemble aux matériaux si variés des premières. L'épiderme est donc une
espèce de vernis cellulaire étendu sur toute la surface
de la feuille.

Sa fonction immédiate est de faire obstacle à l'évaporation. Toute feuille, en effet, même la plus aride en apparence, est plus ou moins imbibée d'eau, nécessaire à son
travail vital. Les racines la puisent dans le sol ; le bois encore jeune, l'aubier, la conduit à destination ; la feuille
la reçoit et l'utilise pour les besoins de la communauté.
Si rien ne protégeait son tissu gorgé de liquide, la
feuille, au premier coup de soleil, se fanerait et pendrait
mourante. Eh bien! c'est l'épiderme qui empêche ou
plutôt retarde l'évaporation, à la manière d'un enduit imperméable. Lorsque les racines ne trouvent pas à temps
dans le sol de quoi renouveler l'eau disparue, l'évaporation, entravée seulement par l'épiderme, finit par mettre

les feuilles à sec, et la plante baisse la tête, toute flétrie. Il suffit d'avoir vu le piteux état où le soleil met une plante qu'on a oublié d'arroser dans son vase, pour comprendre les fâcheuses conséquences d'une évaporation non compensée à temps par l'imbibition des racines. Que serait-ce donc si le végétal était livré sans épiderme à l'action desséchante du soleil et de l'air ?

Quant aux plantes aquatiques, plongées qu'elles sont dans l'eau, elles n'ont pas à se prémunir contre la dessiccation. Aussi leurs feuilles sont-elles entièrement dépourvues d'épiderme, ce qui leur permet de s'imbiber à satiété. Mais une fois exposées à l'air, ces plantes, si vigoureuses dans l'eau, se fanent et se crispent avec une facilité extrême, faute de l'enveloppe épidermique qui les défendrait de l'évaporation. Enfin les feuilles flottantes, à demi aquatiques, à demi aériennes, adoptent un moyen terme : elles n'ont pas d'épiderme à la face inférieure, en contact avec l'eau, elles en ont à la face supérieure, en rapport avec l'air.

Pour achever de vous démontrer l'efficacité de l'épiderme contre l'évaporation qui, trop active, compromet la vie de la plante, je fais appel à votre propre expérience, s'il vous arrive de préparer pour votre herbier des plantes aquatiques, des volants-d'eau, des utriculaires, des potamots et tant d'autres. Ces plantes sont mises en presse, entre du papier gris, toutes ruisselantes d'humidité, telles qu'on les retire de leur fossé, de leur marécage ; et cependant du matin au soir elles sont sèches ; tandis que des plantes aériennes, d'apparence quelquefois aride, mettent des semaines pour leur dessiccation. Comment l'humide est-il si prompt à se dessécher, et l'aride si lent ? La réponse à cette question ne doit plus maintenant vous embarrasser. La plante aquatique, dépourvue d'épiderme, cède rapidement au papier buvard l'humidité qui l'imbibe ; la plante aérienne, revêtue d'épiderme, ne cède la sienne qu'avec lenteur.

En général, les cellules de l'épiderme sont aplaties et

la membrane qu'elles forment par leur assemblage est
régulièrement unie. Mais il n'est pas rare que certaines
cellules, parfois toutes, se gonflent en mamelon, se sou-
lèvent en verrues, ou se prolongent en cornes creuses,
appelées *poils*. La surface de la feuille est alors ou ma-
melonnée à la manière d'une framboise, ou veloutée
d'un fin duvet, ou hérissée de cils roides, ou matelassée
de bourre, suivant le degré d'allongement et la finesse
des cellules épidermiques. La ficoïde glaciale soulève
son épiderme, autant sur les rameaux que sur les feuilles,
en petites ampoules semblables à des perles de glace ;
d'où le nom vulgaire de glaciale donné à la curieuse
plante, qui miroite au soleil d'été avec une parure de
frimas. La joubarbe cotonneuse se fait, avec quelques
cellules de l'épiderme, de longs brins soyeux qui s'enchevêtrent et couvrent les rosettes de feuilles d'une espèce
de gaze semblable à la toile de l'araignée. D'autres feutrent
leurs poils en ouate ; d'autres les assemblent en velours ;
d'autres, comme l'ortie, en empoisonnent la cavité et les
utilisent comme armes offensives. Ce ne sont pas les
espèces les plus exposées à la rigueur des frimas qui se
couvrent de poils épidermiques, mais bien principalement
les espèces exposées à toutes les ardeurs du soleil. La
primevère des glaciers a ses feuilles nues ; l'athanasie
maritime, sur les plages brûlantes de la Méditerranée,
est empaquetée d'un épais coton aussi blanc que neige.
A l'ombre et dans les terrains humides, rarement se
montre la feuille ouatée de poils ; elle est fréquente, au
contraire, sur les terrains arides, brûlés par le soleil et
battus par le vent. Il semblerait donc que la plante, en
se matelassant de bourre, se prémunit surtout contre
l'évaporation ; pour entraver davantage la déperdition de
l'eau qui l'humecte, à l'obstacle de l'épiderme, elle ajoute
l'obstacle d'une toison.

Le poil le plus simple consiste en une seule cellule
épidermique, qui se prolonge sous forme de corne. Cette
cellule peut se ramifier et donner naissance à un poil à

deux ou plusieurs branches, dont les cavités communiquent entre elles. D'autres fois plusieurs cellules s'ajustent bout à bout pour constituer un poil divisé en compartiments. Parmi ces poils à plusieurs cellules, il y en a de simples et de ramifiés ; il y en a dont les branches rayonnent autour d'un centre commun ; d'autres dont les cellules courtes et arrondies sont assemblées en chapelet ; d'autres encore qui, par la soudure de longues cellules rayonnantes, prennent la forme d'une écaille étoilée, adhérant à la feuille par son point central. Ces poils écailleux ont en général des reflets brillants, presque

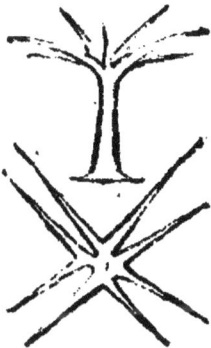

Fig. 98. Poil étoilé de l'Alyssum.

Fig. 99. Poil écailleux de l'Olivier de Bohème.

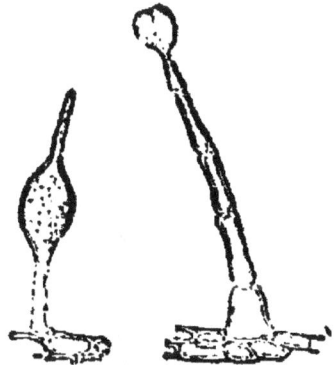

Fig. 100. Poils glanduleux du Muflier.

métalliques ; on les prendrait pour de fines écailles de poisson, ou pour cette poussière argentée que l'aile du papillon laisse aux doigts. Ce sont eux qui donnent au feuillage de l'olivier son aspect cendré ; ce sont eux qui argentent en dessous les feuilles de l'argoussier et de l'olivier de Bohème.

Certains poils se renflent à l'extrémité en une ou plusieurs cellules dans l'intérieur desquelles s'élaborent des substances spéciales, comme des acides, des résines, des essences, des liquides visqueux. On les nomme *poils glanduleux* et l'on désigne par le nom de *glande* la petite masse cellulaire où se fait ce travail d'élaboration. Les poils glanduleux des cônes du houblon préparent la matière appelée *lupuline*, qui donne à la bière son bouquet et sa saveur amère ; ceux des gousses du pois-chiche produisent une substance à saveur très-aigre nommée acide oxalique.

D'autres poils sont remplis d'un liquide irritant, sorte de venin végétal qui, introduit dans les chairs, cause de vives démangeaisons. Tels sont ceux qui hérissent notre vulgaire ortie. Ils sont composés d'une cellule unique, renflée en ampoule à la base, et graduellement rétrécie en un long goulot qui se termine par un bouton sans orifice. L'ampoule est elle-même en partie enchâssée dans un court support cylindrique qui, pour la recevoir, se creuse supérieurement en godet. Ce support, formé d'un tissu de fines cellules, paraît être le laboratoire où se prépare le liquide venimeux, enfin l'ampoule est le réservoir où il s'amasse. Quand un de ces poils, vrai stylet empoisonné, pénètre dans la peau, le bouton terminal se casse, et la fiole à venin, ainsi débouchée, verse son contenu dans la blessure par la contraction de sa paroi élastique. Le mélange de l'âcre liquide avec le sang est cause de la rougeur qui se manifeste autour du point atteint et de la douleur qu'on éprouve.

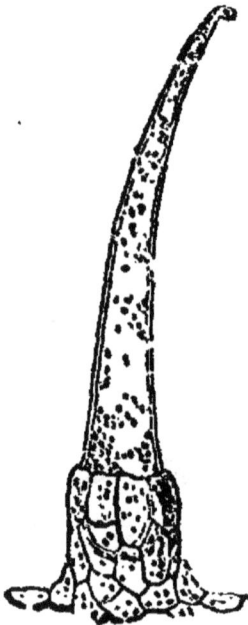

Fig. 101. Poil de l'Ortie.

Qui ne connaît, pour avoir au moins une fois plongé par mégarde la main dans un fourré d'orties, les cuisantes démangeaisons suite de la piqûre des poils de la plante ? Ce n'est rien encore cependant par rapport aux effets de certaines orties des pays tropicaux, où la chaleur du climat exalte les propriétés végétales jusqu'à faire d'un simple poil une arme redoutable. *L'ortie cré-*

nelée des Indes pique si cruellement, que la douleur dure plusieurs jours et peut aller jusqu'à provoquer des convulsions. Un voyageur rapporte que, visitant le jardin botanique de Calcutta, il fut piqué à trois doigts de la main par la terrible ortie. Pendant quarante-huit heures, la douleur fut des plus vives et accompagnée de légères contractions tétaniques. Les effets de la piqûre ne cessèrent que neuf jours après l'accident. Enfin l'*ortie très-brûlante* de Java est désignée par les indigènes sous le nom de *feuille du diable*; nom bien mérité, car, à ce que l'on assure, la piqûre de cette plante cause, une année durant, de cuisantes douleurs, provoque des accès de tétanos et peut même donner la mort.

Il ne sera pas sans intérêt de comparer ici la structure et le mécanisme du poil de l'ortie avec la structure et le mécanisme de l'arme venimeuse de l'animal, notamment de la vipère. Qui n'a vu les ser-

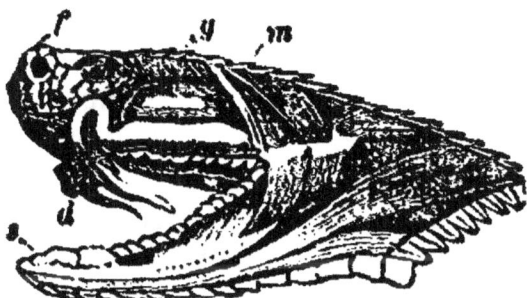

Fig. 102. Appareil venimeux du Serpent à sonnettes.

pents darder entre leurs lèvres un filament noir, très-flexible, fourchu, qui va et vient avec une extrême vélocité. Pour beaucoup, c'est l'arme du reptile, le dard. Erreur grossière ! ce filament n'est autre que la langue, langue tout à fait inoffensive, dont l'animal se sert pour happer les insectes et pour exprimer, à sa manière, les passions qui l'agitent en la passant rapidement entre les lèvres. Tous les serpents, sans exception, en ont une ; mais un petit nombre seulement, vipère, céraste, serpent à sonnettes, etc., possèdent le terrible appareil à venin. Cet appareil se compose d'abord de deux *crochets* ou dents longues et aiguës, placées à la mâchoire supérieure. Les crochets sont mobiles. A la volonté de l'animal, ils se dressent pour l'attaque ou se couchent dans

une gouttière de la gencive et s'y tiennent inoffensifs
comme un stylet dans son fourreau. De la sorte, le reptile ne court pas le risque de se blesser lui-même. En
outre, des crochets de rechange, plus jeunes, arment la
mâchoire en arrière des premiers, pour remplacer
ceux-ci s'ils viennent à se casser. Pour le moment les
deux aînés suffisent ; à eux seuls ils constituent l'arme
de la vipère et des autres serpents venimeux. Ce sont eux
qui, sur la partie blessée, laissent deux points rouges,
vraies piqûres d'aiguille ; ce sont eux enfin qui causent
tout le mal, car le reste de l'empreinte de la mâchoire,
quand cette empreinte existe à l'endroit mordu, est sans
effet aucun, à part une meurtrissure très-superficielle.
Comment deux légères piqûres peuvent-elles amener de
graves désordres organiques, provoquer même la
mort ? Cela tient à ce que le reptile inocule, dans la
blessure faite par les crochets, un liquide atroce, un venin, de même que l'ortie répand dans la petite plaie
faite par un poil le contenu venimeux de l'ampoule. Ce
liquide est une humeur d'aspect inoffensif, sans odeur,
sans saveur, rappelant presque de l'eau. Mis sur la
langue, avalé même, il n'a pas d'action ; et voilà pourquoi on peut sucer sans crainte, pour en extraire le venin, la plaie faite par le reptile ; mais une fois introduit
dans le sang, il révèle ses redoutables énergies.

A l'effet d'introduire le venin dans la plaie, les crochets
sont creux et percés vers la pointe d'une fine ouverture.
Un canal membraneux conduit le venin dans la cavité
dentaire. Une petite ampoule le tient en réserve ; enfin
un organe spécial, une glande, le prépare. Le même
appareil se retrouve chez les divers serpents venimeux,
dans la vipère de nos pays, dans le hideux céraste du
Sahara algérien, qui tue en quelques heures ; dans les
crotales, dont les crochets font expirer un bœuf presque
instantanément.

Les insectes mêmes, d'un art si raffiné dans leurs
armes, ne changent rien d'essentiel à cet appareil de

mort. Ce sont toujours une glande qui élabore le venin, une ampoule qui le tient en réserve, un dard perforé qui l'instille dans la piqûre. Seulement chaque espèce porte son arme à sa guise. L'araignée tient ses deux crochets venimeux repliés à l'entrée de la bouche; le scorpion porte son dard au bout de la queue; la guêpe, pour ne pas en émousser la fine pointe, cache le sien dans une gaîne logée à l'extrémité de l'abdomen. Si nous revenons au poil de l'ortie, nous verrons maintenant son étroite ressemblance avec l'arme venimeuse de l'animal. Le support cylindrique qui, dans son tissu cellulaire, produit le liquide brûlant, représente la glande où s'élabore le venin. La base du poil renflée en ampoule est le réservoir où s'amasse ce liquide et rappelle la vésicule à venin de l'animal. Enfin le col du poil est un poinçon aigu et creux analogue aux crochets du reptile, au dard du scorpion, à l'aiguillon de la guêpe; seulement son extrémité est fermée par un bouton qui se casse dans la plaie pour per-

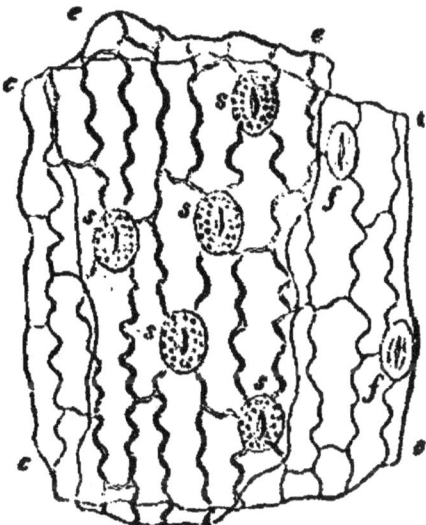

Fig. 103. Stomates du Lis.

mettre l'écoulement du liquide, tandis que l'arme de l'animal est toujours ouverte.

. Le troisième genre d'organes qu'un rapide examen nous a montré dans un lambeau d'épiderme se compose de ces fines ouvertures dont la conformation rappelle une boutonnière. Chacune consiste en une fente oblongue, bordée de deux cellules symétriques et arquées, qui se renflent en manière de lèvres et donnent à l'ensemble l'aspect d'une petite bouche, tantôt close, tantôt entr'ouverte. De cette ressemblance avec une bouche, en grec *stoma*, est venu le nom de *stomates* par lequel on désigne ces orifices de l'épiderme. Les stomates se trouvent principalement à la face inférieure pour les feuilles aériennes, et à la face supérieure pour les feuilles aquatiques flottantes. Il est inutile de chercher à les voir sans microscope, car leurs dimensions sont d'une excessive finesse. L'empreinte laissée par l'aiguille la plus déliée, en comparaison, serait un trou grossier. Aussi leur nombre est-il prodigieux. Dans l'étendue d'un centimètre carré, on compte 7000 stomates environ à la face inférieure d'une feuille de reine-marguerite; 12500 dans la vigne ; 21500 dans l'olivier; 25000 dans le chêne pédonculé. On a calculé qu'une seule feuille de tilleul de grandeur moyenne est percée de 1053000 stomates environ. A quels inconcevables nombres n'arriverait-on pas si l'on voulait dénombrer leur total pour le tilleul entier, dont les feuilles se comptent par myriades !

Les stomates, ainsi que les poils, ne sont pas le domaine exclusif de la feuille; on les trouve aussi plus ou moins abondants sur les diverses parties de la plante en rapport avec l'air, principalement les parties vertes, stipules, écorce des jeunes rameaux. En général, ils manquent sur les organes plongés dans le sol ou immergés dans l'eau. Les surfaces vertes, étalées à l'air, sont leur emplacement par excellence ; aussi ai-je réservé leur histoire pour le chapitre des feuilles, les plus importantes des surfaces vertes du végétal. Leurs fonctions sont du plus haut intérêt, ainsi que je vous l'expliquerai bientôt. Pour le moment, je me bornerai à vous dire que les stomates mettent en rapport avec l'atmosphère l'épaisseur du tissu de la feuille. Ce sont des orifices d'entrée et de sortie qui permettent un échange continuel de matériaux gazeux entre l'intérieur du végétal et l'extérieur. Ainsi l'une des fonctions des stomates est de laisser exhaler en vapeurs l'eau dont la feuille est imprégnée.

Les plantes transpirent constamment; c'est surtout au soleil qu'elles laissent dégager à l'air des vapeurs invisibles. Pour nous convaincre de l'humidité dégagée par notre respiration, nous dirigeons l'haleine contre un carreau de vitre froid. La vapeur invisible du souffle se condense, ternit le verre, et finit par ruisseler en gouttelettes. L'exhalaison humide des stomates se constate de la même manière. Dans un flacon bien sec, on met un rameau vivant, sans trace apparente d'humidité. Bientôt la paroi du flacon se couvre de gouttelettes à l'intérieur. Les petites bouches de la feuille exhalent donc de la vapeur d'eau tout aussi bien que la bouche de l'homme ; leur haleine est humide comme la nôtre. Ce qui peut s'échapper de vapeur par chacun de ces soupiraux est au-dessous de toute évaluation ; mais, vu le nombre immense de stomates, le total de l'eau exhalée n'en est pas moins considérable. Un arbre de moyenne grandeur rejette à l'air une dizaine de litres d'eau par jour ; un seul pied d'hélianthe annuel, vulgairement soleil, transpire en douze heures, par un temps sec et chaud, bien près d'un kilogramme d'eau.

La transpiration remplit un rôle multiple. D'abord elle empêche la température de s'élever jusqu'à devenir dangereuse pour la plante. Un liquide qui s'évapore est, en effet, pour l'objet aux dépens duquel se fait l'évaporation, une cause de refroidissement, parce que la vapeur qui s'en va emporte avec elle une grande quantité de chaleur prise à l'objet lui-même. Versez dans le creux de la main quelques gouttes d'un liquide volatil, d'éther. Aussitôt l'évaporation se fait, et l'on éprouve à la main une vive impression de fraîcheur. Les vapeurs, en s'en allant, emportent une partie de votre chaleur. Je vous rappellerai encore les frissons éprouvés au sortir du bain. La mince couche d'eau dont le corps est couvert en est cause. En s'évaporant, elle nous soutire un peu de notre chaleur. Une fois le corps essuyé, l'évaporation n'a plus lieu et les frissons cessent comme par enchantement. Ces deux exemples suffisent pour vous faire au moins entrevoir que l'évaporation est une cause d'abaissement de température. Lors donc que, sous les rayons du soleil, l'échauffement menace de devenir trop fort et de compromettre la vie de la plante, les stomates exhalent de la vapeur pour conjurer le péril. Mille, dix mille, vingt mille soupiraux, dans une étendue pas plus grande que l'ongle, refroidissent les feuilles en transpirant leur eau. C'est vous dire que l'exhalation des stomates est plus active de jour que de nuit, au soleil qu'à l'ombre, par un temps sec et chaud que par un temps humide et froid.

Par un temps qui ne met plus la plante en péril, de nuit même, l'exhalation se fait encore, mais bien moins abondante. Les gouttes d'eau qui perlent le matin à l'extrémité des brins de gazon, ou roulent dans les fossettes des feuilles du chou, résultent précisément de la transpiration nocturne, condensée par la fraîcheur de la nuit. Pour quels motifs les stomates ne cessent-ils d'exhaler de la vapeur à l'ombre, par un temps frais, de nuit, lorsque la plante n'a rien à craindre d'un excès de température ? La raison en est celle-ci. — Pour son alimentation, le végétal puise dans la terre, au moyen des racines, de l'eau tenant en dissolution un peu de tout ce que le sol renferme de soluble. C'est un liquide des plus clairs où, dans de grandes masses d'eau, nagent, dissoutes, quelques parcelles nutritives. La plante doit en absorber beaucoup pour trouver au total de quoi se sustenter. Le maigre brouet s'infiltre des racines dans le bois encore jeune, et du bois il monte aux feuilles, qui procèdent aussitôt au triage. Les particules alimentaires sont retenues dans le tissu des feuilles pour y subir de profonds remaniements chimiques, s'y combiner avec d'autres matériaux venus de l'atmosphère par la voie des stomates, et devenir enfin, sous l'influence de la lumière, un liquide nourricier, véritable sang de la plante, où puisent tous les organes pour leur formation, leur entretien, leur accroissement. Ce liquide nourricier porte le nom de *sève descendante*, parce qu'il descend, une fois préparé dans les feuilles, de celles-ci aux rameaux, des rameaux aux branches, des branches au tronc et du tronc

aux racines, distribuant à tout ce qu'il baigne les matériaux des formations nouvelles. L'autre liquide, celui que
les racines puisent dans le sol, se nomme sève ascendante et monte des racines aux feuilles par la voie de
l'aubier. Il se compose principalement d'eau, que les
stomates doivent exhaler en majeure partie afin de con-
centrer en un moindre volume les substances nutritives
dissoutes. Or ce travail de concentration des matériaux
bruts ascendants n'est jamais suspendu, parce que l'absorption par les racines est continuelle; et tel est le motif
pour lequel les stomates transpirent toujours, même à
l'ombre, même de nuit. Sans discontinuer, ils rejettent
en vapeurs dans l'atmosphère l'eau surabondante, nécessaire pour amener aux feuilles les aliments fournis par
le sol; ils concentrent le maigre liquide de la sève ascendante pour en faire le liquide substantiel de la sève descendante.

Je réserve pour plus tard les développements qu'exige
l'étude de la sève et je continue l'examen de la structure
des feuilles. L'épiderme nous est maintenant connu, avec
ses cellules aplaties, assemblées en une membrane propre
à modérer l'évaporation; avec ses poils, parfois assez
touffus pour former un duvet qui augmente les obstacles
contre une déperdition d'humidité trop rapide; avec ses
stomates ou bouches exhalantes, qui permettent, dans
une juste mesure, le départ de l'eau en excès. Ce que la
feuille contient dans son épaisseur entre les deux lames
d'épiderme est encore plus important. Là se trouve d'a-
bord une espèce de charpente qui donne à la feuille
de la solidité. Elle est formée de fibres et de vaisseaux
assemblés en paquets, dont l'ensemble constitue le pétiole. A son entrée dans le limbe, le faisceau commun
de fibres et de vaisseaux tantôt s'épanouit en plusieurs
ramifications à peu près d'égale importance, comme
dans la feuille du platane, tantôt se continue par un
prolongement unique occupant la position médiane,
comme dans la feuille du laurier. Ces prolongements di-

rects du pétiole, simples ou multiples, se nomment *ner-vures primaires*. De ces nervures en naissent d'autres, moindres, appelées *secondaires*; celles-ci en produisent de *tertiaires*; et ainsi de suite, de manière que, de sub-divisions en subdivisions, l'unique faisceau du pétiole se trouve réparti en une multitude de nervures très-fines, qui se rejoignent entre elles et forment un réseau à mailles innombrables. Rappelez-vous ces dentelles élé-gantes en lesquelles se réduisent les feuilles longtemps exposées à l'action de la pourriture; elles ne sont autre chose que le réseau fibro-vasculaire dépouillé du tissu de cellules qui en remplit les mailles à l'état vivant. Le rôle de cette jolie charpente ne se borne pas à donner de la consistance au limbe de la feuille et à le maintenir étalé; une autre fonction lui est dévolue, d'un intérêt bien plus grand. C'est par les vaisseaux du pétiole que la sève ascendante arrive dans la feuille; c'est par les vaisseaux des nervures et de leurs ramifications de plus en plus petites et nombreuses, qu'elle se distribue dans toute l'étendue du limbe pour y subir la concentration par les stomates, l'action chimique de la lumière, et de-venir fluide nourricier; c'est enfin par le même réseau de vaisseaux et de fibres, que la sève élaborée revient de feuille au rameau pour se distribuer aux divers organes qu'elle doit alimenter. Le réseau fibro-vasculaire est donc la voie de communication entre la feuille et la plante. Il amène dans le limbe des matériaux bruts; il en ramène de la sève nourricière, préparée dans le la-boratoire qu'il nous reste à examiner.

Ce laboratoire, où réside par excellence l'activité de la feuille, se nomme *parenchyme*. Il consiste en un tissu de cellules qui remplit les mailles du réseau fibro-vascu-laire et englobe plus ou moins les nervures dans son épaisseur. Les cellules sont d'un vert pâle, généralement irrégulières, et groupées sans ordre bien déterminé. Leur forme et leur arrangement diffèrent, dans la grande majorité des cas, sur les deux faces de la feuille. A la face supérieure, le microscope montre deux ou trois couches de cellules oblongues, dirigées perpendiculairement à l'épiderme et serrées entre elles de manière à ne laisser que peu ou point d'intervalles vides. Dans l'épaisseur même de la feuille et à la face inférieure, les cellules sont fort irrégulières au contraire, ne se touchent que partiellement et laissent ainsi de nombreux espaces inoccupés, que l'on nomme *méats intercellulaires*, et *lacunes* quand ils prennent un peu plus d'ampleur. De cette différence de contexture résulte la teinte différente

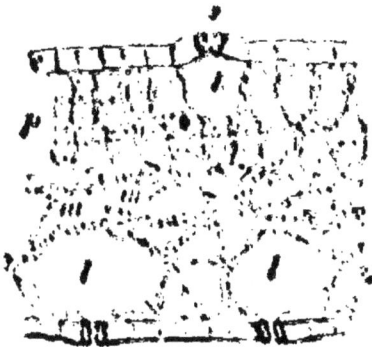

Fig. 104. Tranche verticale d'une feuille de Giroflée.

e, épiderme; s, stomate; l, l, l, lacunes ou chambres aériennes; i, i, méats intercellulaires; p, parenchyme.

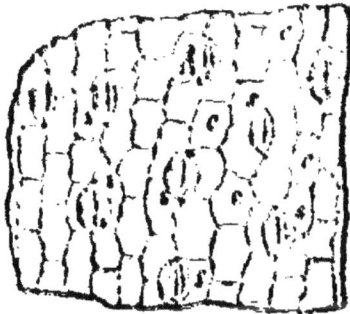

Fig. 105. Lambeau de la face intérieure de la même feuille.

c, c, c, cellules épidermiques; s, s, s, stomates.

des deux faces de la feuille. Sur la face supérieure, à travers l'épiderme transparent et incolore, apparaît une coloration d'un vert foncé parce que les cellules vertes y sont assemblées en tissu compacte; sur la face inférieure, la coloration est pâle parce que les cellules vertes n'y forment qu'un tissu lâche, tout criblé de lacunes à la manière d'une éponge.

Enfin chaque stomate communique directement avec un espace vide, un peu plus grand, plus régulier que les autres, et nommé *chambre aérienne*. Les divers méats intercellulaires du voisinage viennent tous, de proche en proche, en communiquant entre eux, déboucher dans cette chambre, sorte de vestibule d'attente où s'amassent les produits gazeux des feuilles avant de s'exhaler dans l'atmosphère par l'orifice du stomate, où s'emmagasinent provisoirement aussi les substances gazeuses puisées dans l'air avant de se rendre aux cellules, pour y subir le merveilleux travail dont je vous parlerai plus tard. La chambre aérienne est ainsi un carrefour, un réservoir pour les matériaux gazeux qui sortent des cellules ou doivent y pénétrer; le stomate, ouvert dans la couche épidermique qui lui sert de plafond, est la porte d'entrée et de sortie. Divers couloirs en partent, tortueux, rétrécis, utilisant le moindre intervalle entre les cellules; de çà et de là, sur le trajet de ces couloirs, s'ouvrent les vides plus spacieux des méats intercellulaires.

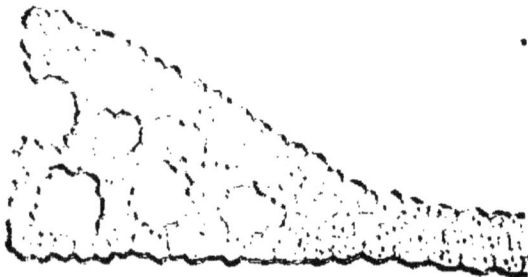

Fig. 106. Coupe d'une feuille submergée de Potamot, sans épiderme et criblée de larges lacunes.

Cette structure nous permet déjà de nous rendre compte de la transpiration des feuilles. Chaque cellule, dans l'épaisseur du parenchyme, est remplie d'un liquide pour la majeure partie formé d'eau; elle est en outre entourée de lacunes pleines d'air. A travers sa mince membrane, perméable aux liquides, la cellule transpire en saturant d'humidité la petite atmosphère qui l'entoure; puis l'air humide, chassé lentement d'un méat intercellulaire à l'autre, arrive tôt ou tard à quelque chambre aérienne qui l'exhale au dehors par la bouche du stomate. C'est ainsi qu'au moyen des vides dont le parenchyme est tout criblé et des innombrables stomates ouverts dans l'épiderme, chaque cellule de la feuille, si profondément située qu'elle soit, est néanmoins en rapport avec l'air extérieur pour ses continuels échanges gazeux.

Dans cette admirable usine que l'on nomme une feuille, le véritable atelier de travail est la cellule ; tout le reste ne constitue guère que des voies de communication. Dans les vaisseaux des nervures circulent les liquides, matériaux bruts de la sève ascendante et produits nourriciers de la sève descendante ; les méats intercellulaires, les chambres aériennes, les stomates, servent à la circulation des vapeurs et des gaz. Ce perpétuel mouvement de va-et-vient a pour point de départ et pour point d'arrivée la cellule, où s'effectue finalement le merveilleux travail de la plante. Or, pour accomplir son œuvre, la cellule dispose d'un matériel d'atelier qu'il me reste maintenant à vous faire connaître.

Vous savez déjà qu'une cellule se compose d'un petit sac clos de toutes parts et formé d'une délicate membrane incolore. La coloration verte n'appartient donc pas à la paroi mais bien au contenu du sac. Sous le microscope, une cellule déchirée par la compression laisse, en effet, écouler une gouttelette de fluide transparent dans lequel nagent de nombreux granules verts, d'une excessive finesse. Le fluide transparent est presque en entier formé d'eau ; quant aux granules verts, ils constituent une substance spéciale que l'on nomme *chlorophylle*, de deux mots grecs signifiant matière verte des feuilles. C'est tantôt une gelée verte sans forme déterminée, tantôt et plus fréquemment un amas de corpuscules globuleux ou déformés par leur pression mutuelle, et si menus qu'il en faudrait environ 130 disposés à la file l'un de l'autre pour faire la longueur d'un millimètre. Une cellule dont la capacité serait d'un millimètre cube pourrait par conséquent en contenir plus de deux millions. La chlorophylle donne à la feuille sa coloration verte ; elle la donne aussi à l'écorce jeune, aux fruits non mûrs, enfin à toutes les parties de la plante colorées en vert.

Qu'elle entre dans la composition de tel ou tel autre organe, toute cellule verte est remplie de granules de chlorophylle d'où provient sa coloration ; toujours aussi elle occupe la superficie de la plante afin de recevoir l'influence de la lumière solaire. Son travail est si délicat, si difficile, que sans l'aide du soleil, le grand moteur, l'universelle puissance de ce monde, jamais elle ne pourrait l'accomplir. Aussi voyez comme les cellules à grains verts recherchent la lumière. Dans une feuille, presque toujours assez mince pour donner accès dans son intérieur aux rayons du soleil, les cellules vertes occupent l'épaisseur entière ; mais s'il y a des couches profondes, c'est toujours à la surface qu'elles se montrent, jamais à l'intérieur, où la lumière ne peut arriver. Fendez une jeune tige : où sont les couches franchement vertes ? En dehors, à la surface. Ouvrez un melon : le vert, où est-il ? En dehors, toujours

Fig. 107. Coupe d'une feuille de balsamine.

en dehors. Je ne veux pas dire que les cellules non vertes, profondément situées, restent inactives. Elles aussi travaillent : elles parachèvent les produits dégrossis, les amènent à perfection, les emmagasinent au moins dans leur cavité. Mais l'œuvre primordiale, l'œuvre par excellence, la plus ardue de toutes, les cellules à grains de chlorophylle en ont le monopole, et voilà pourquoi toutes viennent à la superficie demander aide au soleil. L'atelier et son outillage vous étant maintenant connus, je vais essayer de vous faire comprendre le travail qui s'y fait.

XX

Sève ascendante.

Endosmose. — Absorption par les racines. — Capillarité. — Action du feuillage. — Ascension de la sève. — Expérience de Hales. — Conservation du bois. — Nature de la sève ascendante. — Calcul de Vauquelin. — Masse d'eau évaporée par un arbre. — Modification de la sève dans son trajet. — Érable à sucre. — Vin de palme.

Nous allons rechercher comment les végétaux se nourrissent ; et comment, avec un petit nombre de matériaux, de l'eau, quelques gaz, quelques sels, de valeur nutritive absolument nulle pour nous, ils parviennent à composer les substances si variées qui nous font vivre tous. Pour ne pas nous égarer en ces difficiles questions, ce ne serait pas trop que d'appeler à notre aide les plus savantes ressources de la physique et de la chimie, et encore combien ne resterait-il pas de faits à l'état d'impénétrables mystères. Ces ressources, je ne peux en disposer : votre âge ne les comporte pas. Forcément je serai donc bref, très-incomplet. Si mes explications parfois vous échappent, n'oubliez pas la difficulté du sujet ; n'oubliez pas non plus que les connaissances d'un âge plus mûr achèveront de mettre en pleine lumière les points où je vais essayer aujourd'hui de jeter un premier jour.

Et d'abord demandons-nous de quelle façon les plantes prennent dans le sol les substances qui leur sont nécessaires. Une expérience de physique va nous l'apprendre, expérience toute simple, à votre portée et dont vous pouvez construire vous-même l'outillage. — Prenons un tube de verre ouvert aux deux bouts, de la longueur d'un mètre plus ou moins, et du calibre d'une forte plume. Procurons-nous d'autre part la vessie d'un lapin et nouons son orifice à l'un des bouts du tube. Remplissons enfin la vessie d'eau gommée ou sucrée et plongeons-la dans de l'eau pure, le tube qui lui sert de col restant au dehors, dressé verticalement. L'appareil est alors abandonné à lui-même, maintenu en place de manière que la vessie soit de partout enveloppée par l'eau pure et ne touche pas le vase qui contient celle-ci. La membrane se trouve de la sorte en rapport par chacune de ses faces avec un liquide de nature différente. Au dehors, elle est baignée par un liquide plus léger, plus fluide : l'eau pure ; au dedans, par un liquide plus lourd, plus visqueux : l'eau gommée ou sucrée. Eh bien ! dans ces conditions, un fait des plus remarquables se passe : petit à petit, des heures durant, l'eau pure s'infiltre à travers la membrane, pénètre dans la cavité de la vessie et se mélange à l'eau gommée. Le contenu du sac membraneux augmente donc sans cesse, ce qui se traduit par une élévation du liquide dans le tube. Si l'appareil n'est pas trop long, l'eau gommée, accrue en volume aux dépens de l'eau pure qui lui vient à travers la paroi du sac, finit par atteindre l'extrémité supérieure du tube et par se déverser au dehors. La hauteur atteinte par le liquide ainsi soulevé dépend, du reste, de l'étendue de la membrane à travers laquelle l'infiltration se fait, du calibre du tube, de la nature des deux liquides et d'autres conditions encore. Le résultat que je viens sommairement de vous exposer est général : toutes les fois que deux liquides différents sont séparés par la cloison d'une membrane, le plus léger, le plus fluide filtre à travers cette cloison et se porte vers le plus lourd, le plus visqueux. On donne à cette propriété le nom d'*endosmose*.

Revenons aux racines de la plante. Dans leurs parties jeunes, à l'extrémité surtout de leurs plus fines ramifications, elles sont composées de cellules dont chacune réalise, avec une perfection inimitable, le sac membraneux de notre expérience. Ces cellules sont d'ailleurs pleines d'un liquide provenant de leur travail vital antérieur et analogue, par sa densité et sa viscosité, à l'eau sucrée ou gommée dont nous venons de nous servir pour l'endosmose. Enfin le sol est imbibé d'eau, qui tient en dissolution de très-faibles quantités de matières étrangères et par conséquent diffère à peine de l'eau pure. Toutes les conditions pour l'endosmose se trouvent ainsi réalisées : la membrane de la cellule est baignée, au dedans, par un liquide dense et visqueux ; au dehors, par un liquide plus fluide et plus léger. L'humidité du sol s'infiltre donc à travers les parois des cellules et pénètre dans les racines. Ce premier acte de la nutrition des plantes se nomme *absorption*.

Tandis que les cellules de la surface se gonflent en absorbant les sucs de la terre, les cellules plus profondes s'emplissent au contact des premières, également par endosmose, et de proche en proche le tissu cellulaire arrive à l'état de plénitude. Maintenant des canaux se présentent très-déliés et très-longs, propres à l'*ascension* du liquide jusqu'à telle hauteur qu'il sera nécessaire. Ce sont les vaisseaux, distribués à profusion dans le tissu ligneux et échelonnés l'un sur l'autre depuis l'extrémité des racines jusqu'aux feuilles. Ils représentent, dans le laboratoire du végétal, le tube de verre de notre appareil à endosmose. De même que ce tube s'emplit avec le trop-plein du sac membraneux, dont le contenu augmente toujours ; de même aussi, dans les vaisseaux de la plante, s'élève le liquide dont les cellules regorgent par une absorption continue. Il est difficile de préciser la hauteur que le liquide peut ainsi atteindre ; du moins, avec nos appareils, si défectueux lorsqu'on les compare à ceux de la nature vivante, on a reconnu que l'endosmose, s'exerçant entre de l'eau et du sirop de sucre, développe une poussée capable de soulever une colonne d'eau de quarante à cinquante mètres de hauteur. La puissance d'absorption des racines serait donc à elle seule suffisante pour amener l'eau puisée dans la terre jusqu'à l'extrémité de nos plus grands arbres. D'autres causes d'ailleurs sont en activité dans cette ascension. L'une d'elles est la *capillarité*.

Une nouvelle digression dans le domaine de la physique

est ici nécessaire. — Un tube est dit *capillaire* lorsque
son canal est très-étroit et comparable à un cheveu, en
latin *capillus*. Si vous plongez par un bout dans un liquide un pareil tube librement ouvert à ses deux extrémités, vous constaterez les faits suivants, en contradiction
avec ce qui nous est habituellement connu. Il est d'expérience familière, en effet, qu'un canal ouvert étant
plongé par un bout dans l'eau, le liquide se maintient à
l'intérieur au même niveau qu'à l'extérieur. Avec un
tube capillaire, le résultat est tout différent : le niveau
intérieur est tantôt plus bas, tantôt plus haut que le niveau extérieur. Il est plus bas si le liquide est de nature
à ne pas adhérer aux parois du canal, à ne pas les mouiller.
C'est ce qu'on observe avec un tube de verre plongé dans
le mercure. Il est plus haut si le liquide peut adhérer aux
parois du canal. C'est ce que l'on obtient avec un tube
de verre plongé dans l'eau. Bornons-nous à ce dernier cas,
l'autre étant étranger à la question qui nous occupe. Si
l'on plonge, vous dis-je, un tube capillaire dans un liquide capable de le mouiller, le niveau intérieur s'élève
au-dessus du niveau extérieur, et l'ascension du liquide
est d'autant plus considérable que le canal est plus fin.
Voilà le fait fondamental de la capillarité ; il vous sera
très-facile de le vérifier avec des tubes capillaires de divers calibres et de l'eau colorée.

Considérons maintenant un corps poreux, tout criblé
d'étroites lacunes, de fissures déliées. Ces lacunes, ces
fissures, assimilables sous le rapport de la ténuité au fin
canal des tubes qui-précèdent, constituent des intervalles
capillaires dans lesquels un liquide peut s'élever. Lorsque,
par exemple, vous faites tremper, par un point seulement, un morceau de sucre dans le café, vous voyez le
liquide brun gagner au delà du point baigné et bientôt
imbiber tout le morceau. C'est la capillarité qui introduit
le liquide dans les intervalles vides du sucre et le soulève au-dessus de son niveau. C'est par la capillarité encore que le tissu spongieux de la mèche amène l'huile

du réservoir de la lampe à la flamme ; c'est par la capillarité qu'un tas de sable dont la base est dans l'eau s'imbibe jusqu'au sommet. Or, où trouver de meilleures conditions pour de tels résultats que dans le tissu d'un végétal ? Les cellules y laissent entre elles d'innombrables intervalles vides ; les vaisseaux y sont d'une finesse extrême, avec laquelle celle de nos tubes les plus étroits difficilement pourrait rivaliser. Il est dès lors visible qu'à l'action de l'endosmose s'ajoute, dans une large mesure, celle de la capillarité, pour élever jusqu'aux feuilles le liquide qu'absorbent les racines.

Lorsqu'au réveil de la végétation au printemps, l'arbre est encore en cet état dénudé où l'a laissé l'hiver ; l'afflux des liquides aux extrémités supérieures se fait uniquement sous l'impulsion des deux forces que nous venons d'examiner ; mais à partir du moment où les bourgeons ont déployé le nouveau feuillage, une troisième cause d'ascension entre en jeu, plus puissante encore que les deux autres. Chaque feuille, vous le savez, est le siége d'une évaporation très-active, d'où résulte nécessairement un vide dans les organes qui ont fourni l'eau évaporée. Mais ce vide est aussitôt comblé par les organes voisins qui cèdent leur contenu et reçoivent à leur tour celui des couches plus profondes. De cellule en cellule, de fibre en fibre, de vaisseau en vaisseau, pareil effet se reproduit en des points de plus en plus éloignés des surfaces évaporantes et se propage jusqu'aux extrémités des racines, qui, par une continuelle succion, remplacent le liquide disparu. C'est en quelque sorte le jeu de la pompe aspirante, dont le piston laisse derrière lui un vide, immédiatement rempli par l'eau du canal, qui la reçoit lui-même du fond du puits. Que le vide soit fait par le déplacement du piston ou par l'évaporation des feuilles, le résultat est le même : c'est l'afflux de proche en proche du liquide, accourant remplir, sous la poussée de l'atmosphère, un espace non occupé.

Puissance d'endosmose des racines, capillarité des tissus, aspiration des feuilles, telles sont les principales causes de l'ascension de la séve. L'expérience suivante vous renseignera sur leur énergie. Très-ralentie, suspendue même pendant l'hiver, l'absorption acquiert, aux premières chaleurs du printemps, une activité qui dédommage la plante des longues torpeurs hivernales. C'est alors que, de la section de leurs rameaux amputés, les arbres fruitiers laissent écouler des pleurs, c'est-à-dire le liquide ascendant, qui s'extravase en l'absence de ses conduits naturels retranchés par la taille. Ces pleurs sont surtout abondants sur les plaies récentes de la vigne. Pour évaluer la force qui les pousse, le physiologiste Hales coupait transversalement un cep de vigne, et sur la section ajustait l'embouchure d'un tube de verre deux fois coudé et imitant la courbure d'un S. Le coude inférieur était alors rempli de mercure. La séve, arrivant dans la branche du tube en rapport avec le cep, pressait sur le mercure et le refoulait devant elle dans la branche libre. La hauteur à laquelle le mercure se trouvait de la sorte soulevé était évidemment la mesure de la force d'ascension de la séve. Or dans une première expérience, Hales vit la colonne mercurielle atteindre la hauteur de $0^m,873$; et dans une seconde, celle de $1^m,028$. Comme le mercure est treize fois et demi plus lourd que l'eau, la même pression aurait soulevé une colonne d'eau de 12 mètres environ dans le premier cas, et de 14 mètres dans le second. Vous voyez, mon cher enfant, que malgré l'excessive délicatesse du mécanisme en action, la plante, avec ses cellules qui se gorgent par endosmose, ses vaisseaux qui s'emplissent par capillarité, est capable de très-grands effets. Un simple tronçon de vigne, uniquement pourvu de ses racines, chasse l'eau à une élévation où nos pompes aspirantes ne la porteraient pas.

Cette propriété du tissu végétal de s'imbiber aisément sur de grandes étendues est mise à profit dans une opération trop importante pour que je la passe sous silencé. Si compacte qu'il soit, le bois éprouve tôt ou tard de profondes altérations, au grand préjudice de nos charpentes. Divers insectes, à l'état de larves, s'en nourrissent ; des plantes cellulaires, champignons, moisissures, byssus, s'y développent. Ainsi labouré en tous sens par les larves qui s'y creusent des galeries et miné fibre à fibre par la végétation parasite, le bois ne tarde pas à s'imprégner d'air et d'humidité et à devenir le foyer d'une altération lente, dont le résultat final est l'humus ou terreau, cette poussière brune que vous avez eu si souvent occasion de voir dans les vieux troncs caverneux. Le bois immergé dans les eaux de la mer est livré à d'autres destructeurs, les tarets, mollusques qui le perforent et le criblent de trous de manière à le rendre en peu de temps semblable à une éponge. C'est pour prévenir les ravages des tarets que les navires en bois sont doublés de lames de cuivre dans la partie immergée.

Ces causes d'altération disparaissent ou sont du moins très-amoindries si le tissu ligneux est artificiellement imprégné de certaines substances qui empêchent l'attaque par les insectes et la pourriture. Parmi ces substances, je vous citerai la couperose bleue ou sulfate de cuivre, composé très-vénéneux, et le pyrolignite de fer, que l'on obtient en faisant dissoudre de la vieille ferraille dans du vinaigre à bas prix donné par la distillation du bois. Pour introduire ces agents préservateurs, on les fait absorber par l'arbre, à l'état de dissolution dans l'eau. A la base du tronc, encore debout et muni de son feuillage, quelques incisions sont pratiquées, autour desquelles on dispose une large bande de toile imperméable, liée haut et bas et formant une poche circulaire qui, par un tube, reçoit, d'un réservoir, la liqueur préservatrice. L'évaporation dont le feuillage est le siège provoque une puissante aspiration, qui porte le liquide jusqu'au sommet de l'arbre et le fait pénétrer dans les moindres interstices du bois. Si le tronc gît à terre, coupé à ses deux extrémités, on enveloppe sa base d'un sac imperméable où arrive, d'un réci-

Fig. 108. — Injection d'une liqueur préservatrice dans un arbre
encore debout.

pient plus élevé, le liquide à injecter. La capillarité, l'endosmose de proche en proche, la pression enfin du liquide

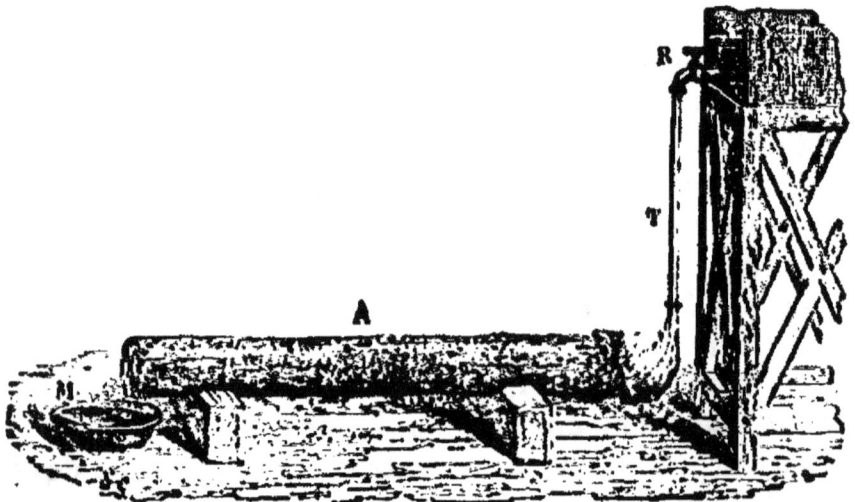

Fig. 109. — La même opération pour un arbre abattu.

du réservoir, remplacent ici l'aspiration des feuilles. On

peut encore se proposer de faire absorber à des bois blancs des matières colorantes qui leur donnent telle ou telle autre teinte recherchée en ébénisterie. On y parvient par des moyens analogues.

En pratiquant les opérations dont je viens de vous donner une idée, on remarque que la liqueur préservatrice s'engage aisément dans le bois extérieur ou aubier et ne pénètre qu'avec une difficulté extrème dans le cœur ou bois parfait. La raison ne peut vous en échapper. Le bois extérieur est le plus jeune, il est formé de fibres et de vaisseaux dont les cavités sont libres ; le bois intérieur est le plus vieux, ses fibres et ses vaisseaux sont encroûtés de matière ligneuse, obstrués de couches surajoutées, décrépits et hors d'usage enfin. Le liquide s'engage donc là où la circulation est possible ; il cesse de pénétrer là où le passage est trop laborieux. C'est vous dire que l'ascension de la sève se fait par l'aubier et principalement par les couches superficielles, de formation plus récente. L'expérience directe ne laisse aucun doute à cet égard. Lorsqu'on abat un arbre, au moment de l'activité de la sève, on trouve l'aubier humide et le bois parfait sec. Enfin dans les plantes herbacées et dans tous les végétaux dont la partie centrale ne durcit point, c'est par l'ensemble des faisceaux ligneux que s'accomplit l'ascension.

Si l'on veut recueillir la sève pour en étudier la nature, le moyen est des plus simples. Avec une tarière, on pratique un trou de sonde, un peu obliquement de bas en haut, dans l'aubier d'un arbre déjà fort, et l'on ajuste à l'orifice un bout de roseau pour servir de bec d'écoulement. Un flacon reçoit le liquide, qui suinte goutte à goutte. Or que vous attendriez-vous à trouver dans le contenu d'une fiole remplie par de semblables saignées? Beaucoup de choses, sans doute, car enfin ce précieux liquide est la matière première dont la plante doit composer tout ce qu'elle contient, cellulose, sucre, fécule, résines, huiles, essences, parfums et tant d'autres produits en-

14

cora. De l'étonnante richesse des résultats, vous concluez à l'extrême multiplicité des matériaux mis en œuvre. Si telle est votre pensée, détrompez-vous : la sève ascendante n'est à peu près que de l'eau claire ; et souvent c'est à grand'peine que la science parvient à y constater les quelques substances dissoutes, tant est faible leur proportion. Parmi ces substances, les plus fréquentes sont des sels de potasse, des sels de chaux et de l'acide carbonique. Bref, le liquide d'où la plante doit tirer sa nourriture est un brouet des plus clairs, composé d'une masse énorme d'eau et de quelques traces de matières en dissolution, assez variables d'une espèce végétale à l'autre. Ces rares matières sont seules, ou peu s'en faut, utilisées par la plante ; et l'eau qui les a recueillies en lavant le sol, puis les a charriées des racines aux feuilles à travers l'aubier, l'eau qui forme la presque totalité de la sève, doit, aussitôt le trajet accompli, retourner par l'évaporation à l'atmosphère, d'où elle était descendue à l'état de pluie. Combien faut-il donc qu'il passe de litres de ce pauvre liquide dans les vaisseaux d'un arbre, combien faut-il qu'il s'évapore d'eau par les feuilles pour que le résidu en substances utilisables représente le poids de l'accroissement annuel ? Un calcul de Vauquelin va nous l'apprendre.

De la composition de la sève, le célèbre chimiste déduit que, pour parvenir au poids de 457 kilogrammes, un orme doit absorber dans la terre, puis exhaler en vapeurs dans l'air, 162000 litres d'eau, ou 355 litres par kilogramme d'accroissement. En admettant que, dans les six à sept mois que dure la végétation, le poids d'un orme augmente de 24 kilogrammes, l'eau absorbée puis évaporée pour l'accroissement annuel serait alors de 8 à 9 mètres cubes. Un tel calcul vous laisse confondu si l'on songe à l'immense travail mécanique effectué par une forêt entière pour soutirer dans les couches du sol, puis élever à une quarantaine de mètres de hauteur, et finalement verser dans l'air les torrents d'eau de la sève. Et ce prodigieux

labeur s'accomplit tout calme, invisible, à peine soup-
çonné ; l'effrayante charge est soulevée à la cime des plus
hautes futaies et jetée aux quatre vents sans faire fléchir
le moindre ramage du délicat mécanisme végétal. La cellule, qu'un attouchement meurtrit, associée à d'autres
cellules fait œuvre de Titan.

La sève n'est cependant pas toujours l'eau claire dont
Vauquelin est parti pour ses calculs. Tous les végétaux
puisent certainement dans le sol un liquide très-pauvre ;
mais, à mesure qu'il pénètre plus avant dans l'épaisseur
des tissus, ce liquide dissout diverses substances tenues
en réserve dans les cellules et provenant d'un travail
antérieur. Par une saignée pratiquée à la tige, on obtient
donc souvent, non ce que les racines ont réellement
absorbé, mais bien une sève enrichie des produits trouvés sur son trajet, de sucre notamment. C'est ainsi qu'un
érable de l'Amérique du Nord laisse écouler des entailles
faites à son tronc un liquide à saveur très-douce, d'où
l'on retire du sucre par évaporation. C'est ainsi encore
que divers palmiers, dont on ampute le gros bourgeon
terminal, pleurent une sève sucrée, qui, fermentée, donne
le *vin de palme*, et distillée après fermentation, l'eau-
de-vie nommée *arrack*.

Le liquide puisé dans le sol arrive, par conséquent,
aux feuilles déjà modifié ; il contient, en outre des principes fournis par la terre, ceux que lui ont cédés les tissus
parcourus dans son ascension. Néanmoins ce n'est pas
encore un fluide nourricier ; pour le devenir, cette *sève
brute* ou *sève non élaborée* doit subir, dans les feuilles,
d'abord une évaporation qui lui enlève l'eau en excès, et
enfin des remaniements chimiques qui lui donnent des
propriétés toutes nouvelles. Je vous ai déjà parlé de l'évaporation ; reste l'acte chimique des feuilles, le plus remarquable de tous ceux qu'accomplit la chimie des êtres
vivants.

XXI

Chimie des êtres vivants.

Une mésaventure de mon ami. — Éléments ou corps simples. — Analyse du pain. — Les éléments sont les mêmes pour les substances organiques et les substances minérales. — Éléments fondamentaux des êtres vivants. — Directement ou indirectement la plante nourrit l'animal. — La plante associe les éléments en matériaux organiques.

Il me souviendra toujours de quelle rude manière un mien ami fut éconduit par un cuisinier de renom. Un jour de gala, il trouva l'artiste aux sauces en méditation gastronomique devant ses fourneaux. Face épanouie, menton à cascades, nez florissant, flanqué de bourgeons, ventre majestueux, serviette retroussée sur la hanche, toque de percaline : tel était l'homme. Les casseroles bruisaient doucement sur les fourneaux. Par la jointure des couvercles, des bouffées s'exhalaient délicieusement odorantes et sapides. On eût dîné rien qu'à les respirer. L'âtre flambait devant la poularde truffée et le dindonneau chamarré d'aiguillettes de lard. A côté, la grive grassouillette et aromatisée de genièvre distillait ses entrailles sur la tartine beurrée.

— Eh bien! fit mon ami après les compliments d'usage, à quel chef-d'œuvre en sommes-nous ?

— Râble de lièvre au coulis de vanneaux, répliqua l'artiste en se léchant le doigt avec les signes d'une profonde satisfaction ; et il souleva le couvercle d'une casserole. Aussitôt, dans la salle, un fumet se répandit à éveiller chez les plus sobres le démon de la sensualité.

Mon ami loua fort, puis :

— Vous êtes habile, tous en conviennent, dit-il ; mais parbleu, la belle affaire que de cuisiner bon avec de bonnes choses, que de faire un excellent rôti avec une poularde, un mets de haut goût avec un coulis de vanneaux! L'idéal du métier serait d'obtenir le rôti et le contenu de cette casserole, dont vous êtes justement fier, sans poularde, sans râble de lièvre et sans vanneaux. Le précepte : « Pour faire un civet de lièvre, prenez un lièvre » est trop exigeant. Ne prend pas de lièvre qui veut. Il serait mieux de prendre autre chose de très-commun, à la portée de tous, et d'obtenir tout de même le civet.

Le cuisinier était ahuri, tant mon ami parlait avec un air de sincère conviction.

— Un vrai civet de lièvre sans avoir de lièvre, un vrai rôti de poularde sans avoir de poularde ? Et vous feriez cela, vous ?

— Non, pas moi : je n'ai pas, tant s'en faut, l'habileté voulue. Mais enfin, je sais quelqu'un qui le fait, et auprès duquel vous et vos confrères n'êtes encore que d'ineptes tricoteurs.

La prunelle du cuisinier s'alluma d'un éclair : l'amour-propre de l'artiste était blessé au vif.

— Et qu'emploie-t-il, s'il vous plaît, votre maître parmi les maîtres, car je suppose qu'il ne tire pas ses poulardes de rien ?

— Il fait usage d'assez pauvres ingrédients. Voulez-vous le voir ? Les voici au complet.

Mon ami sortit trois fioles de sa poche. Le cuisinier en prit une. Elle contenait une fine poussière noire. L'artiste aux coulis palpa, goûta, flaira.

— C'est du charbon, fit-il ; vous me la donnez belle. Vos poulardes au charbon doivent être fameuses ! Voyons la seconde fiole. C'est de l'eau, ou je me trompe fort.

— C'est de l'eau, en effet.

— Et la troisième ? Tiens, il n'y a rien.

— Si, il y a quelque chose ; de l'air.

— Va pour de l'air. Dites donc : ça ne doit pas être lourd à l'estomac, vos poulardes à l'air. Parlez-vous sérieusement ?

— Très-sérieusement.

— Vrai ?

— Tout ce qu'il y a de plus vrai.

— Votre artiste fait ses poulardes avec du charbon, de l'eau, de l'air, et rien de plus ?

— Oui.

Le nez du cuisinier tournait au bleu.

— Avec de l'eau, du charbon et de l'air, il ferait cette brochette de tourdes ?

— Oui, oui !

Du bleu, le nez passait au violet.

— Avec du charbon, de l'air et de l'eau, il ferait ce pâté de foie gras, cette étuvée de pigeons ?

— Oui, cent mille fois oui !

Le nez montait à sa dernière phase, il devenait cramoisi. La bombe éclata. Le cuisinier se crut devant un maniaque qui se moquait de lui. Il prit mon ami par les épaules et le mit à la porte en lui jetant aux jambes les trois fioles à poulardes. Le nez irascible redescendit par degrés du cramoisi au violet, du violet au bleu, du bleu au ton normal, mais la démonstration de la poularde au charbon, à l'air et à l'eau, resta inachevée. Je vais la reprendre pour vous, mon cher enfant, afin de préciser certaines notions peu familières à votre âge.

La chimie ramène toute substance terrestre soit d'origine organique, soit d'origine minérale, à une soixantaine de substances primordiales qu'elle qualifie d'*éléments* ou *corps simples*, indiquant par là que les moyens de décomposition en son usage n'ont sur elles aucun effet. Si par une série d'opérations descendant du complexe au simple, elle retire du soufre, ou du phosphore, ou du charbon par exemple, du suc d'une plante, de la chair d'un animal, d'un minerai extrait du sein de la terre, la chimie s'arrête à cet échelon de simplification, convaincue, par une longue expérience, que l'énergie de ses acides, la violence de ses fourneaux et toutes les forces lentes ou soudaines, calmes ou brutales, qu'elle sait appeler à son aide, n'ont plus désormais de prise sur la substance qu'elle vient d'obtenir. Elle reconnaît son impuissance à poursuivre la décomposition plus loin en appelant *corps simples* le phosphore, le soufre, le charbon et les autres. Les corps simples aujourd'hui connus sont au nombre de soixante-cinq. Cinquante d'entre eux possèdent un éclat particulier, appelé état métallique; ce sont les métaux, parmi lesquels je me bornerai à vous citer le fer, le cuivre, le plomb, l'or, l'argent. Les quinze autres sont dépourvus de cet éclat; ce sont les métalloïdes, dont les plus importants sont l'oxygène, l'hydrogène, l'azote, matières gazeuses, le charbon, le soufre et le phosphore, matières solides.

Pour dresser ce relevé, la chimie a tout exploré : l'atmosphère et ses gaz et ses vapeurs, les océans et les composés salins qu'ils tiennent en dissolution, le sol et ses richesses minérales ; les profondeurs inaccessibles des entrailles de la Terre, déversant au dehors leur contenu par les bouches volcaniques ; la plante et l'animal, merveilleux laboratoires où la vie groupe les éléments sous les formes les plus savantes. Aussi, dans le domaine de la Terre, la matière n'a plus de secrets pour la chimie. Tout corps terrestre, n'importe son origine, sa fonction, ses propriétés, ses apparences, se résout toujours par sa décomposition en quelques-uns des soixante-cinq éléments connus. Minéral, plante, animal, tout enfin, absolument tout, est composé de ces matériaux élémentaires, et par l'analyse se résout en ces matériaux isolés.

Pour celui qui n'est pas déjà familiarisé avec ces idées, un étonnement profond est la conséquence ordinaire du dire de la chimie, affirmant que tout se résout en quelques-uns des soixante-cinq corps simples connus. Qu'une pierre, n'importe laquelle, soit ramenée à des métaux et à des métalloïdes, on l'admet sans peine : c'est un minéral décomposé en d'autres matières minérales. Mais que le pain, la chair, les fruits, et les mille substances que l'animal et la plante fournissent se ramènent aux mêmes corps simples que les minéraux, cela ne s'admet pas sans une certaine hésitation. La chose est grave. Il convient de s'y arrêter un moment, pour entrevoir au moins que

l'affirmation de la chimie est fondée. Prenons pour
exemple le pain. Que contient-il en corps simples ? Sans
entrer dans le détail difficultueux de sa composition,
nous pouvons affirmer du moins qu'il renferme du charbon, et beaucoup. Mettons un morceau de pain sur un
poêle rouge. Le pain se grille, noircit. Si nous attendons
assez, à la fin ce n'est plus que du charbon. Ce charbon
provient du pain, c'est tout clair ; et comme l'on ne peut
donner que ce que l'on a, le pain, qui donne du charbon,
en avait au début, mais dissimulé par sa combinaison
avec d'autres choses qui nous empêchaient de le voir.
Ces autres choses sont parties, chassées par la chaleur ;
et le charbon, dépouillé de son entourage, apparaît noir,
craquant, en vrai charbon qu'il est. Le pain, si blanc, si
savoureux, si nourrissant, contient donc du charbon,
tout noir, sans saveur, immangeable. Au-dessus de la fumée que répand le pain en voie de se griller, nous expo-
sons une lame de verre ; et cette lame ne tarde pas à se
couvrir d'une fine rosée, absolument comme si l'on avait
soufflé dessus son haleine humide. Cette eau provient de
la fumée, et celle-ci du pain. Le pain renferme donc de
l'eau, ou plutôt les éléments de l'eau, qui sont l'oxygène
et l'hydrogène. — La pâte a été salée. Il y a alors dans le
pain du sel marin ; et celui-ci est composé d'un métal,
le sodium, associé à un métalloïde gazeux, le chlore, fort
dangereux à respirer. En nous bornant là, voilà donc
qu'avec une bouchée de pain nous mangeons pour le
moins un métal et quatre métalloïdes. Dans ce nombre
de corps simples, il y en a d'inoffensifs : le carbone,
l'oxygène, l'hydrogène ; mais il y en a de bien redoutables une fois isolés : le sodium et le chlore. En trouvant
dans le pain, aliment par excellence, deux substances mortelles par elles-mêmes, vous devez entrevoir déjà combien
l'association chimique modifie les propriétés premières
des corps. Par la combinaison, ce qui était poison devient
parfois salubre ; comme aussi, dans d'autres cas, ce qui
était salubre isolé devient poison par l'association. Inu-

tête de poursuivre plus loin, la conviction doit commencer à se faire : tout dans la nature organique, aussi bien que dans la nature minérale, est composé des mêmes éléments.

Dans l'animal et dans la plante ne se trouve donc aucun élément qui n'appartienne au domaine du minéral ; la matière vivante et la matière brute ont les mêmes métaux et les mêmes métalloïdes. Pour ses ouvrages, la vie emprunte ses matériaux au règne minéral et les lui rend tôt ou tard, car tout en provient chimiquement et tout y revient. Ce qui est aujourd'hui substance minérale peut devenir un jour, par le travail de la végétation, substance vivante, feuille, fleur, fruit, semence ; comme aussi ce qui est constitué en un animal, en une plante, sera certainement, dans un avenir peu éloigné, substance minérale, que la vie pourra reprendre pour de nouveaux ouvrages, toujours détruits et toujours renouvelés. Les éléments chimiques constituent le fonds commun des choses, où tout puise, où tout rentre, sans qu'il y ait jamais ni perte ni gain d'un atome matériel ; ils sont la substance première sur laquelle travaillent indistinctement, suivant les lois qui leur sont propres, et les forces chimiques et la vie.

Le charbon, carbone des chimistes, se trouve dans tous les composés de la nature vivante ; il est par excellence l'élément organique. Aussi toute substance animale ou végétale, soumise à l'action de la chaleur, se carbonise, c'est-à-dire dégage ses autres éléments à l'état de composés volatils, et laisse du charbon pour résidu. Le pain trop grillé est devenu du charbon; autant en feraient la chair, la fécule, le sucre, le fromage et toute substance enfin fournie par la plante ou par l'animal. Au carbone s'associe l'hydrogène pour former quelques essences, la gomme élastique et d'autres composés. Si l'oxygène prend part à l'association de l'hydrogène et du carbone, il en résulte la grande majorité des composés organiques, tels que le sucre, l'amidon, la matière ligneuse, les acides

des végétaux, les matières grasses. Enfin, l'azote complète la série des éléments qui jouent le plus grand rôle dans les produits chimiques de la vie. On le trouve dans la fibrine, principe de la chair musculaire et de la farine; dans la caséine, principe du lait et de quelques semences, comme les pois ; dans l'albumine ou blanc d'œuf, composé fréquent dans les liquides végétaux, notamment dans la séve.

Le carbone, l'hydrogène, l'oxygène et l'azote pourraient, à juste titre, porter la dénomination d'*éléments organiques*, car on les trouve dans toute substance d'origine animale ou d'origine végétale, associés deux à deux, trois à trois, ou tous les quatre ensemble. Les autres éléments de la chimie minérale peuvent intervenir aussi dans les composés organiques, mais d'une manière bien moins générale et pour ainsi dire accessoire. Ainsi le soufre, le phosphore, le potassium, le sodium, le calcium, le fer et autres, font partie, en faibles proportions, de certains composés. Le phosphore et le calcium se trouvent dans les os, le fer, dans le sang, le soufre, dans les œufs ; mais pour une vue d'ensemble, il suffit de considérer les corps organiques comme des associations où entre la série complète ou partielle des quatre éléments fondamentaux, carbone, hydrogène, oxygène et azote.

Revenons maintenant à mon ami éconduit avec ses trois fioles à poulardes. L'une contenait du charbon, l'autre de l'eau, la troisième de l'air. Or l'eau est composée d'oxygène et d'hydrogène, et l'air est un mélange d'oxygène et d'azote. L'ensemble des trois fioles représentait donc la substance primordiale de tout être vivant, et tout ce que le cuisinier préparait pouvait se ramener à du charbon et aux éléments de l'air et de l'eau. N'en déplaise à l'homme aux coulis, mon ami avait réellement dans ses trois fioles les matières premières des poulardes, des étuvées de pigeons, des pâtés de foie gras ; mais pour assembler ces matières en chair et en farine, pour construire le délicieux édifice, l'artiste manquait, le grand artiste dont parlait mon ami. Quel est-il ? La verte cellule des plantes.

Au grand banquet des êtres, trois mets seulement sont servis, accommodés d'une infinité de manières. Depuis le gourmet qui dîne des richesses gastronomiques des cinq parties du monde, jusqu'à l'huître qui fait ventre d'un peu de glaire apporté par le flot, depuis le chêne qui suce de ses racines l'étendue d'un arpent, jusqu'à la moisissure qui s'installe sur un atome de pourriture, tout puisé au même fonds : le charbon, l'air et l'eau. Ce qui varie, c'est le mode de préparation.

Le loup et l'homme, quelque peu loup pour le genre de nourriture et autres choses encore, mangent leur charbon accommodé en mouton ; le mouton broute le sien accommodé en herbe ; et l'herbe.... C'est ici la grande affaire qui établit reine de ce monde la cellule végétale et lui assujettit et le loup et le mouton et l'homme. Dans la chair, l'estomac de l'homme et celui du loup trouvent le charbon, l'air et l'eau associés, sous un petit volume, en mets de haute valeur nutritive ; dans l'herbage, l'estomac du mouton les trouve aussi savamment préparés, moins savoureux, il est vrai, et de plus grand volume. Mais la plante, qui fait la chair du mouton, comme celle-ci fait la chair de l'homme, sous quelle forme mange-t-elle sa part de charbon, d'air et d'eau ?

Elle la consomme au naturel, ou peu s'en faut. La cellule verte, estomac d'une miraculeuse puissance, digère le charbon, s'abreuve d'air et d'eau ; et de ces trois choses, dont tout autre qu'elle ne voudrait pas, compose le brin d'herbe, qui transmet au mouton l'eau, le charbon et l'air groupés désormais sous forme nutritive. Le mouton reprend en sous-œuvre la préparation fondamentale de la plante, l'améliore un peu, à peine, et s'en fait de la chair, qui, finalement, par une retouche des plus simples, devient chair d'homme ou chair de loup suivant le consommateur.

Dans cette succession de mangeurs et de mangés, à qui le travail le plus méritoire ? L'homme emprunte les matériaux de son corps au mouton, qui les renferme tout préparés ; le mouton les extrait de la plante, où ils sont déjà très-dégrossis ; la plante seule puise à la source première. Elle mange l'immangeable ; elle se nourrit de charbon, d'air et d'eau, et, par un travail transcendant, les convertit en substances alimentaires dont l'animal doit hériter. C'est donc la plante, en définitive, qui assemble le carbone, l'oxygène, l'hydrogène et l'azote en matériaux organiques, et tient ainsi table ouverte aux populations de la terre.

XXII

Décomposition de l'acide carbonique par les plantes.

Combustion du charbon. — Gaz carbonique. — Sa production dans la respiration des animaux. — Quantité de charbon brûlée par la respiration de l'homme. — Production du gaz carbonique par la décomposition des matières organiques. — Quantité de gaz carbonique déversée dans l'atmosphère — Assainissement de l'atmosphère par les plantes. — Décomposition du gaz carbonique par les végétaux. — Expériences diverses. — Expériences avec les conserves. — Rôle des végétaux aquatiques. — Nécessité des rayons solaires. — Nécessité de la chlorophylle. — Végétaux parasites non colorés en vert. — Parasitisme des orobanches.

Le charbon destiné à la nourriture de la plante doit être préalablement fluidifié, dissous, afin de pouvoir pénétrer jusque dans les tissus les plus délicats de l'organisation végétale. Or le dissolvant du charbon, c'est l'un des éléments de l'air, l'oxygène. Examinons cela de près, la chose en vaut la peine.

On allume une pelletée de charbon. Le charbon prend feu, devient rouge et se consume en dégageant de la chaleur. Bientôt il ne reste plus qu'une pincée de cendres, d'un poids insignifiant par rapport au poids primitif. Ces cendres proviennent des matières minérales, sels de potasse et de chaux notamment, que les racines puisent dans le sol avec l'eau de la séve ascendante. Étant incombustibles, elles ont résisté à l'action du feu ; tandis que le charbon, matière combustible, a totalement disparu. Si le charbon retiré des végétaux n'était pas accompagné de ces matières minérales, soumis à la combustion il ne laisserait rien ; tout se dissiperait. Brûler, ce n'est donc pas réduire en cendres, comme on le dit habituellement. Dans la combustion, les cendres ne sont qu'un résidu provenant des impuretés du combustible. Il n'y a plus de cendres si le charbon est pur.

Qu'est donc devenu le charbon, après la combustion ? Il s'est consumé, me direz-vous ; il s'est brûlé. D'accord ; mais se consumer, serait-ce se réduire à néant ? Le charbon, une fois brûlé, n'est-il plus rien, absolument plus rien ? Si tel est votre avis, je vous apprendrai, mon cher enfant, qu'en ce monde rien ne s'anéantit. Essayez d'anéantir un grain de sable. Vous pourrez l'écraser, le mettre en poudre impalpable ; mais le réduire à rien, jamais. Le chimiste, avec tout son arsenal de drogues et d'appareils, ne l'anéantirait pas davantage. Il le fondra au feu de ses fourneaux, il le dissoudra dans des liquides, il le réduira en vapeurs invisibles ; en l'associant avec ceci ou cela, il lui donnera tel aspect, telle couleur, telle manière d'être ; mais en dépit de toutes les violences, la matière du grain de sable existera toujours. Néant et hasard, ces deux grands mots que nous employons à tout propos, en réalité ne signifient rien. Tout obéit à des lois ; tout persiste, indestructible.

Le charbon consumé n'est donc pas anéanti. Il est dans l'air, en dissolution, sous un état invisible. Vous mettez un morceau de sucre dans de l'eau ; le sucre se fond, se dissémine dans le liquide et cesse dès lors d'être visible aux regards les plus perçants. Ce sucre invisible n'en existe pas moins. La preuve, c'est qu'il a communiqué à l'eau une propriété nouvelle, le goût sucré. Ainsi fait le

charbon : par la combustion, il se dissout dans l'oxygène
de l'air et devient invisible.

La dissolution qui se fait dans nos foyers d'une manière violente, avec production d'une forte chaleur, n'est
pas la seule manière dont le charbon se consume. Un
morceau de bois abandonné aux intempéries brunit à la
longue, perd peu à peu sa consistance et tombe enfin en
poudre. Eh bien! cette décomposition est de tous points
comparable à celle qui se passe dans un fourneau. C'est
encore une combustion, mais si lente, qu'il n'y a pas de
chaleur sensible. Ainsi brûlé avec une extrême lenteur
par le contact de l'air, un tronc d'arbre finit par se réduire à quelques poignées de terre, comme le charbon
des fourneaux se réduit à un peu de cendres. Même résultat pour toute matière végétale ou animale en
décomposition. Toute chose qui se pourrit se consume,
c'est-à-dire dissout lentement son charbon dans l'air.

L'animal, une fois mort, se dissipe donc peu à peu dans
l'atmosphère en charbon invisible. A l'état de vie, il est
encore une source continuelle de charbon dissous. Tous
les animaux respirent, c'est-à-dire admettent dans l'intérieur de leur corps une certaine quantité d'air, d'instant
en instant renouvelée, dont la mission est d'entretenir la
chaleur de la vie en brûlant du charbon fourni par les
aliments. Pour produire de la chaleur, qui devient mouvement et travail mécanique, la machine animale brûle
du charbon tout comme la machine industrielle. Pas une
fibre ne remue en nous qui n'amène une dépense
proportionnelle de combustible. Vivre, c'est se consumer, dans l'acception la plus rigoureuse du mot ; respirer, c'est brûler. On a dit de tout temps en style figuré:
le flambeau de la vie. Il se trouve que l'expression fi-
gurée est l'expression de la réalité. L'air, par son oxygène,
consume le flambeau ; il consume pareillement l'animal.
Il fait répandre au flambeau chaleur et lumière ; il fait
produire à l'animal chaleur et travail. Sans air, le flambeau s'éteint ; sans air, l'animal meurt. L'animal est,

sous ce point de vue, assimilable à une machine d'une haute perfection, mise en mouvement par un foyer de chaleur. Il se nourrit et respire pour produire chaleur et mouvement ; il mange son combustible sous forme d'aliments, et le brûle dans les profondeurs de son corps avec l'oxygène de l'air amené par la respiration.

Une fois imprégné de charbon dissous, l'air est rejeté au dehors. De là le double mouvement respiratoire : l'inspiration, qui amène de l'air pur dans le corps ; l'expiration, qui en chasse l'air saturé de charbon. Ainsi la combustion d'un tison dans l'âtre, la décomposition putride d'un cadavre, la respiration animale, sont, en dernière analyse, des phénomènes du même ordre. C'est, dans les trois cas, une dissolution de charbon dans l'oxygène de l'air, dissolution accompagnée de plus ou moins de chaleur. Se consumer, respirer, pourrir, chimiquement sont synonymes.

En s'imprégnant de charbon, la partie respirable de l'air, l'oxygène, acquiert de nouvelles propriétés. C'est alors un gaz redoutable, nommé par les chimistes acide carbonique. Subtil comme l'air lui-même, l'acide carbonique est invisible, impalpable. Il est impropre à la vie, il n'entretient pas la combustion. Plongés dans une atmosphère de gaz carbonique, l'animal meurt, la lampe s'éteint. La raison en est évidente. Le calorifère animal, foyer de la vie, doit être sans relâche alimenté avec de l'air pur, capable de dissoudre dans le corps sa dose de charbon et produire ainsi de la chaleur. Si la respiration ne lui envoie que de l'air impropre à ce travail, de l'air contenant déjà tout le charbon qu'il peut dissoudre, le calorifère ne fonctionne plus, la chaleur tombe et la vie s'éteint. A la flamme de la lampe, il faut de l'air toujours renouvelé, qui maintienne la chaleur en dissolvant sans repos du charbon. S'il ne peut plus en dissoudre, s'il est devenu gaz carbonique, l'air n'entretient plus la combustion et la lampe s'éteint. Flambeau de la mèche imbibée d'huile et flambeau de la vie alimentée de pain.

vivent dans l'air, qui dissout leur charbon, et meurent dans le gaz carbonique, qui ne peut les dissoudre.

En moyenne, nous brûlons par la respiration de 8 à 10 grammes de charbon par heure, ce qui porte à 430 litres environ le gaz carbonique exhalé par une personne en vingt quatre heures. A ce compte, une personne vivant soixante ans en brûle, en nombre rond, de 1000 à 3000 kilogrammes ; et la grande famille humaine, approximativement évaluée à un milliard, en brûle au moins 80000 millions par an. Mis en tas, ce charbon formerait une montagne d'une lieue de tour à la base et de 400 à 500 mètres de haut. Telle est la quantité de combustible nécessaire au calorifère seul de l'homme. Entre nous tous, nous mangeons la montagne ; et, à la fin de l'année, bouffée par bouffée d'acide carbonique, nous l'avons exhalée dans l'air, pour en entamer immédiatement une autre. Combien d'acide carbonique la race humaine seule n'a-t-elle donc pas rejeté dans l'atmosphère, lorsqu'il lui suffit d'une année pour en produire 160 milliards de mètres cubes ! L'esprit s'y perd. Il faut tenir compte aussi de la respiration des animaux qui, ensemble, ceux de la terre ferme et ceux de la mer, doivent consommer une belle montagne de combustible : ils sont bien plus nombreux que nous, ils peuplent les continents et les mers. Que de charbon, mon cher enfant, que de charbon pour l'entretien du feu de la vie ! Et tout cela va dans l'atmosphère, en gaz meurtrier, dont quelques inspirations vous tuent. Ce n'est pas tout encore. Les matières qui brûlent par pourriture, le fumier par exemple, se résolvent en gaz carbonique. Il n'est pas nécessaire que la fumure soit bien forte pour que, d'une terre cultivée, 100 à 200 mètres cubes de gaz carbonique se dégagent par jour et par hect⁐ .. Le bois, le charbon, la houille, que nous brûlons dans nos maisons, dans les puissants foyers de l'industrie surtout, se rendent aussi dans l'air en gaz délétère. Songez à la quantité de gaz carbonique que doit vomir dans l'atmosphère le gueulard d'un fourneau d'usine, où le combustible se met par tombereaux. Songez aux volcans, gigantesques cheminées du brasier souterrain; aux volcans qui, en une seule éruption, en rejettent des quantités devant lesquelles ce qui précède ne compte plus !

Une appréhension vous saisit après semblable relevé. Tout ce qui respire, tout ce qui brûle, tout ce qui fermente, tout ce qui pourrit, exhale du gaz carbonique, qui se répand dans l'atmosphère. Celle-ci, réceptacle de ces mortelles émanations, ne finira-t-elle pas, avec les siècles, par devenir irrespirable ? Nullement : les races animées n'ont rien à craindre sous ce rapport ni dans le présent ni dans l'avenir. L'atmosphère, toujours empoisonnée de gaz carbonique, est toujours assainie; toujours chargée de charbon, elle en est toujours purgée. Et quel est le providentiel assainisseur chargé de la salubrité générale ? C'est la cellule, mon cher enfant, la cellule végétale, qui se nourrit de gaz carbonique pour nous empêcher de périr, et nous en pétrit du pain pour nous faire vivre. Cet air meurtrier, en lequel se résout toute chose devenue cadavre, est l'aliment par excellence de la plante. Pour le miraculeux estomac de la cellule, pourriture c'est nourriture. Des dépouilles délétères de la mort, la vie se reconstitue.

La feuille, vous le savez, est criblée d'une infinité d'orifices, bouches microscopiques que l'on nomme stomates. Par ces orifices, la plante respire, non l'air pur comme nous, mais l'air empoisonné, mortel pour l'animal et salubre pour elle. Elle aspire, par ses myriades de stomates, le gaz carbonique répandu dans l'atmosphère; elle l'admet dans le tissu de ces feuilles, et là, sous l'influence des rayons du soleil, un acte suprême se passe, incompréhensible comme la vie elle-même. Les cellules, stimulées par la lumière, décomposent l'acide carbonique; elles débrûlent (le mot n'est pas dans le dictionnaire, et c'est dommage, car il rend bien l'idée), elles débrûlent le charbon brûlé, elles défont ce qu'avait fait la combustion ; en un mot, elles séparent le charbon de l'oxygène qui lui était associé. Et n'allez pas vous figurer que ce soit chose facile que de ramener à l'état primitif deux substances mariées par le feu, que de débrûler une matière brûlée. Il faudrait au chimiste tout ce qu'il possède d'ingénieux moyens et de drogues brutales pour extraire le charbon du gaz carbonique. Eh bien ! ce travail, qui mettrait en action les plus violentes ressources d'un laboratoire, les cellules vertes l'accomplissent paisiblement, sans effort. En un rien de temps, c'est fait : le charbon et le gaz respirable, l'oxygène, se séparent, et chacun reprend ses propriétés premières.

Dépouillé de son charbon, le gaz redevient ce qu'il était avant de s'associer à lui ; il redevient gaz respirable, apte à entretenir et le feu et la vie. En cet état, il est rejeté par les stomates, pour servir de nouveau à la combustion, à la respiration. Il était entré gaz mortel dans les feuilles, il en sort gaz vivifiant. Il y reviendra un jour avec une nouvelle charge de charbon, il la déposera dans le magasin des cellules, et aussitôt épuré recommencera sa tournée atmosphérique. L'essaim va et vient de la ruche aux champs et des champs à la ruche, tour à tour allégé, ardent au butin, ou bien chargé de miel et regagnant les rayons d'un vol appesanti. L'oxygène est comme l'essaim de la ruche végétale : il arrive aux stomates avec une charge de charbon, butiné dans les veines de l'animal, sur le tison embrasé, sur les matières en putréfaction ; il le cède aux cellules et repart, infatigable, pour de nouvelles récoltes.

Quant au charbon provenant de l'acide carbonique décomposé, il reste dans le tissu des feuilles et entre comme élément dans la sève élaborée ou sève descendante, qui devient sucre, fécule, bois et autres matériaux organiques du végétal. Tôt ou tard, ces matériaux sont décomposés par la combustion lente ou la pourriture, par la combustion rapide, par la nutrition de l'animal, et le charbon redevient acide carbonique, qui retourne dans l'atmosphère, où de nouvelles plantes le puiseront encore pour se nourrir et transmettre à l'animal les substances alimentaires ainsi préparées. Le même charbon va et vient, suivant un cercle invariable, de l'atmosphère à la plante, de la plante à l'animal, de l'animal à l'atmosphère, réservoir commun où tous les êtres vivants puisent, pour quelques jours, la majeure partie des matériaux qui les composent. L'oxygène est son véhicule. L'animal emprunte son charbon à la plante sous forme d'aliment, et en fait du gaz carbonique ; la plante puise dans l'atmosphère ce gaz irrespirable, le remplace par de l'oxygène, et, de son charbon, prépare la nourriture de l'animal. Les deux règnes organiques se prêtent ainsi un mutuel secours : l'animal fait du gaz carbonique, dont la plante se nourrit ; la plante, de ce gaz meurtrier, fait de l'air respirable et des matières alimentaires.

Pour constater la décomposition de l'acide carbonique par les plantes, le moyen le plus simple consiste à

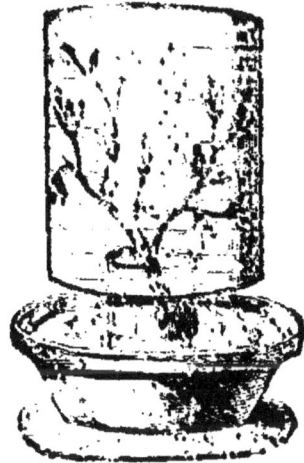

Fig. 109.

opérer sous l'eau, ce qui permet d'observer le dégagement gazeux et de recueillir avec facilité l'oxygène. L'eau ordinaire renferme toujours de l'acide carbonique dissous, et cédé soit par le sol, soit par l'atmosphère ; nous n'avons donc pas à nous préoccuper du gaz. Dans un flacon à large goulot plein d'eau ordinaire, nous introduisons un rameau coupé récemment et couvert de feuilles bien vertes. Une plante aquatique est préférable, parce que l'expérience marche plus vite et plus longtemps. Ainsi préparé, le flacon est renversé dans un vase plein d'eau et finalement exposé aux rayons directs du soleil. Bientôt les feuilles se couvrent de petites bulles aériformes qui gagnent le haut du flacon et s'y amassent en une couche gazeuse. En recueillant ce gaz, on constate qu'une allumette y brûle avec beaucoup plus d'éclat qu'à l'air libre ; à ce caractère se reconnaît l'oxygène. Il faut donc que l'acide carbonique dissous dans l'eau ait été décomposé par les feuilles en ses deux éléments, l'oxygène et le carbone. L'oxygène s'est dégagé, le carbone est resté dans le tissu des feuilles.

Le volume d'oxygène ainsi obtenu dépend du volume d'acide carbonique dissous dans l'eau ; et l'expérience forcément s'arrête quand la faible proportion de ce dernier est épuisée. Par le moyen que nous venons d'employer, on ne peut donc recueillir qu'une très-petite quantité d'oxygène, suffisante néanmoins pour reconnaître la nature du gaz. Mais le travail de décomposition des feuilles est en réalité bien plus actif : si rien ne l'entrave dans ses fonctions, une seule feuille de nénuphar donne, en une journée d'été, près de 300 litres d'oxygène. Vous voyez que les quelques centimètres cubes de gaz obtenus dans notre expérience sont loin d'être la mesure de l'activité chimique de la plante. Renouvelons peu à peu, à mesure qu'elle s'épuise, la provision d'acide carbonique dissous dans l'eau, et nous obtiendrons un plus grand volume d'oxygène. A cet effet, nous répéterons la curieuse expérience imaginée par Decandolle. Dans l'eau d'une même cuvette, on renverse à côté l'un de l'autre deux flacons à large goulot, l'un plein d'acide carbonique, l'autre plein d'eau dans laquelle nage une plante aquatique. Le tout est exposé à la lumière du soleil. Par l'intermédiaire de l'eau qui le dissout, le gaz carbonique du premier flacon passe peu à peu dans le second, à mesure que la plante décompose celui du liquide qui l'entoure. L'eau baignant les feuilles renouvelle ainsi sa provision de gaz dissous, et le travail chimique se poursuit des journées entières. On peut suivre du regard les progrès de la décomposition. Chaque jour on voit l'eau monter un peu plus dans le flacon d'acide carbonique et prendre la place du gaz disparu ; on la voit descendre, au contraire, dans le flacon de la plante, remplacée qu'elle est par l'oxygène dégagé. Si l'expérience est bien conduite, tout l'acide carbonique du premier flacon disparaît, et il s'amasse dans celui de la plante un volume à peu près équivalent d'oxygène.

Ces deux manières d'opérer s'écartent beaucoup de l'état naturel des choses : au lieu d'expérimenter sur des plantes entières, tenant au sol par leurs racines et déployant leur feuillage dans l'air, on opère sur des fragments de plante, sur des rameaux, qui n'ont plus de rapport avec la terre et sont plongés dans l'eau, milieu étranger aux végétaux aériens. Les résultats obtenus dans ces conditions artificielles sont-ils réellement applicables à la végétation normale ? Les recherches entreprises par de récents observateurs ne laissent aucun doute à ce sujet. La première en date et la plus célèbre des expériences faites dans des conditions naturelles est celle de M. Boussingault sur la vigne.

L'illustre chimiste introduisit dans un grand ballon de verre incolore un rameau de vigne en pleine végétation. Le rameau adhérait à la tige mère et portait une vingtaine de feuilles. Le ballon était plein d'air ordinaire, se renouvelant avec une vitesse modérée au moyen d'un appareil aspirateur. L'air atmosphérique, ne l'oubliez pas, contient toujours une certaine proportion de gaz carbonique, dont je vous ai exposé plus haut les principales sources. Eh bien ! l'analyse constatait dans l'air sortant du ballon, après avoir circulé entre les feuilles du rameau de vigne, une proportion d'acide carbonique trois fois moindre que dans l'air y entrant. L'acide carbonique disparu était remplacé par un volume à peu près égal d'oxygène. Il suffisait donc d'un passage même assez rapide sur les feuilles exposées au soleil, pour enlever à l'air atmosphérique les trois quarts de son acide carbonique, décomposer le gaz et lui substituer pareil volume d'oxygène.

Je crains bien, mon cher enfant, que cet outillage de laboratoire, ballons de verre, bocaux renversés, appareils aspirateurs, cuvettes, ne soit pas pour vous d'une parfaite clarté ; simplifions alors l'expérience aux derniers degrés du possible. Rendons-nous à la mare voisine. Là, dans une eau stagnante, vit et prospère une population de têtards, qui se reposent au soleil sur le bord ou gagnent le large et frétillent par bandes ; de mollusques variés, qui rampent lentement sous le couvert de leurs coquilles ; de petits crustacés, qui nagent par bonds en choquant l'eau d'un coup de queue ; de larves, qui se font un étui en menus grains de sable ; de sangsues noires, qui s'embusquent pour happer les passants ; d'épinoches enfin, gracieux petits poissons qui, sur les flancs, portent une épine pour arme. Tous, tant qu'ils sont, respirent de l'oxygène, mais de l'oxygène dissous dans l'eau. Si le gaz vivifiant venait à manquer dans la mare, cette population infailliblement périrait. Un autre danger la menace : le lit des eaux est une vase noire, un amoncellement de matières en décomposition, feuilles pourries, déjections des habitants, animalcules morts. Cette couche de pourriture constamment dégage de l'acide carbonique, tout aussi mortel à respirer pour l'épinoche et le têtard que pour nous. Comment donc l'eau est-elle sans cesse débarrassée du gaz irrespirable et sans cesse enrichie de gaz vivifiant, afin que la population de la mare se conserve et prospère ?

La végétation aquatique remplit cette fonction d'assainissement : elle se nourrit de l'acide carbonique dissous, le décompose aux rayons du soleil et le remplace par de l'oxygène. La pourriture fait vivre la plante, et la plante fait vivre l'animal. Or parmi les espèces végétales préposées à la salubrité des eaux stagnantes, je vous citerai certaines algues, les conferves, délicats filaments verts qui tapissent le fond d'un velours serré ou nagent en flocons gélatineux. Dans un bocal plein d'eau,

mettez une touffe de conferves ; après quelques instants
d'exposition à la lumière directe du soleil, vous verrez la
plante se couvrir d'innombrables petites perles gazeuses.
Ce sont autant de bulles d'oxygène provenant de l'acide
carbonique dissous. Retenues prisonnières sous le réseau
visqueux de l'algue, ces bulles augmentent de volume,
allègent la plante et finissent par la soulever, toute écu-
meuse, jusqu'à la surface. L'expérience ne demande
aucune disposition spéciale : un flocon vert que l'on
dépose dans un verre d'eau exposé au soleil, cela suffit
pour voir fonctionner la fabrique d'oxygène.

L'algue, préparant dans le bocal du gaz respirable, vous
fait assister au travail d'assainissement qui s'accomplit
au sein des eaux. Toutes les productions vertes encom-
brant un bassin, lentilles aquatiques, feutres glaireux,
mousses, conferves, se couvrent au soleil de bulles d'oxygène, qui se dissolvent dans l'eau et la révivifient. C'est
ainsi que par l'intermédiaire de végétaux infimes, l'eau
non renouvelée, loin de devenir un foyer pestilentiel, se
maintient peuplée de nombreuses espèces animales. De
là découle un petit renseignement dont vous ne tarderez
pas à faire votre profit. Que de fois, mon cher enfant,
n'avez-vous pas essayé de conserver des épinoches en
vie dans un bocal ? La tentative a toujours échoué. Dans
l'eau non renouvelée, les petits poissons étaient bientôt
morts ; ils périssaient quand était épuisé, par la respiration, le peu d'oxygène dissous dans l'eau. Voulez-vous désormais réussir ? Mettez dans le bocal un abondant flocon
de conferves. La plante et le poisson se viendront en
aide mutuellement: l'algue fera de l'oxygène à l'épinoche,
l'épinoche fera du gaz carbonique à l'algue, et les deux
prospéreront même dans de l'eau non renouvelée. Enfin
toutes les fois que vous voudrez garder en vie des animaux aquatiques, n'oubliez pas de leur associer leurs indispensables compagnes, les plantes aquatiques.

Deux conditions sont d'une absolue nécessité pour que
la plante décompose le gaz carbonique et dégage de

l'oxygène, ce sont : les rayons directs du soleil et la couleur verte. A la lumière artificielle des lampes si vive qu'elle soit, à l'ombre, et enfin dans l'obscurité, le dégagement d'oxygène n'a pas lieu, l'acide carbonique n'est pas décomposé. Vous pouvez vous en convaincre avec un flocon de conserve dans un verre d'eau. A l'ombre, la plante ne se couvrira jamais de bulles gazeuses, si longtemps que dure l'expérience ; au soleil, elle en donnera rapidement.

Lorsqu'elle n'éprouve pas l'influence directe de la lumière solaire, une plante n'a donc pas d'action sur le gaz carbonique, sa principale nourriture. Alors elle languit affamée, elle s'allonge beaucoup comme pour rechercher la lumière qui lui manque ; son écorce, ses feuilles perdent la coloration verte et pâlissent ; enfin elle périt. Cet état maladif, causé par la privation de la lumière, s'appelle *étiolement*. On le provoque en horticulture pour obtenir du jardinage plus tendre, pour amoindrir et même pour faire disparaître en entier la saveur trop forte et déplaisante de quelques végétaux. C'est ainsi qu'on lie avec un jonc les salades, dont le cœur, privé de lumière, devient blanc et tendre ; c'est ainsi encore qu'on enterre en grande partie le céleri et les cardons, dont la saveur serait insupportable sans ce traitement par l'obscurité du sol. Couvrez le gazon d'une tuile, cachez une plante sous un pot renversé ; en quelques jours d'absence de la lumière, vous les trouverez avec le feuillage maladif et jauni.

En second lieu, les parties vertes des végétaux, les feuilles principalement, sont seules aptes à la décomposition de l'acide carbonique ; les fleurs, les fruits, et les divers organes colorés autrement qu'en vert, sont impropres à ce travail, même sous le stimulant d'une vive lumière. Toute cellule renfermant des grains verts de chlorophylle peut, avec le concours des rayons du soleil, réduire le gaz carbonique en ses deux éléments ; toute cellule qui n'en contient pas est sans efficacité aucune pour cette décomposition. Aux granules chlorophylliens revient donc le rôle chimique de dédoubler le gaz en oxygène et en charbon, rôle très-obscur encore, mais non sans une certaine analogie avec celui des globules du sang chez les animaux. Ces globules, d'une finesse excessive, s'imprègnent d'oxygène en traversant les organes respiratoires ; ils le condensent dans leur masse poreuse et par là même exaltent ses propriétés comburantes. Entraînés en cet état par la circulation, ils cèdent peu à peu leur atmosphère oxygénée aux divers organes baignés par le sang, et brûlent les matériaux vieillis, qui s'exhalent, avec le souffle des poumons, en acide carbonique et vapeur d'eau. Pareillement sans doute, les grains de chlorophylle condensent le gaz carbonique et le présentent au travail de la lumière dans les conditions les plus favorables à son dédoublement. La chimie nous apprend, en effet, que les corps très-divisés sont aptes à provoquer, par leur seule présence, de délicates réactions chimiques, très-difficiles ou même impossibles à réaliser en dehors de leur concours ; il devient alors très-probable que les globules du sang et les granules verts des feuilles doivent leur efficacité chimique à leur état de substance excessivement divisée.

Le principal élément de la plante, le charbon, est fourni par le gaz carbonique, dont la décomposition exige, de toute nécessité, la présence de la chlorophylle dans les cellules. Néanmoins on connaît des végétaux qui naissent, se développent et prospèrent sans avoir le moindre grain vert dans leurs tissus. Telles sont les orobanches, très-fréquentes dans nos pays et parfois fléau de nos cultures. Figurez-vous une tige semblable à une pousse d'asperge, sans rameaux, couverte de grossières écailles, et terminée par une grappe de sombres fleurs. La couleur du tout est le brun virant au rougeâtre ou au jaune. En quelques mots, voilà l'orobanche. Comment donc se nourrissent ces plantes en l'absence des granules chlorophylliens, indispensables pour l'éla-

boration de la séve ? Creusez avec soin la terre au pied
d'une orobanche et vous aurez le mot de l'énigme : vous
trouverez la tige soudée aux racines de quelque plante
voisine. Les orobanches sont parasites : le défaut de coloration verte les mettant dans l'impuissance de retirer
par elles-mêmes du gaz carbonique le charbon qui leur
est nécessaire, elles vivent aux dépens d'autres végétaux,
dont elles détournent la séve à leur profit. Chaque espèce
a sa victime de prédilection : à l'une, il faut le thym; à
une autre, le chanvre ; à d'autres encore, le trèfle, le
lierre, le lin, etc. Si la plante nourricière lui manque, la
plante parasite est dans l'impossibilité absolue de se développer. Semons, par exemple, dans un pot des graines
d'orobanche. Tous nos soins de semis échouent, aucune
semence n'arrive à bien. Recommençons en semant pêle-
mêle des graines d'orobanche et des graines d'une autre
plante appropriée aux goûts de la première, soit de
trèfle. Maintenant tout lève, l'orobanche soude sa tige
aux racines du trèfle, vit de l'acide carbonique décomposé
par son nourricier vert, et prospère tandis que ce dernier
dépérit épuisé.

Parmi les végétaux que le défaut de coloration verte
rend inhabiles au travail de la séve et réduit à vivre en
parasites sur d'autres plantes, je vous citerai la cuscute,
touffe de filaments rougeâtres qui s'enchevêtrent au
chanvre, au thym, au lin, à la vigne ; le sucepin, de couleur jaune, qui s'établit sur les racines des arbres forestiers, du pin en particulier ; la clandestine, à grandes
fleurs pourpres, et dont la tige souterraine et blanchâtre
suce au bord des eaux les racines des aulnes ; le cytinet,
d'un jaune rougeâtre, qui s'implante sur les souches des
cistes. Dans tous, les feuilles sont réduites à des écailles,
aussi grossières que les enveloppes d'un bourgeon.

XXIII

Sève descendante.

Travail chimique des feuilles. — Sève descendante. — Sang des animaux et sève élaborée des végétaux. — Marche descendante de la sève élaborée. — Effets d'une ligature et d'une décortication annulaire. — Applications. — Distribution de la sève dans les diverses parties de la plante. — Formation de nouveaux tissus. — Résumé.

Résumons les détails qui précèdent en un exposé d'ensemble. La sève brute ou ascendante, liquide composé d'une grande quantité d'eau et d'une très-faible proportion de substances nutritives dissoutes, est absorbée dans le sol par les racines et amenée aux feuilles par la voie de l'aubier. Là, s'infiltrant de cellule à cellule, elle se distribue dans l'épaisseur entière du limbe ; et l'eau surabondante, nécessaire au transport des matériaux alimentaires, s'exhale en vapeurs par les orifices des stomates. En même temps que l'évaporation concentre leur contenu, les cellules reçoivent le gaz carbonique puisé dans l'atmosphère. Sous l'influence des rayons du soleil, les grains de chlorophylle dédoublent ce gaz en ses deux éléments. L'oxygène transpire à travers la membrane cellulaire, s'engage dans les tortueux défilés du tissu, parvient aux chambres aériennes et enfin aux stomates, qui le rejettent au dehors avec la vapeur d'eau. Le charbon reste, non isolé et en l'état de poussière noire impalpable, mais aussitôt combiné avec les matériaux de la sève ascendante. La cavité d'une cellule n'est pas simplement un atelier de décomposition, c'est aussi, c'est surtout un laboratoire de recomposition, où la chlorophylle, aidée par le soleil, assemble les éléments sous de nouvelles formes. La métamorphose du charbon est donc immédiate : il trouve dans la cellule, apportés par la sève ascendante, les trois autres éléments organiques, l'oxygène et l'hydrogène de l'eau, l'azote de quelques matières salines, azotates ou sels ammoniacaux ; et s'as-

sociant avec eux, il devient matière à sucre, matière à
fécule, à bois, à fruits, à fleurs, sans passer un seul instant par l'état de vulgaire charbon.

Quel merveilleux, quel incompréhensible travail, mon
cher enfant, que celui d'une feuille ! Entre les rangs
pressés des cellules, où l'on croirait tout en repos,
quelle activité, quelles transformations au-dessus de la
science humaine ! Des liquides gonflent les cellules,
suintent de l'une à l'autre, transpirent, s'infiltrent, circulent, échangent leurs principes dissous ; des vapeurs
s'exhalent, des gaz arrivent, d'autres s'en vont ; la lumière éveille les énergies chimiques et les éléments se
groupent en associations désormais matériaux de la vie.
Le résultat de tout ce travail est la *sève descendante* ou
sève élaborée.

Ce liquide, on ne peut l'appeler ni bois, ni écorce, ni
feuille, ni fleur, ni fruit ; ce n'est rien de tout cela et
c'est un peu de tout cela. Le sang de l'animal n'est ni
chair, ni os, ni toison ; de sa substance cependant se font
os, chair et toison. La sève, elle aussi, est un liquide
propre à tout : elle est matière à fruit et à bois, à feuilles
et à fleurs, à écorce et à bourgeons. Elle est le sang de
la plante ; chaque organe y trouve de quoi se développer, se nourrir. La feuille organise ce liquide informe,
lui donne vie et s'en fait substance de feuille ; la fleur y
prend des matériaux pour son coloris et ses parfums ; le
fruit y puise sa fécule, son sucre, sa gelée ; le bois y
trouve de quoi se faire des fibres, de quoi s'endurcir de
ligneux ; l'écorce y emprunte pour son étui de liége, pour
ses dentelles de liber. Pauvre d'aspect, ce liquide n'est
rien en apparence ; en réalité, c'est tout. Il est la grande
mamelle de la vie. Directement pour les plantes, indirectement pour l'animal, le monde entier s'allaite à ce
courant fécond.

La sève élaborée descend par les couches internes de
l'écorce. Concentré en un petit volume par l'évaporation
des feuilles, ce suc nourricier ne peut donner un copieux

écoulement comme le fait la sève ascendante, presque en entier formée d'un grand volume d'eau ; néanmoins il est facile de constater sa marche de haut en bas à travers l'écorce. Si l'on enlève autour d'une tige une bande annulaire d'écorce, le liquide nourricier suinte et s'amasse au bord supérieur de la plaie, mais rien de pareil n'a lieu au bord inférieur. Ainsi arrêtée par un obstacle infranchissable, la sève s'accumule au-dessus de l'anneau mis à nu et y détermine une abondante formation de tissus, qui se traduisent par un épais bourrelet circulaire, tandis qu'au-dessous de l'anneau la tige conserve son diamètre primitif. Ce bourrelet ligneux, observé dans sa structure interne, présente des amas de fibres et de vaisseaux irrégulièrement contournés, et démontrant par leurs sinuosités que la sève s'est portée dans toutes les directions comme pour trouver une issue et continuer son trajet au delà de l'obstacle.

Une ligature serrée, en comprimant, obstruant les voies que doit suivre le liquide nourricier, provoque la formation d'un semblable bourrelet au-dessus de la ligne d'arrêt. Vous avez pu voir un arbuste, trop étroitement lié au piquet qu'on lui a donné pour appui, s'étrangler par sa propre croissance si l'on oublie de relâcher le lien. Peu à peu la tige se gonfle au-dessus du lacet, qui finalement est débordé par l'écorce et même caché dans son épaisseur. Il n'est pas rare enfin de rencontrer des arbres dont le tronc engagé dans un passage étroit, par exemple dans une fente de rocher, se tuméfie, au-dessus de l'obstacle, en une excroissance difforme. L'arrêt de la sève, en sa marche descendante, vous rend compte de ces faits.

Si tout le tronc n'est pas cerné par l'étranglement, s'il y a quelque part un lambeau d'écorce libre qui serve d'isthme de passage, le suc nourricier prend cette voie en contournant l'obstacle, et poursuit son trajet jusqu'aux racines. L'arbre alors continue à végéter. Mais si la barrière est absolument infranchissable, comme celles d'une ligature solide ou d'un anneau d'écorce enlevé, la séve ne peut descendre jusqu'aux racines pour les nourrir ; et celles-ci dépérissant, la mort de l'arbre est prochaine.

Un premier enseignement résulte de ces notions sur la marche des sucs nourriciers dans les végétaux. Désormais quand vous fixerez une plante à son tuteur, vous aurez soin de ne pas faire la ligature trop serrée, ou bien de la relâcher à temps, sinon vous exposeriez la tige à un étranglement qui lui serait fatal. Un second enseignement est relatif aux boutures et aux marcottes. Certains végétaux n'émettent que difficilement des racines adventives, et par conséquent sont rebelles aux procédés de multiplication par bouturage ou marcottage. Voulez-vous amoindrir la difficulté, voulez-vous favoriser l'apparition des racines : ayez recours à l'artifice que voici. Sur le rameau qu'il s'agit de faire enraciner, enlevez un anneau d'écorce, ou bien pratiquez une ligature serrée, et mettez en terre la partie ainsi traitée. Au bord supérieur de la plaie ou bien au-dessus du lien, la séve nourricière s'amasse sans pouvoir se propager au delà. Cet excès de matériaux nutritifs se dépense en formations nouvelles, qui se résolvent, à la faveur du sol, en paquets de racines adventives, au lieu de devenir un simple bourrelet.

La ligne d'arrêt de la séve est tellement prédisposée à l'enracinement, qu'elle peut émettre des racines adventives même à l'air libre, pour peu que l'humidité de l'atmosphère s'y prête. A une faible distance de son extrémité inférieure, enlevons, sur une bouture, une bande annulaire d'écorce, et mettons le plant en terre sans l'enfoncer jusqu'à la portion dénudée. Dans ces conditions, les racines adventives n'apparaissent pas à leur place habituelle, le bout inférieur entouré de terre humide ; elles naissent à l'air libre, au bord supérieur de la plaie, et descendent s'enfoncer dans le sol. Si la décortication est incomplète et laisse en place une bande longitudinale d'écorce reliant les deux bouts de la plaie, la séve continue son trajet par cette voie, et les racines ad-

ventives naissent au bout enterré de la bouture, absolument comme si le rameau avait été laissé dans son état
naturel.

La propagation des sucs nourriciers suit une marche
descendante à travers les tissus de l'écorce, comme nous
venons d'en avoir les preuves ; néanmoins de cette direction générale en dérivent d'autres secondaires qui amènent la sève aux divers organes, tantôt remontant le
courant principal, tantôt le croisant. Bourgeons, feuilles,
jeunes rameaux, tissus en formation, tout reçoit ainsi
sa part de matériaux nutritifs. Une partie de la sève
transpire entre le bois et l'écorce, et par une élaboration
plus avancée, devient cette sorte de bois fluide, le *cambium*, qui chaque année donne une nouvelle couche
d'aubier et une nouvelle couche de liber ; une autre
partie s'emmagasine dans les vaisseaux laticifères, sous
forme de liquide opaque et coloré, appelé *latex* ou *suc
propre* ; enfin, ce qui reste parvient aux racines, où se
fait une active dépense de sève pour la formation continuelle de jeunes tissus aptes à l'absorption par endosmose. Là se termine le mouvement circulatoire, pour
recommencer sans interruption avec les matériaux que
le sol fournit. Partie des racines à l'état de liquide brut
puisé dans la terre, la sève monte par la voie de l'aubier,
arrive aux feuilles, qui la travaillent sous l'influence chimique des rayons solaires, lui associent le carbone venu
de l'atmosphère, et en font un suc nourricier ; elle
descend alors par la voie de l'écorce, se distribuant aux
divers organes, et revient enfin à son point de départ, les
racines.

XXIV

Respiration des plantes.

La vie s'entretient par une continuelle combustion. — Double échange gazeux entre les végétaux et l'atmosphère. — Échange relatif à la respiration. — Résultat général pour la composition de l'atmosphère. — Siège de la respiration végétale. — Quantité d'oxygène consommée par les fleurs. — Chaleur produite par la respiration des végétaux. — Chaleur dégagée par certaines atmosphères. — Phosphorescence animale. — Phosphorescence des végétaux. — Agonie de l'olivier.

Dans tout être organisé, dans la plante aussi bien que dans l'animal, la vie s'entretient par une continuelle destruction, par une combustion lente au moyen de l'air vital ou oxygène. Pour être vivante, la matière doit être sans cesse consumée et sans cesse renouvelée. Rappelez-vous, mon cher enfant, cette belle expression dont nous nous sommes déjà servis : le flambeau de la vie. Pour donner lumière et chaleur, pour être en quelque sorte vivante, la lampe doit sans relâche consumer sa substance, son huile, et sans relâche la renouveler dans la flamme. Ainsi de la vie, cette merveilleuse lampe, qui s'allume à la naissance et s'éteint à la mort. La nutrition renouvelle la substance disparue, la respiration consume la substance acquise, et de leur perpétuel conflit résulte l'activité de l'être vivant. Vivre, c'est se consumer, vous ai-je dit au sujet des animaux ; vivre, c'est se consumer, vous dirai-je encore au sujet des plantes. Pas une fibre ne fonctionne en elles, pas une cellule n'accomplit son travail, sans une perte de substance cédée au gaz vivifiant. Les plantes respirent comme les animaux : l'oxygène de l'air pénètre dans leurs tissus, y entretient l'excitation de la vie en brûlant leur charbon, et devient acide carbonique qui s'exhale dans l'atmosphère. Il y a de la sorte entre les végétaux et l'atmosphère un double échange gazeux, l'un relatif à la nutrition, qui renouvelle la substance, l'autre relatif à la respiration, qui la détruit.

Dans le premier, l'atmosphère fournit à la plante du

gaz carbonique, qui se dédouble en ses deux éléments à la faveur des rayons solaires ; et la plante fournit à l'atmosphère l'oxygène provenant de cette décomposition. Cet échange n'est pas continu mais périodique ; il ne s'accomplit que sous l'influence de la lumière du soleil, il cesse totalement la nuit ou même à l'ombre. Enfin il a pour siège les seules parties vertes de la plante, les seules cellules à grains de chlorophylle ; les divers organes colorés autrement qu'en vert ni de jour ni de nuit n'y prennent jamais part. Le résultat dominant de ce travail organique est l'apport du charbon, nécessaire pour l'élaboration finale de la sève. C'est donc là un acte de nutrition, c'est-à-dire d'entretien et non de dépense ; néanmoins l'usage est d'appeler respiration des plantes la fonction dévolue aux parties vertes, aux feuilles surtout, d'absorber du gaz carbonique et d'exhaler de l'oxygène. Les premiers observateurs, en ne distinguant pas les deux ordres d'idées, nous ont légué cette expression vicieuse, qu'il convient d'éviter pour ne pas amener une regrettable confusion.

Puisque respirer, c'est dépenser sa substance pour l'entretien de la combustion vitale, j'appellerai *respiration des plantes* le second échange gazeux entre les végétaux et l'air. Ici l'atmosphère fournit à la plante de l'oxygène, qui lentement consume les tissus et entretient ainsi leur vitalité ; la plante fournit à l'atmosphère l'acide carbonique qui résulte de cette combustion. L'échange respiratoire est donc exactement l'inverse de l'échange nutritif. Il est en outre continu et non périodique et subordonné à la présence du soleil. De nuit comme de jour, dans une profonde obscurité comme à la lumière, la plante respire : elle absorbe de l'oxygène, elle rejette du gaz carbonique ; elle se comporte enfin comme l'animal, dont la respiration peut s'accélérer ou se ralentir mais ne s'arrête jamais tant que la vie est présente. Toutes les parties de la plante indistinctement, vertes ou non vertes, aériennes ou souterraines, consomment de l'oxygène. Il en faut aux feuilles, il en faut aux racines, à la graine qui germe, à la fleur qui s'épanouit, aux semences qui mûrissent, au bourgeon qui se développe, au tubercule qui alimente ses pousses. En l'absence de ce gaz, la vie végétale s'éteint, comme s'éteint la vie animale. Une plante meurt dans une atmosphère d'acide carbonique, sa principale nourriture cependant ; elle périt dans tout milieu dépourvu d'oxygène, ou non suffisamment pourvu. Aussi pour les expériences relatives au travail chimique des feuilles, faut-il, si l'on opère sous l'eau, se servir d'eau ordinaire, contenant à la fois de l'air et de l'acide carbonique dissous ; et si l'on opère dans un milieu gazeux, faut-il faire arriver sur les feuilles, non de l'acide carbonique seul, mais de l'air contenant quelques millièmes de ce gaz. Avec insuffisance d'oxygène et surabondance d'acide carbonique, la plante expérimentée dépérirait.

En résumé, l'acte nutritif, dont le résultat est l'apport du carbone dans la plante, consiste en une absorption d'acide carbonique et un dégagement d'oxygène. Ce travail appartient aux seules parties vertes, aux feuilles principalement, et ne s'accomplit que sous l'influence des rayons directs du soleil. L'acte respiratoire, dont le résultat est l'entretien de l'activité végétale par une combustion lente et continue des tissus, consiste en une absorption d'oxygène et un dégagement d'acide carbonique. Ce travail s'effectue dans toutes les parties indistinctement, quelle que soit leur coloration, et se poursuit dans l'obscurité aussi bien qu'en pleine lumière. De là résultent dans l'atmosphère des effets exactement inverses. D'un côté l'air s'épure de son acide carbonique et s'enrichit en oxygène, de l'autre il s'appauvrit en oxygène et gagne en acide carbonique. Mais le travail des parties vertes aux rayons du soleil est incomparablement plus actif que celui de la combustion vitale ; il entre dans la plante baignée de lumière plus d'acide carbonique qu'il n'en sort, il s'exhale plus d'oxygène qu'il ne s'en consomme ; de sorte que, pendant le jour, l'action des végétaux sur l'atmosphère se traduit par un gain en oxygène et une diminution en acide carbonique. Pendant la nuit, en l'absence du stimulant chimique de la lumière, le travail de la chlorophylle est suspendu, mais celui de la respiration se poursuit, consommant de l'oxygène et déversant de l'acide carbonique en échange. Dans l'obscurité, les végétaux sont donc, pour l'air atmosphérique, une cause d'accroissement de sa partie irrespirable et de décroissement de sa partie respirable ; ils vicient l'atmosphère comme le font les animaux. Si nous considérons dans leur ensemble ces échanges gazeux entre les végétaux et l'air, et si nous les désignons en bloc, d'après l'usage, sous le nom de respiration, sans tenir compte des deux fonctions bien différentes accomplies en réalité, nous dirons donc : la respiration diurne des plantes purifie l'atmosphère, elle augmente la proportion d'oxygène et diminue celle d'acide carbonique ; la respiration nocturne la vicie au contraire, elle diminue la proportion d'oxygène et augmente celle d'acide carbonique. Mais la balance est largement en faveur de l'effet diurne : le travail de décomposition des feuilles domine, quoique de moindre durée, le travail inverse de l'oxygénation vitale. A surface égale et dans le même temps, le feuillage du laurier-rose, par exemple, décompose au soleil seize fois plus d'acide carbonique qu'il n'en dégage dans l'obscurité. Le résultat général de la végétation est ainsi de l'oxygène en plus dans l'atmosphère et de l'acide carbonique en moins ; de sorte que la salubrité aérienne, toujours troublée par la vie de l'animal, est toujours rétablie par la vie de la plante.

Mais laissons les fonctions de la chlorophylle, dont nous avons déjà suffisamment étudié la haute importance dans l'harmonie des êtres organisés, et revenons à la respiration véritable, celle qui consiste en une absorption d'oxygène et un dégagement d'acide carbonique.

Toutes les parties de la plante indistinctement respirent, parce que la vie de la moindre cellule ne saurait se maintenir sans une incessante oxygénation ; néanmoins, le travail respiratoire est, en général, beaucoup plus actif dans les organes non colorés en vert. Faible dans les feuilles, l'écorce, les racines, les tissus ligneux, l'absorption d'oxygène acquiert en certains points une intensité comparable à celle qu'exige l'entretien de la vie chez les animaux. La graine au moment où elle germe, le bourgeon quand il se gonfle pour rejeter ses enveloppes, la fleur surtout à l'époque de l'éveil de la vie dans le fruit, rivalisent avec l'animal pour l'activité respiratoire. En vingt-quatre heures, une fleur de giroflée consomme 11 fois son volume d'oxygène, une fleur de courge 12 fois, une fleur de passiflore 18 fois ; dans le même temps, une feuille de cette dernière plante n'en consomme que 3 fois son volume. Cette dépense considérable d'oxygène, remplacé par un volume égal de gaz non respirable, acide carbonique, rend compte du malaise que l'on éprouve dans un appartement clos où l'on a réuni des fleurs en grand nombre. L'atmosphère viciée par l'active respiration des fleurs, et en outre imprégnée de leurs émanations odorantes, peut aller jusqu'à provoquer de graves accidents. Enfin, les végétaux dépourvus de chlorophylle, l'orobanche, le cytinet, le sucepin, les champignons, en tout temps, même au soleil, consomment de l'oxygène et dégagent du gaz carbonique.

La chaleur animale résulte d'un travail chimique accompli dans toutes les parties de l'organisation, en particulier de la combinaison du carbone des tissus avec l'oxygène respiré. Des combinaisons pareilles ont lieu dans les végétaux, d'une manière moins intense, il est vrai. A ce travail chimique vital, si lent, si faible qu'il soit, doit correspondre une certaine production de chaleur. C'est ce que l'expérience confirme. Au moyen d'appareils très-sensibles, on a pu constater dans les jeunes tiges, les feuilles, les fruits, les fleurs en bouton, un excès de température atteignant au plus un demi-degré. Mais dans quelques plantes, au moment de la floraison, l'excès de température s'élève assez pour être appréciable au thermomètre ordinaire et même au simple toucher. Les aroïdées surtout sont remarquables sous ce rapport.

Nous avons abondamment dans les haies deux arums, l'un, l'arum vulgaire ou pied-de-veau, commun dans les départements du centre et du nord, l'autre, l'arum d'Italie, spécial aux départements méridionaux. Dans tous les deux, l'inflorescence se compose d'un grand cornet jaunâtre ou *spathe*, du sein duquel s'élève une tige charnue portant les organes floraux, étamines et pistils. Cette tige se termine par un renflement nommé *massue*. Au moment de la floraison, la chaleur de la massue est parfaitement sensible à la main. Un thermomètre plongé dans le cornet s'élève de 8 à 10° au-dessus de la température de l'air. — Certains arums de l'île Bourbon, groupés au nombre de douze autour d'un thermomètre, le font monter de 30° et plus. — Au moment de cette production exaltée de chaleur, l'inflorescence des aroïdées est le siége d'un travail chimique identique à celui qui produit la chaleur animale. Il se fait une absorption considérable d'oxygène et un dégagement équivalent de gaz carbonique. La fleur respire presque aussi activement que l'animal à sang chaud ; et comme lui, elle dégage de la chaleur par suite d'une combustion.

Dans quelques cas fort rares, la respiration, au moment de sa plus grande intensité, peut rendre le végétal phosphorescent, c'est-à-dire lui faire émettre de la lumière sans chaleur, pareille à celle du phosphore dans l'obscurité. Cette curieuse propriété de la plante se trouve, à un plus haut degré, dans l'animal, où nous l'examinerons d'abord. — Vous connaissez le ver luisant, cette petite étoile qui brille au milieu des gazons dans les calmes soirées d'été. C'est un insecte d'assez pauvre aspect, dépourvu d'ailes, rampant sur ses courtes jambes, et qui,

dans l'impuissance de se porter dans les airs au-devant de
son compagnon, lui-même ailé, sait l'attirer à terre, en
allumant le soir un splendide fanal formé des anneaux
postérieurs du corps. Or il y a dans ce phare vivant une
réelle combustion, mais sans chaleur ; de l'oxygène est
abondamment consommé, de l'acide carbonique est dégagé ; aussi le ver cesse-t-il de luire dans le vide ou dans
une atmosphère non comburante, dans l'azote par exemple. Le phosphore n'est pour rien dans cette production
de lumière, les analyses les plus délicates n'ont pu constater la moindre trace de ce corps dans la matière phosphorescente de l'insecte ; c'est la substance même du
ver luisant qui sert de combustible. — Nos départements
méditerranéens et l'Italie ont la luciole, qui, par bandes
innombrables, sillonne les airs au crépuscule du soir,
comme une pluie de vives étincelles. Le Brésil et Cayenne
ont les pyrophores, dont le corselet porte deux taches
rondes, deux réservoirs phosphorescents d'une magnifique intensité lumineuse. Dans leurs courses nocturnes,
les Indiens s'attachent un de ces insectes à chaque pied
pour éclairer leur marche.

La phosphorescence est encore le partage d'une foule
d'animaux appartenant aux derniers degrés de l'échelle
zoologique, annélides, crustacés, mollusques, radiaires.
Dans nos climats, un petit lombric ou ver de terre a
l'éclat d'un fil de phosphore enflammé , un millepieds, le
géophile électrique, ressemble, comme le dit son nom, à
une traînée d'étincelles électriques.

Les mers, surtout dans les régions tropicales, sont
extrêmement riches en espèces animales phosphorescentes. Les plus remarquables sont les noctiluques et les
pyrosomes. Les noctiluques sont de petits points gélatineux, transparents et terminés par un filament mobile.
Les pyrosomes ont la forme de cylindres creux de la
grosseur du doigt. Ils sont aussi gélatineux et transparents. Quand ces populations phosphorescentes abondent,
l'océan paraît rouler des métaux en fusion. Le vaisseau

qui fend la vague fait jaillir sous sa proue des flammes rouges et bleues. On dirait qu'il s'ouvre un sillon dans du soufre embrasé. Des étincelles montent par myriades du sein des eaux ; des nuages phosphorescents, des écharpes lumineuses errent dans les flots. Resplendissants d'éclat, les pyrosomes se groupent en guirlandes, qui feraient croire à des chapelets de lingots chauffés à blanc. Comme l'acier qui se refroidit au sortir de la forge, ils varient de nuance d'un moment à l'autre ; du bleu étincelant, ils passent au rouge, à l'aurore, à l'orangé, au vert, au bleu d'azur ; puis, ils se rallument soudain et jettent des éclairs plus vifs. Par intervalles, quelqu'une de ces guirlandes ondule, pareille à un serpenteau d'artifice, se déploie, se reploie, se pelotonne et plonge dans les flots, semblable à un boulet rouge. Plus souvent encore, la mer, aussi loin que la vue peut porter, figure une plaine de lait, tout imprégnée d'une douce lueur, comme si du phosphore était dissous dans ses eaux.

Tous ces faits de phosphorescence animale, sauf peut-être quelques cas encore mal connus, paraissent se rapporter à une même cause, l'oxygénation de la matière lumineuse avec formation d'acide carbonique. C'est un cas particulier de la combustion vitale, produisant de la lumière au lieu de chaleur. Revenons maintenant à la plante. On ne connaît guère qu'une dizaine de végétaux doués de phosphorescence ; et, chose digne de remarque, cette propriété, apanage des animaux inférieurs, ne se montre également que dans les végétaux dont l'organisation est la plus simple, en particulier dans quelques champignons. Des agarics, des byssus pareils à des duvets cotonneux, des rhizomorphes semblables à des paquets de fines radicelles (1), tous exclusivement formés de tissu cellulaire, voilà les plantes qui se parent dans l'obscurité d'une auréole phosphorescente, plantes amies de l'ombre,

_____

(1) Les byssus et les rhizomorphes ne sont, suivant toute apparence, que des champignons dans un état incomplet de développement.

qui étalent leurs surfaces lumineuses dans le tronc obscur
et pourri d'un arbre, comme le lombric phosphorescent
et le géophile électrique déroulent, dans de ténébreux
couloirs, les anneaux de leur corps pareil à un fil de
métal chauffé à blanc.

L'agaric de l'olivier, magnifique champignon d'un
orangé vif, fréquent en Provence au pied des oliviers, est
sous le rapport de la phosphorescence l'espèce la plus
remarquable de l'Europe, et rivalise pour l'éclat avec les
champignons les plus renommés des régions tropicales.
Comme dans tous les agarics, la face inférieure du chapeau
est couverte de minces lames rayonnantes, sur lesquelles
se développent les corpuscules propagateurs du champignon, c'est-à-dire les semences ou *spores*. L'ensemble de
ces lames prend le nom d'*hymenium*. L'agaric de l'olivier
est d'abord obscur dans toutes ses parties ; il consomme
de l'oxygène et dégage de l'acide carbonique, ainsi que
le font tous les végétaux dépourvus de coloration verte.
Puis, au moment de la plus grande activité vitale, au
moment où dans les spores s'éveille la fertilité, l'hymenium se pare comme pour une fête et répand une douce
lueur blanche, qui rappelle celle du disque de la lune,
mais n'est visible que dans une profonde obscurité. Pendant toute la durée de l'émission lumineuse, la respiration de la plante est plus active : l'absorption d'oxygène
et l'exhalation de gaz carbonique augmentent presque de
moitié. Une fois les spores mûris et tombés des lames en
fine poussière, la respiration se ralentit et la phosphorescence s'éteint. Nous retrouvons donc ici un fait du même
ordre que celui des aroïdées. Dans les deux cas, la
respiration s'exalte au moment où les semences sont
appelées à la vie, et la solennité de l'acte vivifiant est
célébrée dans l'arum par une émission de chaleur, dans
l'agaric par une émission de lumière.

SECONDE PARTIE

I

Conservation de l'espèce.

Multiplication par bourgeons. — Elle est insuffisante pour la prospérité de l'espèce. — Une matinée de printemps. — Pêche dans la mare. — Histoire des nais. — Conservation de l'espèce. — La morue. — L'œuf. — Histoire des méduses. — Les polypes à double forme.

Nous avons comparé la plante à une société de polypes qui vivent en commun sur leur support de pierre et s'accroissent en nombre par bourgeonnement. Chaque rameau est un individu de la plante comme chaque polype est un individu du polypier. Or dans l'une et l'autre communauté, deux fonctions différentes doivent marcher de pair afin d'assurer la prospérité du présent et la prospérité de l'avenir. Les soins du présent concernent la *nutrition* : ils consistent dans le travail de la séve par l'ensemble des rameaux feuillés de l'arbre, et dans le travail des sucs alimentaires par l'ensemble des estomacs du polypier. Les soins de l'avenir concernent la *reproduction* : ils consistent dans le bourgeonnement de nouveaux rameaux, de nouveaux polypes, qui s'échelonnent sur leurs aînés et leur succèdent. Tout individu de la communauté, polype ou rameau, est apte à la fois aux deux fonctions : il travaille aux matériaux nutritifs pour l'entretien du présent, il bourgeonne des successeurs pour perpétuer la race dans l'avenir. Ainsi traversent les siècles, toujours prospères, toujours plus populeux, l'arbre et le polypier.

Mais cette procréation par bourgeons, cette procréation de nouveaux individus superposés l'un à l'autre et fixés invariablement aux points où ils sont nés, ne suffit pas à la prospérité de l'espèce, qui doit se disséminer et peupler les différents lieux où se trouvent réunies les conditions favorables à son existence. Avec des bourgeons tous incapables de se détacher de la souche mère et d'aller ailleurs vivre indépendants et fonder de nouvelles colonies, le végétal et le polypier s'accroissent sans parvenir à peupler la mer d'autres polypiers, la terre d'autres végétaux. La dissémination de l'espèce exige des bourgeons mobiles, qui, parvenus à maturité, abandonnent leurs points de naissance, s'établissent isolément où le hasard les amène et deviennent l'origine de communautés semblables à celles qui les ont produits. Tel est le rôle des jeunes hydres qui, suffisamment fortes, se détachent de l'hydre mère ; tel est le rôle des bourgeons caducs de la plante, des bulbes, bulbilles et tubercules, qui s'isolent de la tige, survivent à sa destruction et continuent l'espèce en alimentant leurs germes avec les provisions amassées dans leurs tissus.

Or ces bourgeons émigrants, si volumineux à cause des vivres emmagasinés, si coûteux à produire et par conséquent toujours peu nombreux, suffisent-ils à maintenir l'animal ou la plante dans une proportion numérique qui sauvegarde l'avenir? L'hydre avec sa demi-douzaine de rejetons, les orchidées avec leur tubercule unique, l'ail avec ses quelques bulbilles, peuvent-ils échapper aux nombreuses chances de destruction qui les attendent, et se perpétuer à travers les temps ? Telle est la question qu'il nous faut actuellement résoudre. A cet effet, laissez-moi d'abord vous rappeler, mon cher enfant, certaine pêche à laquelle vous avez pris part et dont le souvenir, sans doute, s'est effacé de votre mémoire. Vous étiez tout petit alors ; déjà vous retourniez les pierres, vous souleviez les vieilles écorces des arbres pour trouver ces coléoptères dont les riches élytres font toujours votre admiration ; mais vous n'auriez pris qu'un médiocre intérêt à des sujets d'observation alors trop élevés pour vous. L'âge est venu, l'esprit s'est mûri : il est temps de revenir sur un point resté pour vous inaperçu.

Les choses se passèrent ainsi. Nous étions cinq ou six, moi le plus vieux, leur maître, mais encore plus leur compagnon et leur ami, eux, jeunes gens à cœur chaleureux, à riante imagination, débordant de cette sève printanière de la vie qui nous rend si expansifs et si désireux de connaître. Devisant de choses et autres, par un sentier bordé d'hyèbles et d'aubépines, où déjà la cétoine dorée s'enivrait d'amères senteurs sur les corymbes épanouis, on allait voir si le scarabée sacré avait fait sa première apparition au plateau sablonneux des Angles (1), et roulait sa pilule de bouse, image du monde pour l'antique Égypte ; on allait s'informer si les eaux vives de la base de la colline n'abritaient point, sous leur tapis de lentilles aquatiques, de jeunes tritons, dont les branchies ressemblent à de menus rameaux de corail ; si l'épinoche, l'élégant petit poisson des ruisselets, avait mis sa cravate de noces, azur et pourpre ; si de son aile aiguë, l'hirondelle, nouvellement arrivée, effleurait la prairie à la chasse des tipules, qui sèment leurs œufs en dansant ; si sur le seuil d'un terrier creusé dans le grés, le lézard ocellé, l'iguane du pays des oliviers, étalait au soleil sa croupe verte, constellée de taches bleues ; si la mouette rieuse, venue de la mer à la suite des légions de poissons qui remontent le Rhône pour frayer dans ses eaux, planait par bandes sur le fleuve en jetant par intervalles un cri pareil à l'éclat de rire d'un maniaque ; si..... mais tenons-nous en là. Pour abréger disons que gens simples, naïfs, prenant un vif plaisir à vivre avec les bêtes, nous allions passer une matinée à la fête ineffable du réveil de la vie au printemps.

(1) Village du Gard, dans le voisinage d'Avignon.

Les eaux de la base de la colline furent visitées avec un soin particulier. L'épinoche avait fait toilette. Les écailles de son ventre eussent fait pâlir l'éclat de l'argent ; sa gorge était frottée du plus vif vermillon. A l'approche de l'aulastome, grosse sangsue noire malintentionnée, sur son dos, sur ses flancs, des aiguillons brusquement se relevaient, comme poussés par un ressort. Devant cette attitude déterminée, le bandit se laissait honteusement couler parmi les herbages. La gent béate des mollusques, physes, paludines, limnées, planorbes, humait l'air à la surface des eaux. L'hydrophile, le pirate des mares, tantôt à l'un tantôt à l'autre, en passant tordait le cou. Le stupide troupeau n'avait pas même l'air de s'en apercevoir. Mais il me faut à regret passer tout cela sous silence, pour en venir à la capture la plus précieuse de la matinée. Au mot de capture précieuse, votre imagination travaille ; peut-être vous attendez-vous à l'équivalent d'un caïman ou d'un alligator. Détrompez-vous : il s'agit d'un débile vermisseau nommé *naïs* par les savants. Ma capture, mise dans un flacon avec de l'eau et des lentilles aquatiques, fut emportée dans le gousset de mon gilet. De retour, j'installai la bestiole dans le bassin d'un verre de montre, et, la loupe à la main, j'en écrivis le portrait que voici.

Figurez-vous un délicat ruban d'une largeur inappréciable, d'une longueur de deux à trois centimètres, translucide comme de l'ambre et divisé par de faibles sillons transverses en segments ou anneaux. Cette organisation par anneaux disposés bout à bout est du reste commune à tous les vers, qui, pour ce motif, prennent le nom général d'*annélides*. Chaque segment de la naïs porte pour armure, l'une à droite, l'autre à gauche, deux fines soies raides et blanches ; de sorte que l'animal, en son ensemble, rappelle, dans de mignonnes dimensions, l'épine dorsale d'un poisson. Enlevez la chair à un anchois ; ce qui vous reste est une image grossière de ma bête étalée dans le verre de montre. Les divers os

consécutifs de l'épine du dos, les vertèbres, figurent les
segments de la naïs; les deux arêtes qui en partent figurent les soies. D'une extrémité à l'autre, un trait
rectiligne se voit par transparence, tantôt brun, tantôt
verdâtre, tantôt coloré de rouge, suivant le genre de
nourriture de la naïs. C'est le canal digestif. Maintenant,
où est la tête, où est la queue de la bestiole? Voici : à
une extrémité, deux points rougeâtres occupent la face
supérieure; ce sont les yeux. A la face inférieure de la
même extrémité, une espèce de langue ou de trompe
très-extensible, disparaît, reparaît, se raccourcit, s'allonge et s'agite dans l'eau, apparemment pour saisir le
menu gibier qui peut passer à sa portée. Le segment
terminal qui porte ces deux points oculaires et cette
trompe est donc la tête ; et le segment terminal de l'autre
extrémité est alors la queue.

Mais il y a tête et tête, vous allez voir; il y a queue et
queue. Promenons avec soin la loupe de l'extrémité antérieure à l'extrémité postérieure de la bestiole. D'abord
les segments se succèdent tous pareils de forme à partir
de la tête, tous armés de leurs deux soies ou épines;
aucune différence ne les distingue l'un de l'autre. Puis,
vers le tiers de la longueur, après un étranglement plus
brusque, plus profond que les autres, voici encore un
segment avec deux yeux rougeâtres, avec une trompe.
Ce ne peut être qu'une tête, c'est réellement une tête ; il
n'y a pas à s'y tromper, car cet anneau est la fidèle
image de l'anneau chef de file. Que vous en semble? Une
tête au premier tiers du dos, outre celle qui occupe
l'avant! Il n'y a que les bêtes pour avoir de ces idées-là.
Quand je vous dis qu'elles ont de l'esprit comme quatre?
— Ce n'est pas fini. Reculons encore. Les segments recommencent identiques entre eux ; puis nouvel étranglement, deux points oculaires, une trompe, enfin une
troisième tête. Ne vous récriez pas, continuons. Voici une
quatrième tête, en voici une cinquième, et maintenant
c'est fini : le vermisseau se termine par une queue, la

vraie queue, cette fois, puisqu'il n'y a plus rien par-delà. En somme, la naïs se compose de cinq bestioles pareilles, assemblées bout à bout, chacune emboîtant la queue de celle qui précède.

Comment donc s'est formé l'étrange chapelet de vermisseaux ? Vous vous rappelez l'hydre, vous savez comment il lui pousse sur le corps des verrues ou bourgeons, qui s'épanouissent en petites hydres. La naïs, elle aussi, bourgeonne, non par tous les points du corps indistinctement, mais au bout de la queue et nullement ailleurs. Il se produit là une seconde naïs, comme un rameau naît sur sa branche. Quand la naïs fille est suffisamment forte, la naïs mère se met à en pousser une autre, toujours au bout de la queue ; et la nouveau-née, soudée par l'extrémité antérieure à sa mère, par l'extrémité postérieure à sa sœur aînée, refoule celle-ci en arrière. Il en est de même des autres : elles naissent toujours entre la mère et le chapelet de sœurs qui les ont précédées, de manière que, dans la famille au complet, on voit les naïs successives plus fortes et plus longues à mesure qu'elles sont plus éloignées de la mère, parce qu'elles sont plus âgées.

Dans cette chaîne de vermisseaux, à qui le soin des vivres ; qui chasse, qui digère la nourriture, qui prépare les sucs alimentaires ? La mère, uniquement la mère. C'est elle qui, de sa trompe, happe les parcelles végétales en décomposition, les animalcules tournoyant dans l'eau ; c'est elle qui les élabore dans son estomac, les digère, et, une fois la purée nutritive amenée à perfection, la distribue à la communauté par le canal alimentaire qui va sans interruption d'un bout à l'autre de la chaîne.

Bourgeonnant ainsi, une première naïs en produit trois, quatre, cinq autres, suivant sa vigueur. Bientôt exténuée par un travail organique qui se fait aux dépens de sa nourriture, aux dépens de sa substance même, elle met fin à la série de ses bourgeons. Or cinq rejetons suffisent-ils pour assurer la conservation de l'espèce et la maintenir florissante parmi les conferves et les lentilles d'eau ? Je sais bien que si les naïs venaient à manquer dans la mare, la terre n'en tournerait pas moins sur son axe et l'ordre des choses n'en serait pas sensiblement troublé. Croyez-vous après tout que, si une suprême agonie moissonnait le genre humain tout entier, le soleil se voilerait en signe de deuil et que les astres rétrograderaient dans leurs cours ? Nullement, mon petit ami : les grillons continueraient à chanter dans les guérets, et les têtards à frétiller dans la mare, absolument comme si de rien n'était. Extinction de la race des naïs, extinction de la race des éléphants ou des baleines, ces monstrueux monuments de chair et d'os, au fond c'est tout un : c'est la perte irréparable de l'un des types de l'animalité, de l'une des médailles frappées au coin du Créateur. Ce n'est donc pas futile question que de se demander si quatre ou cinq naïs bourgeonnées par une première suffisent pour perpétuer l'espèce. La science, en ses plus hautes méditations, n'a pas d'autre objet que la recherche des harmonies providentielles maintenant les espèces dans un juste équilibre de prospérité.

Eh bien! cinq naïs succédant à une seule, ce serait beaucoup trop s'il ne fallait grandement tenir compte des causes de destruction. Un remplaçant un, la population se maintient la même ; cinq remplaçant un, après quelques générations le nombre est accru hors de toutes limites convenables. Au bout de peu d'années, les descendants toujours quintuplés d'un premier vermisseau seraient à l'étroit en ce monde. Mais il y a la grande moissonneuse, la mort, qui met un invincible obstacle à tout encombrement, contrebalance la vie dans son envahissante fécondité, et, de concert avec elle, maintient toute chose dans une perpétuelle jeunesse. Dans la mare la plus paisible en apparence, c'est une lutte de tous les instants entre la procréation et la destruction. Qui plus tôt, qui plus tard, tous ses habitants subissent la loi commune,

aujourd'hui dévorants, demain dévorés. Mais les petits,
les humbles, les faibles sont l'habituelle pâture, le pain
quotidien des gros mangeurs. A combien de dangers
alors la naïs n'est-elle pas exposée, elle si petite, sans
défense aucune malgré sa double rangée de fines soies,
objet d'ornement plutôt qu'une arme. Qu'une épinoche
vienne à découvrir, de ses yeux perçants, un point hanté
par les naïs, et rien que pour s'ouvrir l'appétit elle en en-
gloutira des centaines. Et si, bien autrement rapace, l'aulastome, la hideuse sangsue noire, se met de la partie,
ah ! mes pauvres vermisseaux, votre race est bien en
péril. Mais non : l'épinoche, l'aulastome les croquent,
d'autres mangeurs également, et puis d'autres, encore
d'autres ; et des naïs, il y en a toujours. Est-ce le bourgeonnement qui suffit à telle dépense ? Certes non, pour
lutter à parité contre toutes les chances de destruction,
pour se maintenir en nombre convenable malgré tous
les mangeurs, il faut aux naïs un autre moyen de multiplication, moins coûteux en substance, plus rapide
en accroissement numérique.

Ce moyen, c'est la graine animale, l'œuf, miracle des
miracles, qui, en un point à peine visible, concentre les
énergies de la vie, et par son faible volume se prête à une
inconcevable profusion ; l'œuf, qui lasse tout dénombrement et tient ainsi tête à la mort, alors même que toutes
les causes de destruction conspirent à la perte de la race.
Ah ! c'est là, dans la lutte entre la fécondité qui répare
et le rude combat de la vie qui détruit, c'est là que les
faibles excellent pour opposer des légions sans nombre
aux chances d'anéantissement. En vain les mangeurs se
ruent à la curée, les mangés survivent en sacrifiant cent
mille pour conserver un. Plus ils sont misérables, plus ils
sont féconds. Le hareng, la sardine, la morue, sont livrés
en pâture aux dévorants de la mer, de la terre et du
ciel. Quand ils entreprennent de lointaines migrations,
pour frayer en des lieux propices, tout conspire à leur
perte. Les affamés des eaux cernent la caravane, les

affamés du ciel planent sur son parcours, et le banc des poissons est brouté, c'est le mot, à la fois par-dessus, par-dessous, sur les flancs. L'homme aux braies goudronnées accourt de la terre prélever sa part de la manne marine; il équipe des flottes, il vient aux poissons avec une armée navale où toutes les nations ont leurs intéressés; il dessèche au soleil, il sale, il enfume, il encaque. L'extermination s'y connaît à peine : sur le trajet des émigrants, la mer n'est plus la mer; c'est une purée animale tant les rangs sont pressés. Le voyage se poursuit sans déviation, sans fuite devant l'ennemi. La force du faible est l'infini. Une morue pond de quatre à neuf millions d'œufs. Où sont les mangeurs qui verront la fin de telle famille?

Certes les naïs, dans leurs mares, n'ont pas à lutter contre des chances aussi puissantes de destruction ; elles ignorent l'effrayante consommation des morues dans les mers ; mais encore leur faut-il des œufs, et des œufs en assez grand nombre, pour réparer les vides faits dans leurs rangs. Ces œufs, où sont-ils ? La transparence du vermisseau se prête à merveille à leur recherche. La première naïs n'en a pas, absolument pas. De la tête à la queue, on voit s'étendre le trait brunâtre du canal digestif, et plus rien. La dernière naïs de la chaîne, l'aînée de la famille bourgeonnée, en est au contraire remplie : on dirait un sac distendu par de fines granulations. Celle qui la suit pour l'âge et la précède dans le chapelet de ses sœurs en a tout autant mais d'apparence moins mûre. Les autres en ont aussi, de moins en moins formés à mesure que la naïs est plus jeune et par conséquent plus rapprochée de la mère. Ainsi la naïs chef de file, souche de la famille, est inhabile à produire des œufs. Elle bourgeonne un petit nombre d'autres naïs, elle alimente la communauté entière, seule elle cherche la nourriture, la saisit, la digère et la transmet à ses bourgeons; mais elle ne se gonfle jamais d'œufs pour disséminer la race et tenir tête, par le

17

nombre, aux causes de destruction. C'est aux naïs bourgeonnées qu'échoit la vraie maternité, la maternité par
l'œuf.

Considérons, en effet, la plus âgée, la dernière de la
série. Quand, en ses flancs distendus, elle sent mûre la
graine animale, espoir de sa race, elle se détache spontanément de la chaîne commune, et vivant désormais
d'une vie indépendante, elle va d'ici, de là, semer les œufs
au gré de ses instincts. Ce suprême devoir rempli, elle
meurt ; car elle ne sait pas chercher la nourriture, elle
est inhabile à la digérer. Se nourrir n'est pas sa fonction,
mais bien produire et semer des œufs. Cela fait, son rôle
est fini. L'une après l'autre, en temps opportun, les naïs
suivantes se détachent, errent quelques jours dans les
eaux, disséminent leurs germes, se fanent et meurent
comme les fleurs qui ont noué leurs fruits. Le grand acte
est alors accompli : malgré tous les mangeurs, les mares
au printemps auront leur population de naïs.

Voici, en effet, que de ces œufs éclosent des vermisseaux, non pareils à la mère qui a pondu, mais à la grand'
mère qui a bourgeonné. Ces vermisseaux savent se procurer des aliments et les digérer ; ils ont la vie tenace,
l'estomac robuste, les ruses de chasse de la grand'mère ;
comme elle, une fois devenus forts, ils se mettent à bourgeonner des naïs, inhabiles à la nutrition, sans instinct
du manger, à vie indépendante éphémère, mais gonflées
d'œufs. Et le même ordre de choses indéfiniment recommence, les filles rappelant traits pour traits les grand'
mères, et les petites-filles les mères. La race des naïs
comprend ainsi deux castes se succédant dans un ordre
invariable : la caste des naïs à bourgeons, la caste des
naïs à œufs. L'organisation extérieure à peu de chose
près est la même ; mais les instincts et l'organisation interne diffèrent totalement. D'une part, c'est un organisme à nutrition, qui recherche la nourriture, la digère
et la transmet à la communauté des bourgeons ; d'autre
part, c'est un organisme à reproduction qui, une fois

livré à lui-même, erre en semant ses œufs sans savoir se nourrir.

Or, gardez-vous de croire, mon cher enfant, que les naïs, avec leur singulière façon de vivre et de se multiplier, soient des êtres tellement exceptionnels, tellement en dehors des lois de l'animalité, qu'on ne puisse en citer d'autres exemples. Je n'ai vraiment que l'embarras du choix. Nous en nourrissons un en nous-mêmes : l'affreux ver solitaire ou ténia; la mer en fourmille, la mer, la grande nourrice des bizarres essais de la vie. Pour corroborer l'histoire des naïs, je me bornerai à vous citer les méduses.

La mer nourrit une population étrange dans laquelle la vie semble s'étudier à faire le moins de frais possible en matériaux, tout en disposant d'un assez grand volume et de ce que les formes peuvent avoir de plus gracieux. Cette population est celle des méduses, dont les plus grosses, sous un

Fig. 110. Méduse.

poids de cinq à six kilogrammes, ont à peine une dizaine de grammes de matière animale. Gonflés par l'eau, convertis en volumineuse gelée, ces maigres matériaux constituent des êtres que le soleil évapore et réduit presque à rien lorsqu'un coup de mer les a jetés sur la plage. Les méduses sont en général d'une exquise élégance. La forme la plus commune est celle d'un dôme très-convexe ou surbaissé, tantôt aussi limpide que le cristal le plus pur, tantôt opalescent comme de l'eau troublée par quelques gouttes de lait. La teinte est parfois uniforme, parfois aussi de fins rubans méridiens, de teinte orange, carmin, azur, rayonnent du sommet de la coupole et viennent se fondre avec le liseré équatorial du bord, dont la nuance vive s'affaiblit par dégradation insensible. On dirait une calotte des peuples orientaux, œuvre de l'art le plus patient et le plus raffiné. Du pourtour de la demi-sphère vivante descendent des filaments d'opale, des crêpes bouffantes, des franges d'écume plus blanches que neige ; puis, tout au milieu de la base du dôme, ce sont de grosses torsades de cristal, des falbalas nuageux, au centre desquels s'ouvre la bouche.

Les méduses errent librement dans la mer. Suspendues entre deux eaux, elles se gonflent et se dégonflent, palpitent en quelque sorte à la manière de la poitrine humaine, ce qui leur a valu la dénomination vulgaire de *poumons marins* ; et par ce mouvement de palpitation, progressent, reculent, montent, descendent. Rien de plus gracieux que de voir mollement défiler leurs légions dans les eaux tranquilles d'une anse abritée.

A l'issue de l'œuf, la méduse est l'expression la plus élémentaire de l'animalité. C'est un corpuscule en forme de poire, un noyau de gelée, un point qui se trémousse dans l'eau au moyen des cils vibratiles dont il est hérissé. L'infime petit tournoie, vagabonde, voyage dans la mer, la mer immense. Il recherche un lieu favorable pour s'y établir. Il n'y voit pas, il n'entend pas, il ne sait rien du dehors ; tout au plus éprouve-t-il la vague impression inhérente à toute chair, qui frémit au contact douloureux d'un corps étranger. Mais est-il de la chair, lui misérable atome réduit à rien quand manque l'eau qui le gonfle ? C'est égal, il explore la mer, il discerne, il choisit. Qui le guide ? La conscience universelle, l'instinct, l'infaillible inspiration du Père de toutes choses. Dans les anfractuosités d'un roc, un emplacement propice se présente. Il le voit sans yeux, il le flaire sans odorat, il le touche sans organes du toucher. Par une extrémité, sans hésitation, il s'y colle ; il y prend racine, pour ainsi dire ; et le voilà établi pour toute sa vie. La bestiole vagabonde a pris la fixité de la plante ; et comme la plante, d'abord elle se développe, puis elle bourgeonne.

À l'extrémité supérieure du corpuscule, une boutonnière se fait, s'épanouit et devient la bouche, destinée à la fois, comme dans l'hydre, à l'entrée des aliments et à la sortie des résidus digestifs. La bouche s'excave en entonnoir ; sur ses bords des nodosités se montrent, s'allongent en tentacules, et finalement l'animalcule a la forme d'une urne antique posée sur son pied et couronnée à l'orifice par un cercle de fines lanières flexibles en tous sens. L'organisation est alors absolument celle de l'hydre : c'est le même sac digestif fixé par la base, ouvert au sommet d'un orifice à double fonction, et couronné par une rangée circulaire de tentacules, qui saisissent la proie et la portent à la bouche. Aussi donne-t-on à la bestiole issue de l'œuf le nom de *polype hydraire*.

Là s'arrête le développement de l'animal sous le rapport de la conservation de l'individu ; mais la conservation de l'espèce exige davantage. À l'entrée de l'urne, un bourgeon se forme, s'étale en disque, puis s'excave en godet. Un autre lui succède et le refoule en avant. D'autres viennent encore, et bientôt l'urne est surmontée d'une pile de godets, dont le plus vieux est au sommet, le plus jeune à la base. C'est la gemmation des naïs s'effectuant entre la souche mère et la chaîne des bourgeons déjà produits. Or les godets superposés s'excavent de plus en plus, s'isolent mieux l'un de l'autre, se frangent sur les bords, et finalement le plus élevé ou le plus vieux se trémousse, s'arrache de la pile et nage libre dans l'eau. Les autres le suivent à tour de rôle. Sa famille émancipée, le polype hydraire reste seul fixé au roc et ne tarde pas à périr. Quant aux rondelles en godet, ce sont de jeunes méduses, dont l'évolution s'achève désormais sans le concours de la souche qui les a bourgeonnées. Elles grandissent, elles parachèvent l'élégante organisation que je vous ai fait connaître au début, et un jour leur dôme d'opale et de cristal se trouve gonflé d'œufs. Dans leurs pérégrinations, elles les disséminent çà et là. De ces œufs éclosent, non des méduses, mais des animalcules à cils vibratiles, qui deviennent des polypes hydraires, souches d'autres générations de méduses. Le misérable polype bourgeonne la méduse élégante, et la méduse, par ses œufs, régénère le polype. Comparez le point de départ et le point d'arrivée, le petit sac glaireux fixé par sa base au rocher et la gracieuse cloche de cristal flottant entre deux eaux. Qui soupçonnerait, sans des observations cent fois répétées, que le polype bourgeonne la méduse, et que celle-ci produit des œufs d'où naîtront des polypes ? Et néanmoins les faits l'affirment de la manière la plus certaine : le polype et la méduse appartiennent à la même espèce ; ce sont des êtres complémentaires qui se partagent, sous des formes différentes, la double fonction de tout animal. Au polype revient la fonction du présent, qui conserve l'individu par la nutrition ; à la méduse revient la fonction de l'avenir, qui propage l'espèce par l'œuf.

Certains madrépores présentent des faits analogues, c'est-à-dire une double forme pour une même espèce. Sur le support commun du polypier, façonné parfois à la manière d'un arbuste, deux sortes d'animalcules vivent pêle-mêle. Les uns, les polypes ordinaires, étalent leurs tentacules, happent la petite proie qui passe, la digèrent et nourrissent la communauté. C'est là, avec le bourgeonnement de nouveaux polypes, leur unique travail. Ils sont les nourriciers. D'autres, moins nombreux, plus élégants de forme, plus riches de coloration, mais inhabiles à se nourrir par eux-mêmes et alimentés aux frais de l'ensemble, ont pour mission la perpétuité de la race au moyen d'œufs qui, abandonnés aux flots, deviennent les points de départ de nouveaux polypiers. Eh bien! cette répartition des deux fonctions primordiales entre individus organisés différemment ; cette double forme de l'espèce, concernant l'une la prospérité du présent, l'autre celle de l'avenir ; enfin cette étrange succession d'individus, les uns nourriciers, les autres procréateurs, dont les naïs, les méduses et les polypes viennent de nous fournir un aperçu, nous allons les retrouver, trait pour trait, dans la plante.

II

La Fleur.

Nécessité de la graine. — La fleur. — Sa composition générale. — Organes essentiels. — Calyce. — Corolle. — Étamines. — Pistil. — Lois numériques de la fleur. — Multiplication des verticilles floraux. — Loi d'alternance des verticilles. — Diagramme de la fleur. — Végétaux monoïques et végétaux dioïques.

En dehors des moyens artificiels, comme la bouture et la greffe, mis en œuvre par notre industrie, nous avons déjà reconnu dans le végétal la propagation au moyen de bourgeons qui s'isolent de la tige mère et deviennent des plants distincts. Il suffit de rappeler à ce sujet les stolons du fraisier, les yeux de la pomme de terre, les bulbilles de l'ail, les tubercules des orchidées. Mais ces moyens de perpétuer l'espèce sont loin d'être généraux : la grande majorité des plantes ne les emploie jamais. D'ailleurs seraient-ils universellement répandus, ils seraient insuffisants pour le maintien d'une prospérité indéfinie. Les bourgeons aptes à s'isoler doivent être approvisionnés de vivres; ils sont donc toujours trop peu nombreux à cause de leur volume. Je n'insisterai pas davantage sur ce point, discuté déjà, et je passerai à un autre ordre d'idées.

Un bourgeon, simple démembrement du tout dont

il faisait partie, répète, avec une monotone fidélité, les caractères de son origine, sans avoir en lui de nou-velles tendances, de nouvelles énergies. Il maintient tout au plus intacte la puissance vitale dont il est le dé-positaire, sans pouvoir la rajeunir par une nouvelle impulsion. Aussi la filiation indéfinie par bourgeons aurait pour inévitable conséquence d'abord la mono-tonie, puisque, privée de la faculté de varier dans les détails, l'espèce se composerait de plants identiques. En second lieu, chose plus grave, cette filiation, apte à dépérir à travers les mille accidents d'une longue descen-dance, mais impuissante à ranimer une vitalité qui lan-guit, amènerait tôt ou tard la dégénérescence et finale-ment l'extinction de l'espèce.

Il faut donc à la plante un autre mode de propagation qui multiplie l'espèce en nombre suffisant pour faire face aux chances de destruction, et qui donne vigueur toujours rajeunie et tendances spéciales pour les varia-tions de détail. Cette reproduction se fait par la graine ou semence. Tous les végétaux, sans exception aucune, se multiplient par des semences, et c'est ainsi que les diverses espèces se conservent prospères et riches d'un avenir indéfini. A ce mode général de repro-duction, quelques-unes adjoignent la propagation acces-soire par bourgeons isolés. Nos plantes cultivées, trop longtemps multipliées de bourgeons, de boutures, finissent par dépérir ; pour ranimer en elles la puis-sance de vie qui s'éteint, il faut recourir au semis de la graine.

Ici se répète la double organisation des naïs, la double forme des méduses et de certains polypes. Deux sortes d'individus, avec des structures et des attributs différents, composent l'association végétale de la plante. Les uns, plus nombreux, plus robustes, colorés de la modeste teinte verte, décomposent au soleil le gaz carbonique, élaborent la séve et alimentent la communauté. Ces nourriciers, obscurs travailleurs, ne sont autre chose que les bourgeons ordinaires, s'allongeant en rameaux feuillés. Les autres, parés comme pour une fête, embellis d'un vif coloris, imprégnés de parfums et doués des formes les plus élégantes, ont pour mission de produire la graine. Ils sont pour la plante ce qu'est, par rapport au polype hydraire, la gracieuse méduse, au dôme de cristal ; ce que sont, par rapport à leurs vulgaires compagnons, les élégants animalcules qui étalent, sur le même polypier, le luxe des formes et de la coloration. Inhabiles à décomposer le gaz carbonique, ils ne prennent aucune part au travail de la sève et sont alimentés aux frais de la communauté. Ces bourgeons somptueux, procréateurs des semences, s'appellent les fleurs.

Malgré sa richesse de coloris et son élégance de forme, la fleur n'est donc au fond qu'un rameau, mais un rameau très-court et dont les feuilles sont métamorphosées en vue de nouvelles fonctions. Pour cette gracieuse et délicate production, la vie, incomparable artiste qui se joue des difficultés, met en œuvre les mêmes matériaux que pour un vulgaire et grossier rameau, un axe et des feuilles. Rien de nouveau n'est créé ; ce qui existe déjà devient fleur par une exquise transformation. Le rameau se contracte sur lui-même, rassemble en une rosette ses feuilles métamorphosées, et la merveille est accomplie. Il y a de la sorte, associés sur le même végétal, deux ordres de rameaux. Les uns sont préposés aux intérêts du présent, à la conservation de l'individu, c'est-à-dire à la nutrition ; ce sont les rameaux ordinaires, à feuilles vertes. Les autres sont préposés aux intérêts de l'avenir, à la conservation de l'espèce, c'est-à-dire à la reproduction ; ce sont les rameaux à feuilles métamorphosées, enfin les fleurs.

Examinons maintenant en quoi consiste la structure générale de la fleur, et prenons pour sujet d'observation la fleur du lis, qui, par son ampleur se prête à un examen facile. La partie qui tout d'abord frappe les regards consiste en six grandes pièces d'un beau blanc, qui, la floraison finie, se détachent séparées l'une de l'autre. Chacune de ces pièces prend le nom de *pétale*, et leur ensemble s'appelle *corolle*. Viennent après six filaments allongés qui portent au sommet, transversalement suspendu sur leur pointe, un sachet à double loge, plein d'une abondante poussière jaune. Chacun de ces organes en son entier se nomme *étamine*. Le sac à double loge est l'*anthère*, la poussière jaune est le *pollen*, le filament

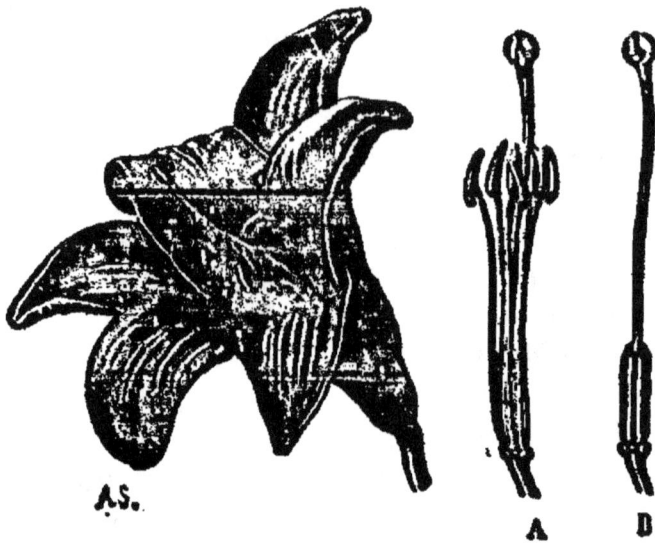

Fig. 111. Fleur du Lis blanc.
A, étamines et pistil. B, pistil seul.

est le *filet* de l'étamine. Au centre de la fleur, au milieu du faisceau des six étamines, est le *pistil*. Dans celui-ci, on distingue, à la base, un renflement à trois côtes arrondies ; c'est l'*ovaire*, contenant les semences en voie de formation, c'est-à-dire les *ovules*. Au-dessus de l'ovaire se dresse un long filament appelé *style* ; enfin le style se termine par une tête divisée en trois par des échancrures et nommée *stigmate*.

Cette structure de la fleur du lis se retrouve dans beaucoup de monocotylédonées, par exemple dans la tulipe et la jacinthe ; mais un très-grand nombre de plantes, appartenant surtout aux dicotylédonées, ont en outre, en dehors de la corolle, une enveloppe protectrice verte à laquelle on donne le nom de *calyce*. Ainsi nous trouvons dans la rose, tout au dehors, cinq lanières angulouses vertes, qui, sur la fleur en bouton, se rejoignent exactement pour envelopper et protéger les organes intérieurs, plus délicats ; puis s'ouvrent et s'étalent quand la corolle s'épanouit. Chacune des parties du calyce prend le nom de *sépale*. Dans une fleur complète, on trouve donc, en allant de l'extérieur au centre : 1° le calyce, composé de sépales ; 2° la corolle, composée de pétales ; 3° les étamines ; 4° le pistil.

Les parties essentielles de la fleur, les seules vraiment nécessaires pour la production des graines, sont les étamines et le pistil ; le calyce et la corolle ne sont que des enveloppes protectrices ou des ornements ; ils peuvent manquer, l'un ou l'autre, ou tous les deux à la fois, et la fleur n'en existe pas moins. C'est ainsi que nous venons déjà de voir le lis dépourvu de calyce. Il y a fleur partout où se trouvent les organes nécessaires à la formation de graines fertiles, ne serait-ce que le pistil, ne serait-ce qu'une seule étamine. C'est ainsi qu'une foule de plantes considérées vulgairement comme privées de fleurs en possèdent réellement, mais réduites au nécessaire, sans les élégants accessoires qui d'habitude attirent seuls nos regards. Sans exception aucune, tout végétal a des fleurs, aptes à produire des semences, mais souvent de peu d'éclat il est vrai. Ajoutons que, dans les végétaux acotylédonés, mousses, algues, fougères et les autres, les appareils propagateurs diffèrent tellement des fleurs ordinaires, qu'ils exigent une description tout à fait à part. Nous les passerons sous silence pour nous occuper uniquement de la fleur telle qu'elle est dans les végétaux supérieurs, les dicotylédonés et les monocotylédonés.

L'enveloppe la plus extérieure d'une fleur complète est le calyce, composé de sépales. Sa coloration est ordinai-

rement verte, et sa consistance plus ferme, plus grossière
que celle des organes intérieurs, qu'il a pour fonction de
protéger, d'abriter même en entier dans la fleur en
bouton. Le nombre des sépales est variable d'une espèce
à l'autre. Il y en a deux dans le coquelicot, très-faciles à
observer sur la fleur en bouton, mais d'une durée éphémère, car ils se détachent et tombent dès que la fleur
étale ses grands pétales rouges et chiffonnés. Il y en a
quatre dans la giroflée, cinq dans la rose.

Quel que soit leur nombre, les sépales sont tantôt distincts et nettement séparés les uns des autres ; tantôt ils
sont plus ou moins soudés entre eux par les bords et
simulent alors une pièce unique, mais en laissant, dans le

Fig. 112. Calyce polysépale
d'un Lin.

Fig. 113. Calyce monosépale
d'un Silène.

haut du calyce, des dentelures libres, qui permettent de
reconnaître sans peine le nombre des sépales assemblés.
Quand les sépales sont en entier distincts l'un de l'autre,
le calyce est dit *polysépale*; tel est le cas du lin. Quand
ils sont plus ou moins soudés l'un à l'autre, le calyce est
dit *monosépale*; c'est le cas des silènes. Qu'ils soient distincts ou soudés, les sépales sont groupés autour de
l'axe de la fleur et l'entourent de même que les feuilles
verticillées entourent le rameau. Pour rappeler cette
parité de groupement, on dit que le calyce forme le *verticille* extérieur de la fleur.

Les pétales forment le verticille suivant ou la corolle.
Ce sont de grandes lames minces, délicates, à coloration
vive, d'où le vert est presque toujours exclu. Il y en a

quatre dans le coquelicot, quatre encore dans la giroflée, cinq dans la rose sauvage, le cerisier, le pommier et nos divers arbres fruitiers. Comme les sépales du calyce, les pétales peuvent être distincts l'un de l'autre, ainsi qu'on le voit dans la rose sauvage, le coquelicot, l'œillet ; ou soudés entre eux par les bords sur une longueur plus ou moins grande, comme dans le tabac, la campanule, le liseron. Dans ce dernier cas, les dentelures, les sinuosités, les plis de la corolle, font connaître le nombre de pétales assemblés. Lorsque les pétales sont libres, la corolle est

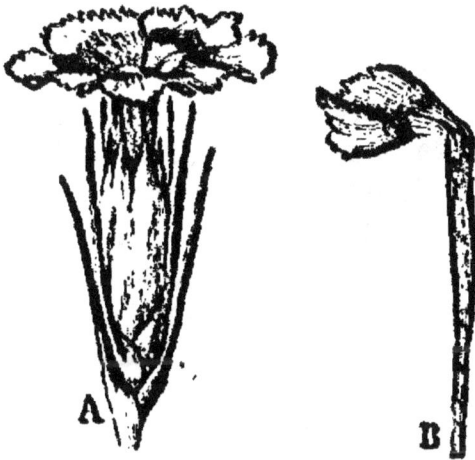

Fig. 114. Fleur polypétale de l'Œillet. A, fleur complète ; B, un des cinq pétales isolé.

Fig. 115. Fleur monopétale de Campanule.

dite *polypétale* ; quand ils sont soudés entre eux, elle est dite *monopétale*.

Malgré l'ampleur, la vive coloration et l'élégance de forme, qui en font, pour le regard superficiel, la partie principale de la fleur, la corolle ne remplit cependant qu'un rôle très-secondaire, moindre même que celui du calyce, propre du moins, par sa robuste contexture, à protéger contre les intempéries les parties plus centrales. C'est une enveloppe de luxe qui manque dans beaucoup de végétaux, dont les fleurs alors passent inaperçues. La plupart de nos arbres forestiers, le chêne, le hêtre, l'orme par exemple, sont dépourvus de corolle, et n'ont pour enveloppes florales que de petites écailles vertes, derniers vestiges d'un calyce. Quand la fleur est dépourvue de corolle, elle est dite *apétale*.

L'ensemble des enveloppes florales, calyce et corolle, porte le nom de *périanthe*. Si l'une ou l'autre des deux enveloppes manque, la fleur est qualifiée de *monopérianthée*. Elle est monopérianthée par défaut de calyce dans le lis, et par défaut de corolle dans nos arbres forestiers. Dans quelques cas plus rares, les deux enveloppes manquent à la fois; la fleur est alors *apérianthée* ou *nue*. Ainsi la fleur des lentilles d'eau se compose uniquement soit d'une étamine soit d'un pistil.

Les étamines forment la troisième rangée circulaire ou le troisième verticille de la fleur. La partie indispensable d'une étamine est l'anthère, avec son contenu poudreux de pollen, dont la fonction est de fertiliser les semences et d'éveiller en elles la vie quand, sous le nom d'ovules, elles commencent à se former dans l'ovaire. Il suffit donc d'une anthère pour constituer une étamine. Le filet qui la porte est d'intérêt secondaire; il peut être plus ou moins court, ou même, quoique assez rarement, manquer en entier. La soudure des étamines entre elles, surtout par leurs filets, se présente quelquefois, mais moins fréquemment que celles des sépales ou des pétales.

Le quatrième et dernier verticille de la fleur est celui du pistil. A cause de leur position centrale, qui les met en contact les unes avec les autres par de grandes surfaces, les diverses pièces dont le pistil se compose sont soudées très-fréquemment entre elles et forment un tout simple en apparence quoique en réalité complexe. Examinons d'abord une fleur où les diverses pièces du pistil soient isolées l'une de l'autre, celle du pied d'alouette, par exemple. Nous y trouverons trois petits sacs ventrus et membraneux, à l'intérieur desquels les jeunes semences ou ovules sont rangés le long de la paroi. Chacun d'eux est surmonté d'un court filament que termine une tête peu apparente mais de structure spéciale. Chacune de ces trois pièces prend le nom de *carpelle*. Le sac membraneux contenant les ovules est l'*ovaire* du carpelle, le prolongement filiforme est le *style*, et la tête terminale est le *stigmate*. Le pistil d'une fleur se compose donc d'un verticille de carpelles, qui, lorsqu'ils ne sont pas soudés entre eux, ont chacun leur ovaire distinct, leur style et leur stigmate.

Mais pressés l'un contre l'autre à cause de leur position au centre de la fleur, les carpelles habituellement se soudent entre eux. Tantôt la réunion a lieu par les ovaires seulement, les styles et les stigmates restant séparés ; tantôt la soudure porte à la fois sur les ovaires et les styles et ne laisse libres que les stigmates ; tantôt enfin les carpelles sont assemblés dans toutes leurs parties en un organe qui paraît simple. Cependant, en ce dernier cas même, il est facile de constater la nature complexe du pistil et de reconnaître le nombre de carpelles dont il se compose, soit par le stigmate

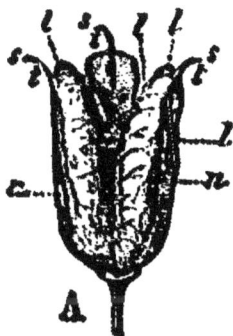

Fig. 116. Pistil de Pied d'alouette.

n, ovaire ; *t*, style ; *s*, stigmate.

commun, divisé par des échancrures en autant de lobes qu'il y a de carpelles assemblés ; soit par l'ovaire commun, qui indique au dehors, par le nombre de ses renflements, de ses plis, de ses sillons, le nombre d'ovaires simples entrant dans la structure du tout. Ainsi dans le pistil du lis, on reconnaît un stigmate à trois lobes, nettement accusés, et un ovaire à trois renflements obtus. Malgré ce qu'il y a de si ample dans sa structure d'ensemble, ce pistil est donc formé par la réunion de trois carpelles.

Alors même que ni le stigmate ni l'ovaire commun ne feraient connaître, par leur configuration, le nombre de carpelles assemblés, un moyen resterait encore de déterminer sûrement ce nombre. Coupons en travers l'ovaire

du lis. Nous verrons qu'il est creusé de trois compartiments ou *loges*, dans chacune desquelles des ovules sont
rangés. Chaque loge est la cavité d'un carpelle ; de leur
nombre, on conclut donc celui des car-
pelles réunis pour constituer le pistil. Soit
encore une pomme, qui est l'ovaire mûri et
grossi de la fleur du pommier. En la cou-
pant en travers, nous y reconnaissons cinq
loges, entourées d'une paroi coriace et
contenant les graines ou pépins. Ces cinq
loges nous indiquent cinq carpelles assemblés. La règle est générale : autant de compartiments ou de loges présente l'ovaire
commun, autant il entre d'ovaires élémentaires dans sa composition, et par conséquent autant de carpelles comprend le pistil.

Fig. 117. Pistil du Lis.

a, stigmate ; b, style ; c, ovaire.

Nous venons de reconnaître dans une
fleur quatre verticilles, savoir : celui du calyce, dont les pièces élémentaires sont les
sépales ; celui de la corolle, composé de pétales ; celui des étamines ; celui du pistil,
formé de carpelles. Sous le rapport de leur nombre et de
leur position respective, les pièces dont se composent
ces quatre verticilles suivent certaines règles,
à exceptions très-nombreuses du reste. Mentionnons d'abord les règles et laissons les
exceptions pour les signaler à mesure qu'elles
se présenteront.

Fig. 118. Ovaire du Lis coupé transver-salement.

Dans les végétaux dicotylédonés, le nombre
des pièces de chaque verticille floral fréquemment est cinq ; et dans les végétaux
monocotylédonés, ce nombre est fréquemment trois. Le nombre cinq caractérise pour
ainsi dire l'architecture florale des végétaux à deux cotylédons ; et le nombre trois, celle des végétaux à un
seul cotylédon. Cette loi est la conséquence d'un

principe relatif à l'arrangement des feuilles. La fleur, vous ai-je déjà dit, est un rameau d'une structure à part; ses diverses parties sont des feuilles métamorphosées. Nous devons donc retrouver dans l'arrangement des parties de la fleur quelques traces des lois qui président à l'arrangement des feuilles sur le rameau. Or dans les végétaux dicotylédonés, les feuilles très-fréquemment se superposent de cinq en cinq, et reprennent, sur la spirale, la coordination des cinq premières; dans les monocotylédonés, elles se superposent de trois en trois. Si le rameau se raccourcit à l'extrême pour devenir la fleur, les feuilles de chaque série de cinq ou de chaque série de trois se rassemblent en un verticille, et c'est ainsi que les pièces des divers verticilles floraux se comptent par cinq dans les dicotylédonés et par trois dans les monocotylédonés.

Chaque genre d'organes, notamment les pétales et les étamines, ne forme pas toujours une rangée circulaire unique autour de l'axe, enfin un seul verticille, comme le suppose l'exposé qui précède. La corolle, par exemple, peut comprendre deux verticilles de pétales, ou davantage, disposés à l'intérieur l'un de l'autre; de même les étamines peuvent former deux ou plusieurs rangées. Or, il est de règle que dans ces verticilles répétés, le nombre de pièces se maintient le même, ce qui double, triple le total des pétales, des étamines. Vous voyez par là que le nombre cinq peut être remplacé par l'un de ses multiples dans les fleurs dicotylédonées, et le nombre trois par l'un de ses multiples dans les fleurs monocotylédonées.

Comme exemples prenons la fleur du pommier et celle du lis. La première, appartenant à un végétal dicotylédoné, comprend cinq sépales au calyce, cinq pétales à la corolle, des étamines au nombre de vingt environ, enfin cinq carpelles reconnaissables aux cinq loges de la pomme. La seconde, appartenant à un végétal monocotylédoné, comprend un double verticille d'enveloppes florales, chacun de trois; un double verticille d'éta-

mines, chacun de trois aussi ; enfin un pistil composé (e
trois carpelles.

N'oublions pas que cette loi numérique comporte de
fréquentes exceptions, sinon toujours dans l'ensemble
des verticilles floraux, du moins dans quelques-uns.
Ainsi la fleur de l'amandier, construite comme celle du
pommier sur le type quinaire, n'a cependant qu'un seul
carpelle au pistil, comme nous le montre l'ovaire mûr ou
l'amande.

La seconde loi concerne l'arrangement des parties de
la fleur. Nous avons reconnu que, sur le rameau, les
feuilles verticillées alternent, c'est-à-dire que les feuilles
d'un verticille quelconque sont placées en face des intervalles du verticille immédiatement inférieur, afin que
l'accès de la lumière soit gêné le moins possible. Il y a
une semblable alternance dans les organes floraux, chaque
verticille qui suit alterne avec le verticille qui précède.
Ainsi les pétales sont placés en face des intervalles des
sépales ; les étamines, en face des intervalles des pétales ;
les carpelles enfin, en face des intervalles des étamines.
Cette loi d'alternance ne souffre qu'un petit nombre d'exceptions.

. Pour représenter la distribution d'un édifice, les archi-
tectes imaginent une section qui couperait les murs horizontalement. Le dessin de cette section est le plan de
l'édifice. La botanique obtient de la même manière le
plan de la fleur ; elle en représente les divers organes par
une section perpendiculaire à son axe, ce qui permet de
figurer, avec une netteté géométrique, l'arrangement
des parties florales entre elles. Un tel dessin se nomme
diagramme de la fleur. Voici, pour une fleur dicotylédonée et pour une fleur monocotylédonée, les diagrammes
généraux qui mettent sous les yeux la loi numérique et
la loi d'alternance.

Dans le diagramme de la fleur dicotylédonée, les cinq
traits extérieurs *s* représentent les cinq sépales du calyce.
En face de leurs intervalles sont placés les cinq pétales

p ; viennent ensuite, en alternant toujours, les cinq étamines *e*, que l'on représente par un trait bouclé à cause
de la double loge de l'anthère ; enfin les cinq carpelles *c*,
avec leur contenu d'ovules, font face aux intervalles des
étamines.

Dans le diagramme de la fleur monocotylédonée, *p* et
p' représentent deux verticilles d'enveloppes florales, alternant entre elles, et généralement douées toutes les deux
de la coloration propre aux corolles. C'est ainsi que dans le
lis et la tulipe, on trouve, presque également riches en
coloris, trois pétales intérieurs. A ne tenir compte que

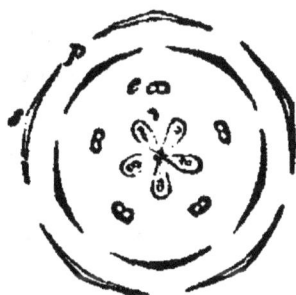

Fig. 119. Diagramme d'une fleur
dicotylédonée.

s, sépales ; *p*, pétales ; *e*, étamines ; *c*, carpelles.

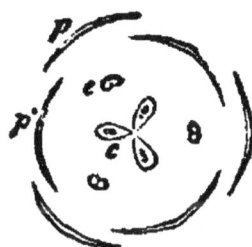

Fig. 120. Diagramme d'une fleur
monocotylédonée.

p et *p'*, pétales ; *e*, étamines ;
c, carpelles.

de leur position, les trois pièces extérieures sont assimilables aux sépales d'un calyce, mais la couleur verte
leur manque la plupart du temps. Néanmoins quelques
fleurs monocotylédonées, telle est l'éphémérine de Vir-
ginie, ont les trois pièces extérieures vertes et sont alors
réellement douées d'un calyce. Quelques autres associent,
dans ce verticille extérieur, les caractères du calyce et
ceux de la corolle. Ainsi l'ornithogale en ombelle, fréquente dans tous nos champs cultivés, a les trois pièces
extérieures blanches au dedans et vertes au dehors. Par
sa face externe, ce verticille de l'ornithogale est un calyce ;
par sa face interne, c'est une corolle. Quoi qu'il en soit

de l'indécision où nous laisse parfois le verticille extérieur du périanthe dans les végétaux monocotylédonés, avec les trois pétales intérieurs alternent trois étamines *e*. Quelquefois, comme dans le lis et la tulipe, à ces trois étamines s'en adjoignent trois autres, un peu plus intérieures et alternant avec les premières. Enfin trois carpelles *o* font face aux intervalles du dernier verticille d'étamines.

Dans une fleur, les organes absolument indispensables sont le pistil, dont l'ovaire contient les ovules, et en second lieu les étamines, dont le pollen vivifie ces ovules et les fait se développer en graines fertiles. La grande majorité des plantes possède les deux genres d'organes réunis dans la même fleur, le pistil au centre, les étamines autour du pistil. Mais quelques végétaux ont deux espèces de fleurs qui mutuellement

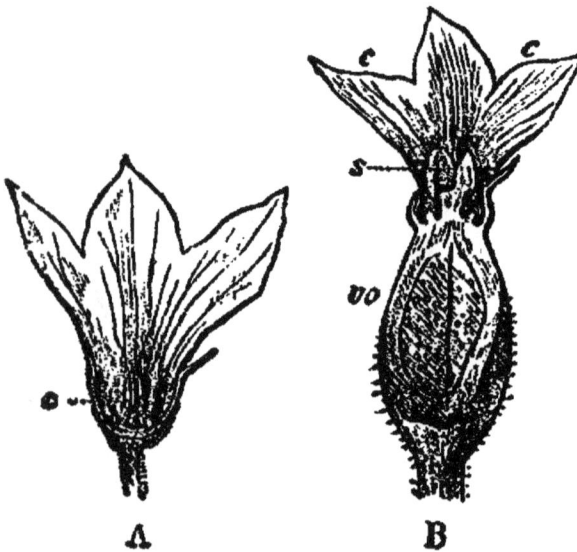

Fig. 121.

A. fleur staminée de la Citrouille; *e*, étamines;
B, fleur pistillée de la Citrouille; *vo*, ovaire;
s, stigmate; *c*, corolle.

se complètent, les unes donnant les ovules, les autres le pollen. A l'intérieur de leurs enveloppes florales, les fleurs uniquement destinées à produire du pollen ne contiennent que des étamines, sans pistil. On les nomme *fleurs à étamines* ou *fleurs staminées*. Les autres, uniquement destinées à produire des ovules, ne contiennent que le pistil, sans étamines. On les nommes *fleurs à pistil*, ou fleurs *pistillées*.

Tantôt les fleurs staminées et les fleurs pistillées

viennent à la fois sur la même plante, sur le même pied. Pour désigner cette communauté d'emplacement, d'habitation en quelque sorte, on dit que la plante est *monoïque*. La citrouille et le melon, par exemple, sont monoïques. Sur la même plante, sur le même rameau, se trouvent à la fois des fleurs à étamines et des fleurs à pistil. Les premières, après l'émission du pollen, se fanent et se détachent de la plante sans laisser de traces ; les secondes, tout d'abord reconnaissables à leur gros renflement inférieur, ne tombent pas en entier , une fois flétries : elles laissent en place leur ovaire fertilisé, qui devient le fruit.

Tantôt enfin, les fleurs staminées et les fleurs pistillées se trouvent sur des pieds différents, de manière que, pour la fructification, deux plantes distinctes sont nécessaires, l'une fournissant les ovules et l'autre le pollen. La plante est dite alors *dioïque*. Tels sont le chanvre et la bryone. Seule, la plante pistillée fructifie et donne des graines. La plante staminée n'en donne jamais, mais elle n'est pas moins indispensable, car, en l'absence de son pollen, la fructification serait impossible.

III

Périanthe.

Coloration du calyce. — Sa durée. — Calyce caduc, persistant, marcescent, accrescent. — Régularité et irrégularité du calyce. — Calyce labié, éperonné. — Calyce libre et calyce adhérent. – Calycule. – Aigrettes. — Corolle. — Corolles polypétales régulières, irrégulières. — Corolles monopétales régulières, irrégulières. — Eperons. — Pélorie. — Structure du linaire pélorisé.

CALYCE.

Nous avons nommé périanthe l'ensemble des enveloppes florales, calyce et corolle ; revenons maintenant sur ces deux verticilles pour examiner leurs principales modifications. — Sous le rapport de la couleur, le plus souvent verte, ainsi que sous le rapport de la consistance, le calyce est le verticille qui rappelle le mieux les feuilles ordinaires, d'où la fleur dérive par métamorphose. Néanmoins la coloration verte n'est pas un caractère invariable du calyce ; ce verticille assez fréquemment prend des teintes qui rivalisent avec celles de la corolle, ainsi qu'on le voit, par exemple, dans le grenadier, où il est d'un rouge écarlate aussi vif que celui des pétales. Mentionnons encore, comme possédant au plus haut degré l'éclat de la corolle, le calyce du fuschia et celui de la sauge éclatante. Quelquefois enfin, par la délicatesse de leur tissu aussi bien que par leur coloration, les sépales se confondent avec les pétales, comme dans l'aconit, l'ancolie. Le calyce est dit alors pétaloïde.

Fig. 122. Ancolie.

Généralement le calyce est la partie du périanthe dont la durée est la plus longue. Il survit à la corolle, et son rôle protecteur à l'égard de la fleur en bouton se continue à l'égard de l'ovaire pendant qu'il mûrit et devient fruit. Néanmoins, dans quelques plantes, comme dans le coquelicot, il se détache et tombe au moment où la corolle s'épanouit. Dans ces conditions, il est appelé calyce *caduc*. Lorsqu'il survit à la corolle et persiste autour de l'ovaire, tantôt il conserve à peu près son aspect primitif ; tantôt il se dessèche tout en restant en place et conservant sa forme ; tantôt enfin il continue de s'accroître, et parfois s'épaissit, devient charnu. Un exemple de ce dernier cas nous est fourni par la rose, dont le fruit rouge se compose au dedans de nombreuses semences entremêlées de poils courts, et au dehors d'une enceinte charnue dont la paroi est formée par le calyce, supérieurement épanoui en cinq lanières, et disposé inférieurement, par la soudure des sépales, en un profond godet ovalaire. Dans le coqueret ou physalis, le calyce, d'abord vert et de médiocre ampleur, devient plus tard, autour de l'ovaire, une volumineuse vessie d'un rouge écarlate. Les calyces qui persistent après la chute de la corolle sont dits *persistants* s'ils conservent leur premier aspect, *marcescents* s'ils se dessèchent, *accrescents* s'ils continuent à s'accroître.

Qu'il soit à sépales libres ou à sépales soudés, le calyce est *régulier* lorsque ses divisions sont toutes semblables entre elles et symétriquement disposées autour d'un point central. Tels sont les calyces de la rose, de la bourrache, du cerisier. Lorsque cette similitude et cet arrangement symétrique manquent, le calyce est *irrégulier*. Parmi les calyces irréguliers, l'un des plus remarquables est celui qu'on nomme *bilabié*, à cause de sa division en deux parties inégales qu'on a comparées aux deux lèvres de la bouche. Il se compose de cinq sépales soudés entre eux inférieurement et libres à l'orifice, où ils forment cinq dents réparties en deux groupes inégaux, que séparent des échancrures plus profondes que les autres. Dans la sauge, le thym et la majorité des plantes de la famille des labiées, le groupe d'en haut ou *lèvre supérieure* comprend trois dents, le groupe d'en bas ou *lèvre inférieure* en comprend deux.

Un calyce exceptionnel par sa forme est celui qu'on appelle *éperonné*, et dont le pied d'alouette et la capucine nous offrent des exemples. Dans le pied d'alouette, le calyce est le plus développé des deux verticilles du périanthe et a l'aspect d'une élégante corolle. Son sépale supérieur se prolonge à la base en un sac étroit et conique que l'on nomme *éperon*; les autres sépales sont dépourvus d'un pareil prolongement. Un éperon analogue, mais formé par le concours de trois pièces calycinales, se trouve dans la capucine.

Non-seulement les pièces calycinales peuvent se souder entre elles par les bords et former ainsi un calyce monosépale, mais encore elles peuvent contracter adhérence

intime avec les organes plus intérieurs, notamment avec
l'ovaire. Le calyce est *libre* s'il n'est pas soudé aux verticilles suivants ; dans le cas contraire, il est *adhérent*.
La garance, le cognassier, le poirier, l'aubépine, ont des
calyces adhérents ; le mouron, le tabac, l'œillet, la giroflée, ont des calyces libres.

Un moyen fort simple permet de reconnaître à laquelle
des deux catégories un calyce se rapporte, alors même
que l'observation directe est rendue impraticable par des
soudures difficiles à démêler. Remarquons que l'ovaire,
étant le verticille central de la fleur, est aussi le plus
élevé sur l'axe, si réduit que soit ce dernier ; les trois
autres verticilles doivent donc le précéder et avoir attache au-dessous de lui. C'est effectivement ce que l'on
observe dans toutes les plantes où les verticilles sont sans
adhérence entre eux. Alors pour voir l'ovaire, terminaison de l'axe, il faut écarter les enveloppes florales, et
c'est au centre de celles-ci qu'on le trouve. Mais supposons
que le périanthe, dans sa partie inférieure, soit étroitement soudé à l'ovaire, et que par delà il s'épanouisse
en liberté. Dans ce cas, le calyce et la corolle sembleront
prendre naissance au-dessus de l'ovaire, bien qu'en réalité ils prennent naissance au-dessous ; de plus, l'ovaire,
revêtu du périanthe, formera à la base de la fleur un
renflement que rien ne dérobe à la vue. Eh bien ! toute
fleur dont l'ovaire est caché au centre des enveloppes
florales a un calyce libre ; toute fleur dont l'ovaire se
montre au dehors sous forme d'un renflement, au-dessus
duquel paraît prendre naissance le périanthe, a un calyce
adhérent. En examinant les fleurs de l'aubépine, de l'iris,
du narcisse, vous reconnaîtrez sans peine, à l'extrémité
du pédoncule, un renflement que rien ne voile. Le lis, au
contraire, la sauge, la pomme de terre, n'ont pas de renflement à l'extrémité du pédoncule. Les premières fleurs
ont un calyce adhérent, les secondes ont un calyce
libre.

Lorsqu'il est sans adhérence avec le calyce, l'ovaire se

montre à sa réelle place, il occupe l'extrémité de l'axe floral, il est supérieur au périanthe et porte pour ce motif le nom d'ovaire supère. Par sa soudure avec les verticilles qui précèdent, l'ovaire en réalité ne change pas de place, il reste tou- jours le verticille ter- minal ; mais comme alors il se montre sous la forme d'un renfle- ment inférieur en ap- parence au périanthe,

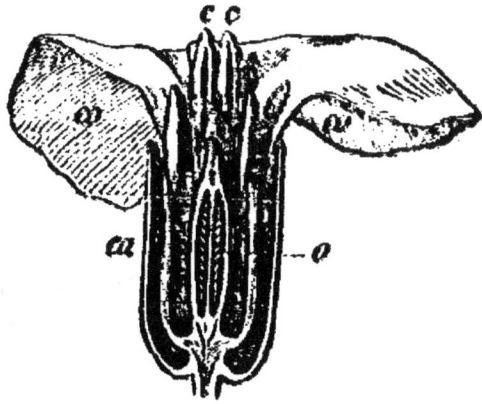

Fig. 123. Coupe de la fleur de Giroflée. ca, calyce; co, corolle ; ee, étamines, o, ovaire supère.

il prend le nom d'ovaire infère. Avec un calyce libre, l'ovaire est supère, exemple la giroflée ; avec un calyce adhérent, il est infère, exemple la rose.

Dans quelques plantes, les bractées les plus rapprochées de la fleur se groupent en un verticille ayant l'aspect d'un calyce et désigné pour ce motif sous le nom de *calycule*. On peut regarder ces fleurs comme douées d'un double verticille calyci- nal, celui du calycule d'abord, puis celui du calyce. Tantôt les piè- ces du calycule sont en même nombre que les sépales, et alors elles alternent réguliè- rement avec ces der- niers, ainsi qu'on le

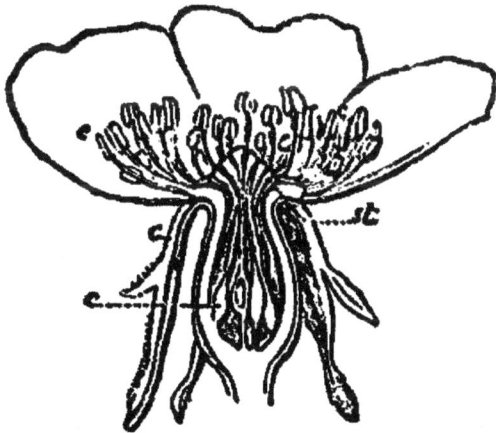

Fig. 124. Coupe de la fleur du Rosier sau- vage. c, calyce soudé avec l'ovaire; o, car- pelles; st, stigmates; e, étamines.

voit dans la fleur du fraisier; tantôt elles sont en nombre moindre et par conséquent sans alternance possible, comme nous le montrent les mauves, où le calycule est à trois folioles.

Dans les composées, le calyce est adhérent et s'épanouit au-dessus de l'ovaire en une *aigrette* de forme variable et dont les deux figures ci-jointes donnent une idée. L'aigrette de l'hélianthe est formée d'un petit nombre de courtes écailles ; celle du pissenlit s'allonge en une fine tige, qui s'épanouit, à l'extrémité supérieure, en un élégant pinceau de filaments étalés et soyeux. Dans le centranthe, de la famille des valérianées, le calyce, également adhérent, s'épanouit en une aigrette dont les filaments sont plumeux.

Fig. 125. Fleur du
Fraisier.

Calycule et calyce
alternant entre eux.

Nous avons nommé *apétales* les fleurs dépourvues de

Fig. 126. Aigrette du
Pissenlit.

Fig. 127.
Aigrette de
l'Hélianthe.

Fig. 128. Aigrette du Centranthe.

corolle et dont le périanthe se compose ainsi du seul calyce. La configuration de cette enveloppe unique est trop variable pour se prêter à une description générale ; nous dirons seulement que, dans bien des cas, le verticille calycinal se réduit à l'expression la plus simple, et consiste en quelques petites écailles, ou même en une seule. Parfois cependant le périanthe formé du seul calyce s'embellit jusqu'à faire oublier la corolle absente. Tel est le cas de l'aristoloche siphon, vulgairement pipe de tabac, dont on garnit les tonnelles et les berceaux des jardins. Son périanthe, en forme de pipe, est lavé de jaune et de rouge noir, et s'étale à l'orifice en trois lobes obtus, que l'on pren-

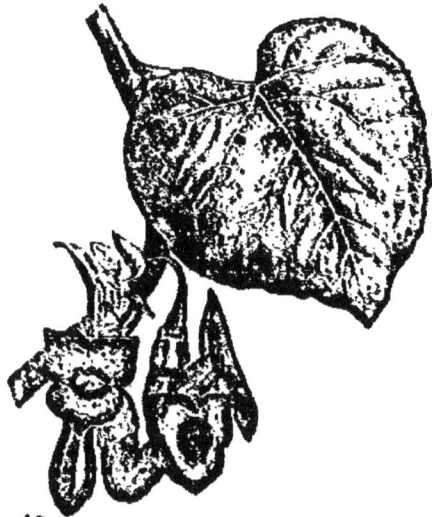

Fig. 129. Aristoloche siphon.

drait pour les lobes d'une corolle. Remarquez, dans la même fleur, l'ovaire infère, accusé par le renflement qui termine le pédoncule.

COROLLE.

Les folioles dont la corolle se compose se nomment pétales. Leur structure est à peu près celle des feuilles : on y trouve des nervures, un épiderme, et un tissu cellulaire où, sauf quelques cas assez rares, manquent les grains verts de chlorophylle ; aussi ces organes sont-ils impropres à la décomposition du gaz carbonique. Dans un pétale, on distingue une partie élargie, correspondant au limbe de la feuille et nommée elle-même *limbe* ; puis une partie rétrécie, nommée *onglet* et représentant le pétiole. Très-fréquemment l'onglet est fort court ou nul, et le pétale est alors *sessile*. Si les pétales sont libres, la corolle est dite *polypétale* ; s'ils sont soudés entre eux par les bords, elle est dite *monopétale*. Dans l'un comme dans l'autre cas, la corolle peut être composée de pétales semblables entre eux et semblablement disposés autour du centre ; ou bien de pétales dissemblables et non symétriquement arrangés autour du point central. De là résulte la division des corolles en *régulières* et *irrégulières*.

A. *Corolles polypétales régulières.*

Dans cette catégorie sont à distinguer trois formes principales, savoir :

La corolle *rosacée*, dont nous trouvons le type dans la rose sauvage ou fleur de l'églantier. Elle se compose de cinq pétales sans onglet, étalés en rosace. La plupart de nos arbres fruitiers , poirier , pommier , cerisier ,

Fig. 130. Fra ier.
Corolle rosacée.

Fig. 131. Colza.
Corolle cruciforme.

pêcher, prunier, abricotier, cognassier, amandier, ont des fleurs se rapportant à cette forme.

La corolle *cruciforme* appartient au colza, au radis, au navet, au chou, enfin à la famille dès crucifères. Elle se compose de quatre pétales à long onglet, opposés deux à deux et figurant ainsi une croix.

La corolle *caryophyllée* a pour type l'œillet et se retrouve dans toute la famille des caryophyllées, dont l'œillet lui-même fait partie. Elle comprend cinq pétales dont le limbe s'infléchit à angle droit à l'extrémité d'un long onglet, qui plonge dans un profond calyce monosépale.

B. *Corolles polypétales irrégulières.*

Une seule forme porte un nom spécial, celui de corolle *papilionacée*; les autres sont comprises sous une dénomination qui ne précise rien. Accordons notre attention à la structure si remarquable de la fleur du pois. Le calyce monosépale enlevé, nous reconnaîtrons cinq pétales

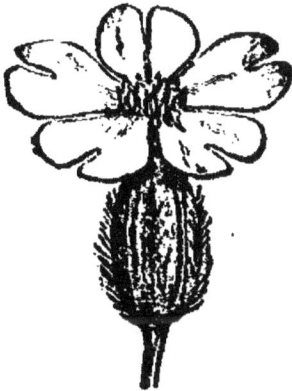

Fig. 132. Lychnis.
Corolle caryophyllée.

Fig. 133. Pois.
Corolle papilionacée.

inégaux, dont le plus grand occupe la partie supérieure de la fleur et s'épanouit en large limbe. Ce pétale prend le nom d'*étendard*. Deux autres pétales, de dimension moindre et semblables entre eux, occupent chacun l'un des flancs de la fleur, et viennent s'adosser par leur bord en avant. On les nomme les *ailes*. Enfin sous l'espèce de toit formé par les deux ailes, est une pièce légèrement courbée à la face inférieure et imitant l'arète d'une carène de navire. Cet forme lui a valu le nom de *carène*. Cette pièce est formée de deux pétales accolés ou même légèrement soudés l'un à l'autre. Dans la cavité ou nacelle qui résulte de leur ensemble, sont contenus les organes de la fructification. La corolle ainsi construite prend le nom de *papilionacée*, à cause d'une vague ressemblance de papillon qu'on a voulu y voir. Elle est caractéristique de la famille des papilionacées, à laquelle appartiennent le pois, le haricot, la fève, le trèfle, la luzerne.

Les autres formes irrégulières de la corolle polypétale, comme celle de la pensée, de la violette, de la balsamine, de la capucine, des orchis, de l'aconit, du pied d'alouette, sont comprises sous la dénomination générale de corolles *anomales*.

C. *Corolles monopétales régulières.*

Dans cette division sont comprises sept formes :

1° *Corolle tubulée.* Elle se compose d'un tube plus ou moins long, sans épanouissement d'ampleur disproportionnée. Les fleurons des composées, les fleurs de la consoude officinale, appartiennent à cette forme.

2° *Corolle campanulée.* Par son

Fig. 136. Bourrache.
Corolle rotacée

Fig. 134. Consoude officinale.
Corolle tubulée.

Fig. 135. Liseron.
Corolle infundibuliforme.

Fig. 137. Bruyère cendrée.
Corolle urcéolée.

tube large à la base et graduellement évasé, elle rappelle la forme d'une cloche. Exemple : les fleurs des campanules.

3º *Corolle infundibuliforme.* Comme son nom l'indique, elle a la forme d'un entonnoir plus ou moins ouvert. Exemples : le liseron, le tabac, la stramoine.

4º *Corolle hypocratériforme.* Limbe étalé à plat, en soucoupe, à l'extrémité d'un tube long et étroit. Le jasmin, le lilas, la primevère.

5º *Corolle rotacée.* Limbe étalé à plat, en roue, à l'extrémité d'un tube très-court. Bourrache, mouron.

6º *Corolle étoilée.* Limbe à cinq divisions aiguës, formant les cinq branches d'une étoile, à l'extrémité d'un tube très-court. Garance, caille-lait, et en général la famille des rubiacées.

7º *Corolle urcéolée.* Corolle renflée en manière de petite cruche, et rétrécie à l'orifice. Exemples : les fleurs des diverses bruyères.

D. *Corolles monopétales irrégulières.*

Dans cette division se classent les formes suivantes :

1º *Corolle labiée.* Cinq lobes, tantôt plus, tantôt moins distincts, composent le limbe, épanoui à l'extrémité d'une longue partie tubuleuse, et indiquent cinq pétales dans la structure de cette corolle. Ils se divisent en deux groupes inégaux ou *lèvres*, séparées l'une de l'autre par deux profondes échancrures latérales. La lèvre supérieure comprend deux lobes, indiqués fréquemment, mais non toujours, par une fissure médiane; la lèvre inférieure en comprend trois, presque toujours nettement accusés. En outre, les deux lèvres sont largement bâillantes, et laissent à découvert l'entrée ou la *gorge* de la partie tubuleuse. La famille des labiées, à laquelle appartiennent le thym, la sauge, le basilic, la menthe, la lavande, le romarin, la sarriette, doit son nom à cette configuration labiée de la corolle, générale dans l'ensemble des végétaux qu'elle comprend. Le calyce est lui-même *labié*, mais l'alternance des sépales et des pétales amène une répartition inverse dans les lèvres des deux verticilles consécutifs. La lèvre supérieure du calyce est à trois sépales, et celle de la corolle à deux pétales ; tandis que la lèvre inférieure comprend deux sépales dans le calyce et trois pétales dans la corolle.

2° *Corolle personnée.* Comme la précédente, elle est divisée en deux lèvres, la supérieure à deux lobes, l'inférieure à trois ; seulement cette dernière se renfle en une voûte qui ferme l'entrée de la fleur. La pression des doigts sur les côtés fait bâiller les deux lèvres, qui se

Fig. 138. Lamier.
Corolle labiée.

Fig. 139. Muflier.
Corolle personnée.

Fig. 140. Digitale.
Corolle digitaliforme.

referment dès que la pression cesse. De là une certaine ressemblance avec la gueule ou le mufle d'un animal, ressemblance qui fait donner à la plante où cette forme est le mieux accentuée, le nom de muflier ou gueule-de-loup. On a voulu voir encore quelque analogie d'aspect entre les deux grosses lèvres du muflier et les traits exagérés du masque dont les acteurs se couvraient la tête sur les théâtres antiques pour représenter le personnage dont ils remplissaient le rôle. C'est de là que provient l'expression de corolle *personnée,* du mot latin *persona,* masque de théâtre.

3° *Corolle digitaliforme.* La digitale, vulgairement

gantelée, gant de Notre-Dame, a des fleurs légèrement
irrégulières, dont la forme rappelle l'extrémité d'un doigt
de gant. Le nom scientifique de la plante, ses noms vulgaires, ainsi que celui de la corolle, font allusion à cette
forme.

Nous avons vu la base de certains sépales se prolonger
en une profonde cavité étroite et conique que l'on
nomme éperon. La même particularité se retrouve dans
les pétales de quelques fleurs. Ainsi l'ancolie a cinq
sépales pétaloïdes dont la forme n'a rien d'exceptionnel,
mais avec eux alternent cinq pétales prolongés chacun en
un long éperon, légèrement crochu à l'extrémité. L'é-
peron est fréquent surtout dans
les fleurs irrégulières. Dans le
muflier, il se réduit à une
gibbosité obtuse; dans la violette, il forme un sachet un peu
courbe; dans les linaires, il est
disposé en long appendice aigu.

Dans certaines conditions, les
fleurs irrégulières prennent ac-
cidentellement une forme régulière, comme si elles revenaient
à un type symétrique dont elles

Fig. 141. Ancolie.
Pétales éperonnés.

ne seraient que des déviations permanentes. Cette transformation se nomme *pélorie*. Sans être jamais fréquente,
elle apparaît surtout dans les fleurs à forme personnée,
notamment dans les linaires. A l'état habituel, une fleur
de linaire comprend cinq pétales distribués en deux
lèvres. Les deux pétales dont la réunion constitue la
lèvre supérieure sont semblables entre eux, mais diffèrent
des trois de la lèvre inférieure. Parmi ces derniers, les
deux latéraux se ressemblent; mais le médian, ou
pétale inférieur, a une configuration à part, et seul des
cinq se prolonge en éperon. Quand la fleur se *pélorise*,
c'est-à-dire prend une forme régulière, tous les pétales
sont absolument pareils au pétale éperonné. La corolle

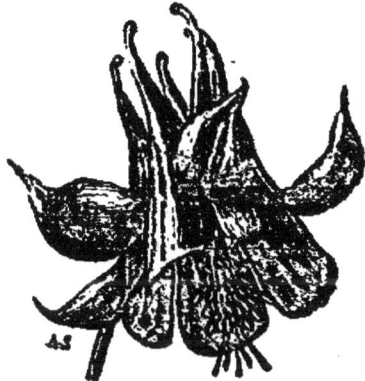

est alors parfaitement régulière et comprend cinq lobes égaux, terminés chacun par un éperon égal. La régularité ne se borne pas à la corolle, elle affecte aussi le verticille suivant. Dans son état ordinaire, une fleur de linaire contient quatre étamines au lieu de cinq qui serait le nombre normal ; et l'étamine absente est représentée par un vestige de filament sans anthère. Des quatre étamines qui restent, deux sont plus longues et deux plus courtes. Dans la fleur pélorisée, l'étamine absente reparaît, les quatre autres s'égalisent en longueur, et les cinq, toutes exactement pareilles, forment un verticille régulier, alternant avec les cinq lobes de la corolle.

Fig. 142. Linaire.
Fleurs éperonnées.

IV

Organes de la Fructification.

Structure des étamines. — Leur nombre. — Étamines didynames. — Vestiges de la cinquième étamine. — Disposition des étamines latérales. — Étamines tétradynames. — Étamines monadelphes, diadelphes, polyadelphes. — Étamines syngénèses. — Structure de l'anthère. — Loges et connectif. — Pollen, sa coloration, sa forme. — Enveloppes polliniques. — Fovilla. — Tubes polliniques. — Expériences. — Structure du pistil. — Placenta. — Divers modes de placentation. — Théorie du carpelle. — Ovules. — Leur structure.

ÉTAMINES.

Une étamine est généralement formée d'un support délié, plus ou moins long, nommé *filet,* et d'un organe terminal, l'*anthère*, contenant la poussière, habituellement jaune, que l'on nomme *pollen*. L'anthère avec son contenu poudreux est la partie vraiment indispensable de l'étamine ; le filet n'a qu'une importance très-secondaire. Celui-ci peut être libre de toute adhérence avec les organes voisins, ou bien être soudé avec eux sur une portion plus ou moins grande de sa longueur. Ainsi dans les fleurs monopétales, les filets sont assez souvent soudés avec la corolle.

Fréquemment les étamines sont en même nombre que les pétales, avec lesquels elles alternent ; mais fréquemment aussi elles sont en nombre tantôt moindre, tantôt plus grand. Leur multiplicité résulte parfois de plusieurs verticilles qui alternent les uns avec les autres et doublent, triplent le nombre d'une simple rangée. On trouve, par exemple, deux verticilles de cinq étamines chacun dans l'œillet et les saxifrages, dont les pétales sont au nombre de cinq. Parfois encore les étamines deviennent si nombreuses, qu'aucun ordre d'alternance par verticilles successifs ne préside peut-être à leur arrangement ou du moins est impossible à constater. C'est ce qui a lieu dans le coquelicot. Enfin quand les étamines sont en nombre moindre que les pétales, dans bien des cas on reconnaît que l'inégalité provient du défaut de développement de quelques-unes d'entre elles, dont il est souvent facile de déterminer la place et même de trouver des vestiges, ainsi que nous allons le voir.

Les corolles irrégulières sont souvent affectées d'un développement inégal dans le verticille des étamines. Les labiées et les personnées sont surtout remarquables sous ce rapport. Rappelons d'abord, en peu de mots, la structure de ces corolles. Elles sont partagées en deux lèvres, que séparent deux profondes échancrures latérales. La

Fig. 143. Étamines didynames.

a, étamines inférieures plus longues; b, étamines supérieures plus courtes.

lèvre supérieure, formée de la réunion de deux pétales, présente en son milieu une fissure, tantôt plus, tantôt moins prononcée, indice de sa composition binaire. La lèvre inférieure en présente deux, indice de trois pétales assemblés. Le limbe de la corolle a donc en tout cinq échancrures, correspondant aux lignes de démarcation des cinq sépales soudés, savoir : une en haut, deux latéralement, deux en bas. A chacune d'elles, d'après la loi d'alternance, devrait correspondre une étamine. Mais l'irrégularité de la fleur amène la disposition suivante : 1° l'étamine supérieure manque, 2° les deux étamines latérales sont courtes, 3° les deux étamines inférieures sont longues. Il n'y a donc en tout, dans les corolles labiées et dans les corolles personnées, que quatre étamines, dont deux sont plus longues et deux sont plus courtes. On désigne cette disposition par couples inégaux en disant que les étamines sont *didynames*.

Des cinq étamines que contiendrait la fleur si elle était régulière, et qu'on trouve en effet dans la corolle pélorisée, c'est toujours la supérieure qui disparaît, mais en laissant parfois des vestiges. Ainsi, dans diverses fleurs personnées, on voit, en face de la fissure supérieure, un court filament, un appendice rudimentaire, qui est la base de l'étamine non développée. Si la fleur est moins irrégulière, ce vestige d'étamine peut devenir un véritable filet, mais un filet privé d'anthère. Ainsi le penstémon, dont le nom fait allusion à la présence de cinq étamines bien que la plante appartienne aux personnées, a quatre filets staminaux pourvus d'une anthère, et le cinquième, celui d'en haut, sans anthère. Enfin dans les fleurs pélorisées des linaires, c'est l'étamine d'en haut qui reparaît pour compléter le verticille.

Les deux étamines latérales, correspondant aux profondes échancrures qui séparent les deux lèvres, sont toujours plus courtes que les deux inférieures. Cette diminution dans la longueur indique un affaiblissement qui, s'il s'exagérait, aurait pour conséquence la disparition des deux étamines latérales, de manière que le verticille serait réduit aux deux étamines inférieures. Ce cas se présente dans quelques labiées, par exemple dans les sauges et dans le romarin.

Habituellement, dans une fleur régulière, les étamines sont égales en longueur, du moins pour un même verticille ; mais si la fleur a deux verticilles staminaux, il n'est pas rare que celles de l'un soient plus longues que celles de l'autre, ainsi qu'on le constate dans les œillets et les silènes. L'inégalité est plus frappante quand le verticille staminal est unique. Un cas de ce genre est général dans toute la famille des crucifères et constitue l'un de ses caractères les plus nets. Prenons, par exemple, une fleur de giroflée, de chou, de radis, de colza, n'importe ; nous reconnaîtrons que les quatre sépales du calyce ne sont pas exactement égaux entre eux : il y en a deux, opposés l'un à l'autre, qui sont un peu renflés à la base et comme bossus ; la seconde paire n'a rien de semblable. Or, en face de chaque sépale bossu, on trouve une étamine courte, tandis que en face de chaque sépale sans renflement, on trouve une paire d'étamines

longues. Le verticille se compose ainsi de six étamines,
dont quatre plus longues et deux plus courtes. Les
quatre étamines longues sont assemblées deux par deux
en face des sépales sans renflement à la base ; les deux
étamines plus courtes sont placées une à une en face
des sépales bossus. Pour rappeler cet excès en longueur
de quatre étamines sur les deux autres, on dit que les
étamines des crucifères sont *tétradynames*. A la même
expression, il faut rattacher encore l'idée de groupe-

Fig. 114. Étamines té-
tradynames d'une
Crucifère.

Fig. 115. Étamines
monadelphes d'une
Malvacée.

Fig. 116. Étamines
diadelphes d'une Pa-
pilionacée.

ment en couples égaux d'une part, et en étamines isolées de l'autre, ainsi qu'il vient d'être établi.

Lorsque les étamines adhèrent entre elles, c'est habituellement par les filets. Tantôt tous les filets sont soudés
entre eux en une colonne creuse que traverse le pistil
et dont le sommet se divise en une abondante houppe
d'anthères. Cette disposition s'observe dans la mauve,
la guimauve, la rose trémière, enfin dans toute la famille
des malvacées. Tantôt les filets ne sont soudés en un
seul corps qu'à la base, comme dans la lysimachie vulgaire. Dans l'un et l'autre cas, les étamines sont dites

monadelphes, c'est-à-dire réunies en un seul faisceau par l'adhérence des filets.

Elles sont *diadelphes* lorsque l'adhérence des filets partage le verticille staminal en deux groupes. Ainsi les diverses fleurs à corolle papilionacée, comme celles du pois, du haricot, des gesses, ont dix étamines, dont neuf sont soudées entre elles par leurs filets en un canal fendu supérieurement, et dont la dixième est libre et occupe la fente laissée par les neuf autres. Dans *f. f.* groupes d'étamines, cette espèce d'étui est l'ovaire, qui

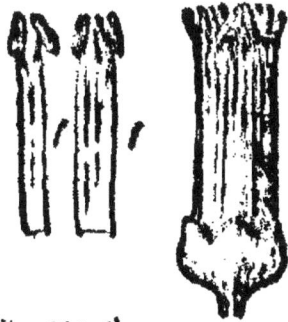

Fig. 147. Étamines polyxdelphes de l'Oranger.

grossit sans obstacle en écartant peu à peu, grâce à la fissure occupée par la dixième étamine, l'étroite enveloppe que lui forment les filets staminaux. La même expression de diadelphes s'applique aux six étamines de la fumeterre assemblées par les filets en deux groupes égaux.

Enfin les étamines sont qualifiées de *polyadelphes* quand elles se soudent par les filets en plusieurs groupes distincts les uns des autres. Cette disposition s'observe dans l'oranger, le millepertuis.

Les cinq étamines des fleurons et des demi-fleurons des composées adhèrent par les anthères, tout en ayant les filets libres. On les désigne par l'expression d'étamines *syngénèses*.

L'anthère est divisée par un sillon médian en deux moitiés égales, creusées chacune d'une cavité ou loge où se forme le pollen. La cloison placée entre les deux loges se nomme *connectif*. A la maturité, chaque loge

Fig. 148. Étamines syngénèses des Composées.

s'ouvre suivant une fente longitudinale pour laisser échapper son contenu pollinique. De cette forme, la plus géné-

rale, en dérivent d'autres dont voici les principales: — Dans
les sauges 1 (*fig.* 149) le connectif se développe en une longue
tige c placée transversalement au sommet du filet de l'étamine comme le fléau d'une balance au sommet du support.
Les deux loges se trouvent ainsi largement distantes;
de plus l'une d'elles b reste stérile, c'est-à-dire ne donne
pas de pollen. Le verticille staminal éprouve donc ici
une extrême réduction: sur les cinq étamines normales
trois manquent, celle d'en haut, comme dans toutes les

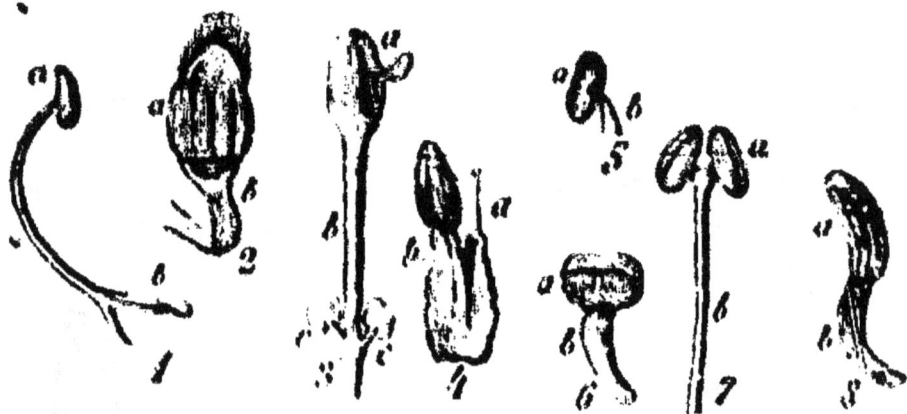

Fig. 149. Formes diverses de l'étamine.

1. Sauge : c, connectif; a, loge fertile de l'anthère; b, loge stérile. —
2. Pervenche : a, loges de l'anthère; b, filet. — 3. Laurier : a, une loge de
l'anthère ouverte; b, filet; c, c, anthères stériles. — 4. Joubarbe :
a, écaille; b, filet. — 5. Nerprun. — 6. Alchimille. — 7. Tilleul. —
8. Nénuphar. Pour ces quatre dernières figures, a est l'anthère et b le
filet.

labiées, et les deux latérales; en outre, les deux étamines qui restent n'ont qu'une loge fertile a. — Les étamines du tilleul 7 (*fig.* 149) ont également les deux loges
a séparées l'une de l'autre, mais toutes les deux sont fertiles et le connectif n'a pas un développement exagéré. —
Dans le laurier 3 (*fig.* 149), les loges s'ouvrent, non par une
fente, mais par le moyen d'une valve a qui se soulève à la
manière d'un couvercle; en outre, la base du filet porte
deux corps jaunâtres c, qui sont des anthères stériles. —
Dans la pomme de terre et toutes les plantes du même genre,

comme la douce-amère, les morelles, les loges s'ouvrent au sommet de l'anthère par un trou un pore. — Dans la pervenche 2 (*fig.* 149), le connectif se prolonge au delà de l'anthère par une lamelle poilue; dans le laurier-rose, il forme un long prolongement hérissé. — Dans la bourrache 4 (*fig.* 149), le filet s'épanouit en arrière en une écaille. — Dans l'alchimille 6 (*fig.* 149), une fente transversale est commune aux deux loges.

Le plus souvent le pollen est jaune, comme une fine poussière de soufre. Au printemps, lorsque les forêts de pins et de sapins épanouissent leurs innombrables chatons, les coups de vent emportent des nuages de cette poudre jaune, qui retombant plus loin, soit seule, soit accompagnée de pluie, donne naissance aux prétendues pluies de soufre. Le pollen est blanc dans les liserons et les mauves, violacé dans le coquelicot, bleuâtre dans les épilobes.

Examiné au microscope, le pollen apparaît comme un amas d'innombrables granules, tous pareils de forme et de dimensions dans la même plante, mais très-variables d'une espèce végétale à l'autre. Parmi les grains de pollen les plus gros que l'on connaisse, on cite ceux des lavatères, qui au nombre de cinq seulement font la longueur d'un millimètre; et parmi les plus petits, ceux du figuier élastique, dont il faudrait de 130 à 140 pour représenter la même longueur. Par leur configuration très-variée, par les élégants dessins de leur surface, les grains de pollen sont un des sujets les plus intéressants des observations microscopiques. Il y en a de sphériques, d'ovalaires, d'allongés comme des grains de blé. D'autres ressemblent à de petits tonneaux, à des boules cernées par un ruban spiral. Quelques-uns sont triangulaires avec les angles arrondis, d'autres semblent résulter de l'assemblage de trois courts cylindres groupés par la base, d'autres encore affectent la forme de cubes à arêtes émoussées. Ceux-ci sont lisses à la surface, ou hérissés uniformément de fines rugosités; ceux-là se taillent en polyèdres dont les faces sont encadrées dans un rebord saillant, ou bien se plissent de sillons semblables à des méridiens, qui vont d'un pôle à l'autre. Tous présentent à leur surface des espaces plus clairs, de forme ronde, distribués avec une géométrique symétrie, et dont le contour est délimité par une ligne d'une grande netteté. Ces espaces se nomment *pores*.

Chaque grain est composé d'une cellule unique, à double enveloppe : l'extérieure colorée, opaque, ferme, élastique, fréquemment ornée d'élégantes granulations ; l'intérieure mince, lisse, extensible, incolore, diaphane. Dans les points translucides que nous avons nommés pores, la membrane externe manque et la paroi y est uniquement formée par la membrane interne. Quelquefois, comme dans les grains de pollen de la courge, les pores sont clos par un opercule rond, qui se détache tout d'une pièce et laisse l'ouverture libre à l'enveloppe interne.

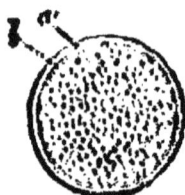

Fig. 150. Grain de pollen.
a, membrane externe; b, membrane interne ; f, granules de fovilla.

Le contenu des grains de pollen consiste en un liquide visqueux, au milieu duquel nagent de nombreuses et très-fines granulations. Ce contenu se nomme *fovilla*. Au microscope, les grains étant mis dans de l'eau pure, on observe les faits suivants, d'un intérêt majeur. Deux liquides sont ici en présence, séparés par la cloison membraneuse du grain : le liquide de l'intérieur, plus dense et plus visqueux ; le liquide de l'extérieur, moins dense et plus fluide. L'endosmose entre donc en jeu. On voit, en effet, le grain se gonfler peu à peu, perdre ses plis, ses rides, s'il en avait au début, et enfin se distendre par l'afflux de l'eau vers le contenu visqueux de la cellule pollinique. La membrane interne, ainsi refoulée de dedans en dehors, se fait jour par les pores de la membrane externe, et apparaît sous forme de mamelons diaphanes, qui quelque temps s'allongent, puis crèvent à l'extrémité en laissant s'écouler la fovilla, quand l'endosmose rapide augmente trop brusquement leur tension.

Recommençons l'expérience avec de l'eau légèrement sucrée ou gommée, ce qui ralentira l'endosmose, les deux liquides différant moins en viscosité. Les mêmes

Fig. 151. A, grain de pollen intact : p, p, p, pores. — C, grain gonflé dans l'eau pure : t, tube pollinique répandant sa fovilla. — B, grain gonflé dans l'eau gommée : t, t, tubes polliniques.

faits se reproduiront, mais avec plus de lenteur ; la membrane intérieure sortira par les pores, et cédant par degrés, sans rupture, à une tension ménagée, s'allongera en un long tube, très-délié, diaphane et plein de fovilla. C'est ce qu'on nomme un *tube pollinique*. Un chapitre ultérieur nous instruira de la haute importance de ce fait.

PISTIL.

Un carpelle unique ou bien un verticille de carpelles, soit libres, soit plus ou moins soudés entre eux, forme le pistil. Un carpelle résulte d'une feuille qui replie ses deux moitiés, à droite et à gauche de sa nervure médiane, et enclot une cavité nommée *ovaire*. Le prolongement de la nervure médiane devient le *style*, et la terminaison renflée de ce prolongement constitue le stigmate. Les bords de la feuille carpellaire se rejoignent du côté du centre de la fleur, et se soudent l'un à l'autre soit étroitement soit par un petit repli qui rentre à l'intérieur. La ligne de soudure prend le nom de *placenta*. C'est la partie la plus épaisse de la paroi ovarienne, et c'est sur elle que naissent les *ovules*, c'est-à-dire les rudiments des graines futures.

Si plusieurs carpelles entrent dans la composition du pistil, ils se rangent circulairement, la nervure médiane au dehors, le placenta au centre. Il peut se faire que les carpelles ainsi assemblés restent libres entre eux ; mais il est plus fréquent qu'ils se soudent par les faces en contact. Alors l'ovaire général se subdivise en autant de cavités partielles ou *loges* qu'il entre d'ovaires élémentaires dans sa composition. Enfin ces loges sont séparées l'une de l'autre par des *cloisons*, résultant de la double paroi par laquelle se touchent deux carpelles contigus. L'adhérence peut aller au delà des ovaires, atteindre les styles et finalement les stigmates, de sorte qu'un pistil, organe simple en apparence, est quelquefois réellement complexe. En reconnaissant le nombre des loges, on détermine par cela même le nombre des carpelles assemblés.

Lorsque les bords de la feuille carpellaire se rejoignent l'un l'autre, ainsi que nous venons de l'admettre, la ligne de suture, origine des ovules, enfin le placenta, regarde toujours le centre de la fleur, de manière que les placentas de tout le verticille de carpelles se groupent autour de l'axe floral. On dit alors que la placentation est *axile*. Ce cas se présente dans les cinq carpelles de la poire et de la pomme, dans les trois carpelles de l'aconit et du pied d'alouette.

Les feuilles carpellaires, au lieu de former chacune isolément une cavité close, peuvent se souder l'une à l'autre par le bord en circonscrivant une cavité commune. Les lignes de soudure, qui sont encore ici l'origine des ovules, en un mot les placentas, sont alors distribuées sur la paroi même de la cavité générale et non reportées toutes suivant l'axe ; de plus elles appartiennent chacune par moitié à deux carpelles consécutifs. Cette disposition des rangées d'ovules contre la paroi d'une cavité générale sans cloisons se nomme *placentation pariétale*. On l'observe dans la violette. Le nombre de carpelles dont se compose un ovaire ainsi organisé se reconnaît soit d'après le nombre de rangées d'ovules, soit d'après celui des valves ou pièces en lesquelles se partage le fruit mûr. La coque de la violette s'ouvre en

trois valves, l'ovaire comprend trois rangées d'ovules appendus à la paroi ; le pistil comprend donc trois carpelles.

Enfin il peut se faire que les feuilles carpellaires s'assemblent par les bords en une loge commune, ainsi que cela se passe pour la placentation pariétale, mais sans porter elles-mêmes les ovules le long des lignes de soudure. Alors la terminaison de l'axe même de la fleur s'élève, au centre de la loge unique, en un mamelon charnu

Fig. 152. Modes de placentation.

1. placentation axile : *p*, placenta ; *p' p'*, ovules ; *s*, stigmate. — 2. placentation centrale : *p*, placenta ; *p'*, ovules. — 3. placentation pariétale : *p, p, p*, placentas.

qui se couvre d'ovules et est lui-même le placenta. Dans ces conditions, la *placentation* est *centrale*. Un exemple nous en est offert par les primevères. Avec ce mode de placentation, dépourvu de cloisons et de rangées d'ovules, on ne peut reconnaître le nombre de carpelles qu'en examinant le fruit mûr, à moins que des styles ou des stigmates distincts ne donnent, par leur nombre, le renseignement désiré : ainsi le fruit des primevères est une

coque ou capsule qui s'ouvre, à la maturité, en cinq parties ou valves ; l'ovaire est donc lui-même composé de
cinq carpelles.

Les graines débutent par l'état d'*ovules*. Ce sont des
bourgeons spéciaux, incapables par eux-mêmes de tout
développement ultérieur tant qu'ils n'ont pas éprouvé la
vivifiante influence du pollen. Ces bourgeons naissent soit
isolés, soit par groupes nombreux. Ils occupent tantôt les
bords soudés des feuilles carpellaires, comme dans les
ovaires à placentation axile ou pariétale ; tantôt l'extrémité de l'axe floral, comme dans les ovaires à placentation centrale. Dès sa première apparition,
l'ovule forme, sur le placenta, un petit mamelon, nommé *nucelle*, autour duquel ne
tardent pas à se montrer deux enveloppes
que l'on distingue à deux bourrelets concentriques. Ces deux bourrelets resserrent
leur diamètre, achèvent de couvrir le nucelle et finissent par ne laisser qu'un orifice
très-étroit nommé *micropyle*. En même
temps, au-dessous du micropyle, le nucelle
se creuse d'une cavité qui prend le nom de
sac embryonnaire parce que c'est le réci-
pient où doit naître, suscité par le pollen,
l'*embryon* ou rudiment de plante de la future
graine. Enfin l'ovule, d'abord simple mamelon proémi-
nent au-dessus du placenta, finit par se rattacher à celui-
ci au moyen d'un délicat cordon suspenseur nommé
funicule.

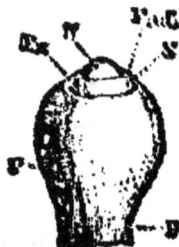

Fig. 153. Ovule.

N. nucelle ;
S, enveloppe in-
terne ; P, enve-
loppe externe ;
F, base qui doit
s'allonger en fu-
nicule.

V

Le Pollen.

Émission des tubes polliniques. — Arrivée du tube pollinique dans l'ovule. — Apparition du germe. — Preuves de la nécessité du pollen. — Le Caroubier. — Le Dattier. — La Citrouille. — Ablation des étamines. — Transport du pollen sur le stigmate. — Action nuisible de l'eau sur le pollen. — Coulure des fruits. — Floraison des plantes aquatiques. — Vallisnérie. — Utriculaire. — Châtaigne d'eau. — Zostéra. — Renoncule aquatique. — Nénuphar. — Villarsie. — Stratiote.

Par lui-même, l'ovule ne peut devenir la graine ; sans le secours d'un agent complémentaire, il ne tarderait pas à se flétrir, impuissant à dépasser l'état que je viens de vous décrire. Cet agent complémentaire, c'est le pollen, qui éveille la vie dans l'ovule et y suscite la naissance d'un germe par une mystérieuse coopération qui sera toujours l'un des sujets les plus élevés que puisse agiter la science.

Au moment où la fleur est dans la plénitude de l'épanouissement, le stigmate transpire un liquide visqueux sur lequel se fixent, englués, les grains de pollen tombés des anthères, ou apportés par les insectes et les vents. Ici se reproduisent les faits d'endosmose dont il a été précédemment parlé ; ils se reproduisent, non au sein de l'eau pure, dont l'absorption rapide provoque la rupture du grain, mais à la surface d'une couche d'humidité visqueuse, qui lentement pénètre à l'intérieur et permet à la membrane interne de sortir par les pores en longs tubes polliniques. De sa face en contact avec le stigmate humide, chaque grain émet donc un tube délié, semblable à la fine radicule qui s'échapperait d'une imperceptible semence. Comme une radicule encore, qui s'allonge dans une invariable direction descendante et plonge dans le sol, le tube pollinique traverse l'épaisseur du stigmate, s'engage dans le tissu du style, s'ouvre une voie en écartant un peu les rangées de cellules, s'insinue toujours plus avant et franchit enfin toute la longueur du style, si considérable qu'elle soit. Le grain, comme enraciné, se maintient toujours à la surface du stigmate ; par la con- traction de sa membrane externe, il refoule son contenu de fovilla, et, se vidant lui-même, remplit le tube à mesure que celui-ci s'allonge.

Les matériaux ainsi transvasés pour une part sans doute servent à l'accroissement du tube pollinique, car la membrane externe, si ex- tensible qu'elle soit, ne pourrait se prêter à tout l'allongement nécessaire. Dans les plantes à long style, en effet, pour parve- nir du stigmate à l'ovaire, un tube pollinique doit s'allonger de plusieurs centaines, de plu- sieurs milliers de fois même, le diamètre du grain d'où il sort. Le temps employé pour ce tra- jet ne dépend pas seulement de la longueur parcourue, il dépend surtout de conditions délicates concernant la struc- ture intime du style. Dans quel- ques plantes, il suffit d'un petit nombre d'heures ; dans d'autres il faut plusieurs jours pour que les tubes polliniques achèvent leur trajet.

Fig. 154. Portion de stigmate au moment où les grains de pollen *gp* émettent leurs tubes polliniques *t* à travers le tissu cellulaire *tc*.

Quand ce premier acte touche à sa fin, le stigmate, poudré de nombreux grains de pollen plongeant chacun son tube dans le tissu du style, pourrait être comparé à une pelote à long pied dans laquelle s'en- fonceraient profondément des épingles dont la tête seule resterait au dehors. Maintenant les tubes polliniques rem- plis de fovilla plongent leur extrémité dans la cavité de l'o- vaire. Une puissance les dirige, une puissance clairvoyante qui vous saisit de stupeur. Sans trouble malgré leur nombre, sans hésitation, comme guidé par l'infaillibilité d'un inconcevable instinct, chaque tube s'infléchit dans la direction du placenta voisin et plonge son extrémité dans le micropyle béant d'un ovule. Le filament pollinique pénètre dans le sac embryonnaire, en atteint la paroi, et, au point de contact, désormais s'organise lentement un nouvel être, le germe vivant de la graine. Comment ? — Nul ne le sait. Devant ces mystères de la vie, la raison s'incline impuissante et s'abandonne à un élan d'admiration envers l'Auteur de ces ineffables merveilles.

Sans le concours du pollen, l'ovaire se flétrirait, incapable de devenir fruit, incapable de produire des graines. Les preuves de ce fait surabondent ; je citerai les plus simples, celles que nous fournissent les végétaux dioïques ou monoïques. — Le caroubier est un arbre de l'extrême midi de la France ; il produit des fruits appelés caroubes, pareils aux gousses du pois, mais bruns, très-longs et très-larges. Ces fruits, outre les graines, contiennent une chair sucrée. Or cet arbre est dioïque : il porte, sur des pieds différents, soit des fleurs à étamines, soit des fleurs à pistil seulement. Planté seul dans un jardin, sous un climat qui lui convienne, le caroubier à pistil chaque année fleurit abondamment mais sans donner de fruits, car ses fleurs tombent sans laisser un seul ovaire sur les rameaux, pourvu toutefois qu'il n'y ait pas dans le voisinage quelque caroubier à étamines, dont le vent et les insectes puissent lui apporter le pollen. Que lui manque-t-il pour être en état de fructifier ? — L'action du pollen sur ses ovules. En effet, à proximité du caroubier à pistils plantons un caroubier à étamines. Maintenant la fructification marche sans entraves. L'air agité, les insectes qui butinent d'une fleur à l'autre, portent le pollen de l'arbre staminé sur les stigmates de l'arbre pistillé, et les ovaires s'éveillent à la vie, les fruits grossissent et mûrissent, pleins de graines aptes à germer.

Dans les oasis de l'Afrique septentrionale, les Arabes

cultivent de nombreux dattiers, qui leur fournissent les
dattes, leur principale ressource alimentaire. Les dattiers
sont encore dioïques. Or, au milieu de plaines de sable
brûlées par le soleil, les coins de terre arrosés et fertiles
sont rares ; il importe de les utiliser du mieux. Les Arabes
plantent donc uniquement des dattiers à pistils, seuls
aptes à produire des dattes, mais lorsque la floraison est
venue ils vont au loin chercher des grappes de fleurs à
étamines sur les dattiers sauvages, pour en secouer la
poussière pollinique sur leurs plantations. Si cette précaution n'est pas prise, la récolte fait défaut.

La citrouille est monoïque : sur le même pied se
trouvent des fleurs pistillées et des fleurs staminées,
très-faciles à distinguer les unes des autres même avant
tout épanouissement. Les premières ont, au-dessous du
périanthe, un gros renflement, qui est l'ovaire; les
secondes n'ont rien de pareil. Sur un pied de citrouille
isolé, coupons les fleurs staminées avant qu'elles s'ouvrent et laissons les fleurs pistillées. Pour plus de sûreté,
enveloppons chacune de celles-ci d'une coiffe de gaze,
assez ample pour permettre à la fleur de se développer
sans entraves. Cette séquestration doit être faite avant
l'épanouissement, pour être certain que le stigmate
n'a pas déjà reçu de pollen. Dans ces conditions,
ne pouvant recevoir la poussière staminale, puisque
les fleurs à étamines sont supprimées et que d'ailleurs l'enveloppe de gaze arrête les insectes qui pourraient en apporter du voisinage, les fleurs à pistil se
fanent après avoir langui quelque temps, et leur ovaire
se dessèche sans grossir en citrouille. Voulons-nous, au
contraire, que telle ou telle autre fleur, à notre choix,
fructifie malgré l'enceinte de gaze et la suppression des
fleurs à étamines ? Du bout du doigt prenons un peu de
pollen et déposons-le sur le stigmate, puis remettons en
place l'enveloppe. Cela suffira pour que l'ovaire devienne
citrouille et donne des graines fertiles.

Quoique un peu plus délicate à conduire, une expérience analogue se fait avec succès sur les fleurs pourvues à la fois d'étamines et de pistils. Dans la fleur sur le point de s'épanouir, on retranche les anthères avant que leurs loges soient ouvertes pour l'émission du pollen. La fleur mutilée est alors coiffée d'une enveloppe de gaze pour empêcher ainsi l'arrivée du pollen du voisinage. Ce traitement suffit pour stériliser l'ovaire, qui se flétrit sans développement ultérieur. Mais si du pollen est déposé avec un pinceau sur le stigmate de la fleur, l'ovaire se développe comme d'habitude malgré l'ablation des étamines et l'enveloppe de gaze.

Puisque le pollen est indispensable à la production de semences fertiles, son transport de l'anthère sur le stigmate doit être assuré par des moyens appropriés à la structure de la fleur et aux conditions d'existence de la plante. Et en effet, les ressources les plus ingénieuses, les plus étonnantes combinaisons parfois, sont mises en œuvre pour que la poussière staminale arrive à sa destination. La botanique n'a pas de plus intéressant chapitre que celui qu'elle consacre aux mille petites merveilles en jeu dans le solennel moment de l'émission du pollen. Je vais tâcher, mon cher enfant, de vous en donner une idée.

Si la fleur possède à la fois des pistils et des étamines, l'arrivée du pollen sur le stigmate est en général très-facile : il suffit du moindre souffle d'air, du passage d'un moucheron qui butine, pour secouer les étamines et faire tomber le pollen. Du reste des dispositions sont prises pour que la chute de la poussière pollinique se fasse sur le stigmate. Si la fleur est dressée, comme dans les tulipes, les étamines sont plus longues que le pistil ; si elle est pendante, comme dans les fuschia, les étamines sont plus courtes ; de manière que, dans les deux cas, le pollen tombant atteint le stigmate placé en dessous. — Dans les campanules, les cinq anthères, cohérentes entre elles, forment un canal contenant le style, d'abord plus court que les étamines. A la maturité du pollen, le style s'allonge rapidement, le stigmate monte au-dessus du canal des anthères, et de sa surface hérissée de poils rudes brasse le pollen, qu'il emporte avec lui.

Dans les plantes aquatiques, des précautions spéciales sont prises à cause de l'action nuisible exercée par l'eau sur le pollen. Vous n'avez pas oublié que les grains de pollen, mis en rapport avec de l'eau pure, se distendent sans ménagement par une trop rapide endosmose; ce qui amène la rupture des enveloppes et la dispersion de la fovilla. En cet état, le pollen n'est plus apte à son rôle, qui est de faire parvenir à chaque ovule, à travers le tissu du style, un tube pollinique gonflé de fovilla. Tout pollen mouillé est désormais sans efficacité aucune. Nous trouvons là d'abord l'explication du fâcheux effet des pluies continues au moment de la floraison. En partie balayé par les pluies, en partie éclaté dans son contact avec l'eau, le pollen n'agit plus sur les ovaires, et les fleurs tombent sans parvenir à fructifier. Cette destruction de la récolte par les pluies est connue des cultivateurs sous le nom de *coulure des fruits*.

D'après cela, à moins de dispositions particulières que nous examinerons plus loin, aucune plante aquatique ne doit épanouir ses fleurs dans l'eau, où la coulure serait inévitable; il faut, de toute nécessité, que la floraison se fasse à l'air libre. Examinons quelques-uns des moyens employés pour amener à l'air les fleurs immergées. — La vallisnérie vit au fond des eaux; elle est excessivement abondante dans le canal du Midi, où elle finirait par mettre obstacle à la navigation si de nombreux faucheurs n'étaient annuellement occupés à la faire disparaître. Ses feuilles sont d'étroits rubans verts, et ses fleurs sont dioïques. Les fleurs à pistil sont portées sur de longues tiges, menues, flexibles et roulées en tire-bouchon. Quand le moment de la floraison arrive, la tige déroule graduellement sa spirale, et la fleur, entraînée par sa légèreté spécifique, monte à la surface, où elle s'épanouit. Les fleurs staminées, au contraire, sont portées sur des tiges très-courtes, qui les maintiennent tout au fond. Ici la difficulté paraît insurmontable ; elle est cependant levée, et d'une admirable manière. Encore en bouton, les étamines protégées par le périanthe étroitement fermé, ces fleurs rompent d'elles-mêmes leur liaison avec la plante, se détachent spontanément et montent à la surface, où elles flottent parmi les fleurs à pistil. Alors elles ouvrent leur périanthe et livrent leur pollen au vent et aux insectes, qui le déposent sur les fleurs pistillées. Enfin celles-ci resserrent leur spirale et redescendent au fond de l'eau, pour y mûrir en repos leurs ovaires.

Le mécanisme pour élever les fleurs au-dessus de l'eau n'est pas moins remarquable dans les utriculaires, plantes submergées de nos fossés, de nos étangs. Leurs feuilles, découpées en très-fines lanières, portent de nombreux sachets globuleux ou délicates petites outres, qui ont valu son nom à la plante. Ces sachets, ces *utricules* comme on les appelle, ont l'orifice muni d'une espèce de

Fig. 155.

A, fragment d'Utriculaire; B, un
utricule isolé.

soupape ou de couvercle mobile. Leur contenu consiste d'abord en une mucosité plus pesante que l'eau. Retenue par ce lest, la plante se maintient au fond ; mais quand la floraison approche, une bulle d'air transpire au fond des utricules et chasse la mucosité, qui s'écoule par l'orifice en forçant la soupape. Ainsi allégée par une foule de vessies natatoires, la plante lentement se soulève et vient à l'air épanouir ses fleurs. Puis, lorsque les fruits sont près de leur maturité, les utricules remplacent leur contenu aérien par de la mucosité, qui alourdit la plante et la fait redescendre au fond, où les graines doivent achever de mûrir, se disséminer et germer.

La marre flottante, nommée vulgairement châtaigne d'eau à cause de sa grosse graine farineuse et comestible qui rappelle la châtaigne, habite les eaux paisibles des étangs. Les feuilles submergées sont divisées en menus filaments ; les feuilles aériennes, à limbe quadrilatère, sont portées par des pétioles renflés, creux et pleins d'air, en manière de vessies natatoires; soutenu par ce flotteur, le haut de la plante s'étale à la surface de l'eau en une large rosette insubmersible, espèce de radeau d'où naissent les fleurs. Après la floraison, les vessies pétiolaires s'emplissent d'eau et la plante descend au fond pour y mûrir ses fruits.

Pour préserver le pollen du pernicieux contact de l'eau, chaque plante aquatique a ses ressources. Nous venons d'en voir qui s'allégent avec des appareils flotteurs, utricules remplis d'air, pétioles gonflés en vessies natatoires ; en voici d'autres qui, privées de tout moyen d'émersion, savent entourer leurs fleurs d'une atmosphère artificielle, qui permet la floraison au sein même de l'eau. — La zostère, dont le feuillage forme un faisceau d'étroits et longs rubans d'un vert sombre, vit fixée au fond des mers, à de grandes profondeurs. Les fleurs sont renfermées dans une gaîne qui s'emplit d'air transpiré par la plante et empêche tout accès de l'eau. A la faveur de cette chambre aérienne, la floraison a lieu sans obstacle sous les eaux. — Habituellement, la renoncule aquatique épanouit ses fleurs à la surface de l'eau ; mais si quelque crue subite vient à la submerger et monte à un niveau que les pédoncules ne puissent plus atteindre, les fleurs cessent d'épanouir leurs enveloppes et se maintiennent à l'état de boutons clos et globuleux, dans lesquels s'amasse une bulle d'air. C'est dans cette étroite atmosphère, transpirée par la fleur, que se fait l'émission du pollen.

Des divers moyens qui permettent l'émersion des fleurs aquatiques, le plus simple et le plus fréquemment employé est celui qui consiste dans l'allongement des pédoncules jusqu'au niveau des eaux. Ainsi le nénuphar blanc a pour tige un rhizome qui rampe dans la vase sans pouvoir se dresser ; mais ses pédoncules robustes montent verticalement et s'allongent jusqu'à ce qu'ils aient porté leur grosse fleur à quelques pouces au-dessus d l'eau, si profonde que soit celle-ci. — D'autres fois, le pédoncules n'étant pas aptes à l'élongation que nécessiterait la profondeur des eaux, la plante tout entière quitte le fond, s'arrache de la vase et vient flotter pour fleurir à l'air. Cette migration du fond à la surface est déterminée par le petit nombre et la faiblesse des racines, le peu de résistance du support vaseux, et la poussée de l'eau, qui, agissant sur une plante spécifiquement plus légère, finit par en amener l'arrachement. C'est ainsi que la villarsie faux-nénuphar, le stratiote-aloès et autres végétaux des eaux stagnantes, abandonnent le sol où ils ont germé, et flottent, à demi émergés, quand vient l'époque de la floraison.

VI

Fleurs et Insectes.

Transport du pollen par le vent. — Observation de Bernard de Jussieu. — Conditions favorables au transport du pollen. — Pollen des conifères. — Étamines et pistils des graminées. — Transport du pollen par les insectes. — Utilité de la fertilisation par le pollen venu d'une autre fleur. — Nectar. — Points-voyants. — Le Muflier. — L'Iris. — L'Aristoloche siphon. — L'Eupomatie laurine. — Mouvements spontanés des étamines. — La Rue, l'Épine-vinette, la Pariétaire, le Figuier de Barbarie. — Maintien de l'espèce. — Hybrides. — Retour aux formes primitives.

Le transport du pollen ne s'effectue pas simplement des anthères sur le pistil d'une même fleur; il a lieu encore d'une fleur à l'autre, d'une plante à l'autre, et quelquefois à de grandes distances. Dans les végétaux soit monoïques soit dioïques, les grains de pollen qui vivifient un ovaire arrivent toujours d'une fleur étrangère ; dans les autres végétaux, le concours d'un pollen venu d'ailleurs est tout aussi fréquent que celui du pollen de la fleur même. Les agents de transport sont les vents et les insectes.

Des innombrables faits que l'on pourrait citer à l'appui de l'envoi du pollen à distance, bornons nous à celui-ci. Le Jardin botanique de Paris possédait depuis longtemps deux pistachiers à pistils, qui chaque année se couvraient de fleurs sans jamais produire de fruits ; il leur manquait, pour fructifier, le concours de la poussière pollinique. Aussi l'étonnement fut grand lorsque, sans motif connu, on les vit, une année, nouer et mûrir parfaitement leurs ovaires. Bernard de Jussieu conjectura qu'il devait se trouver dans le voisinage quelque pistachier d'où était parvenu le pollen. Des recherches furent faites et on trouva qu'en effet, dans une pépinière des environs, un pistachier à étamines avait, à la même époque, fleuri pour la première fois. Apporté par le vent, au-dessus des édifices d'une partie de Paris, son pollen était venu fertiliser les deux pistachiers jusque-là stériles.

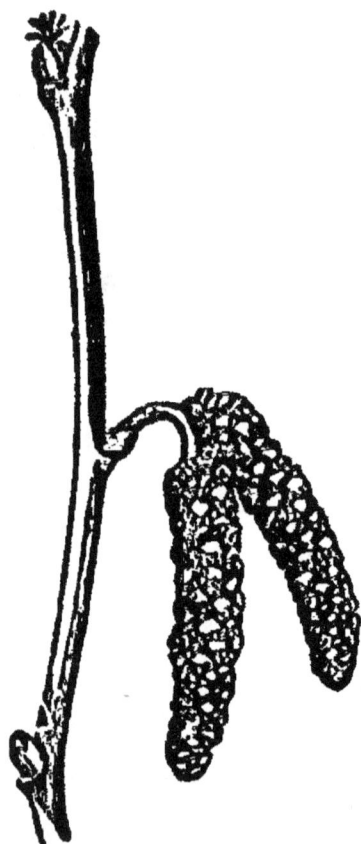

Fig. 156. Chatons ou fleurs staminées du Noisetier.

Sur la n de l'hiver, lorsque leurs innombrables chatons sont épanouis, secouons un pin, un cyprès, un noisetier ; nous verrons s'envoler de l'arbre comme une fumée, que la moindre agitation de l'air emporte au loin. Cette fumée, cette poussière pollinique, livrée aux hasards de l'atmosphère, rencontrera peut-être, dans sa

chute, les inflorescences à pistils d'autres pins, d'autres
cyprès, d'autres noisetiers, et éveillera la vie dans leurs
ovules à plusieurs lieues de son point de départ. Dans
une prairie, dans un champ de blé en floraison, chaque
souffle d'air qui agite les foins et les chaumes soulève
pareillement une fine nuée pollinique, dont la poussière,

Fig. 157. Chatons et fleurs pistillées du Châtaignier.

arrêtée au passage par les stigmates, fertilise les fleurs de
même espèce qui la reçoivent.

Certaines conditions sont indispensables pour que le
vent ait un rôle efficace. Le pollen doit être très-abondant
à cause de son énorme déperdition à travers les étendues
parcourues au hasard. Sur un tourbillon de poussière
staminale qu'un coup de vent balaie, combien de grains
arriveront-ils à destination ? Très-peu sans doute, et

point peut-être. Aussi la quantité doit-elle compenser les innombrables chances défavorables. Le pollen doit être aussi très-fin, sec, aride, pour obéir au premier souffle et se disperser aisément. Ces conditions d'abondance, de finesse, d'aridité, se trouvent réalisées dans les arbres à chatons, notamment dans les conifères, qui abandonnent à l'air des nuages de pollen. Ces nuages de poussière jaune, semblable à de la fleur de soufre, sont parfois transportés par la tempête à des distances considérables, et en retombant soit seuls, soit mélangés aux pluies d'orage, suscitent de puériles torrents parmi les populations ignorantes, qui croient voir tomber du ciel une averse de soufre. Les graminées, avec leurs trois anthères pendantes hors de la fleur et très-mobiles à l'extrémité de longs filets, se prêtent également à la dispersion facile du pollen par le vent. Ces anthères que rien n'abrite, que la plus légère agitation de l'air secoue vivement, livrent leur poussière pollinique aux caprices de l'atmosphère dès que leurs loges s'ouvrent. Pour arrêter au passage les grains de pollen que la brise promène à travers les sommités

Fig. 155. Fleur du Blé.

e, étamines ; st, stigmates; sq, enveloppes florales.

des chaumes et des gazons, les stigmates sont découpés en longues houppes plumeuses, qui tamisent l'air dans leur duvet. Enfin le secours du vent est nécessaire à la plupart des végétaux dont les fleurs, n'ayant pour périanthe que des écailles sans éclat, sans coloris, sans parfum, sans nectar, sont dépourvues de tout ce qui pourrait leur attirer la visite des insectes.

Les insectes sont, par excellence, les auxiliaires de la fleur ; mouches, guêpes, abeilles, bourdons, scarabées, papillons, tous, à qui mieux mieux, lui viennent en aide pour transporter le pollen des étamines sur le stigmate. Ils plongent dans la fleur, affriandés par une goutte mielleuse expressément préparée au fond de la corolle. Dans leurs efforts pour l'atteindre, ils secouent les étamines et se barbouillent de pollen, qu'ils transportent d'une fleur à l'autre. Qui n'a vu les abeilles et les bourdons sortir enfarinés du sein des fleurs? Leur corps velu, poudré de pollen, n'a qu'à toucher en passant un stigmate pour lui communiquer la vie.

Les fleurs à qui l'insecte est nécessaire possèdent, au fond de leur corolle, une goutte de liqueur sucrée, appelée *nectar*. Cette liqueur entre dans la composition du miel des abeilles. Pour la puiser dans les corolles façonnées en profond entonnoir, les papillons ont une longue trompe roulée en spirale, pendant le repos; ils la déroulent et la plongent dans la fleur à la manière d'une sonde quand il faut atteindre le délicieux breuvage. Mais les insectes dépourvus d'un tel siphon, et ce sont les plus nombreux, descendent eux-mêmes, avec effort, au fond du tube, secouent les anthères en se démenant et font tomber le pollen sur leur passage, puis ressortent à reculons couverts de poussière staminale. Ces visites affairées ont inévitablement pour résultat la fertilisation de l'ovaire, soit que l'insecte, en sortant, effleure de sa toison poudreuse la tête du pistil, soit que les étamines ébranlées laissent directement tomber le pollen sur le stigmate.

Plus fréquemment encore peut-être, il y a échange d'une fleur à l'autre, sur la même plante ou sur des plantes différentes mais de même espèce. Tout jauni de pollen, l'insecte sort d'une première fleur et va butiner sur une seconde, qui reçoit ainsi la poussière pollinique étrangère et fournit elle-même la sienne pour une troisième; de cette manière, en très-peu de temps, toutes les fleurs épanouies d'une même grappe, d'une même plante, sont fertilisées l'une par l'autre. Cet échange de pollen, délicate répartition que l'insecte seul peut accomplir par son nombre et son activité, est d'une haute importance,

car il prévient les causes de dépérissement dans les générations successives, où le moindre trouble vital irait
s'aggravant par une hérédité que nul secours étranger ne
viendrait interrompre. Il est reconnu, en effet, que fertili-

Fig. 159. Primevère.

sée par son propre pollen, une fleur donne des semences
en général moins robustes que lorsque la poussière vivifiante lui vient d'une autre fleur. Au moyen de ce concours, la plante qui fournit le pollen associe ses propres

énergies aux énergies de la plante qui fournit l'ovule, et la vitalité de la descendance se maintient indéfiniment vigoureuse. A ce point de vue, l'insecte est le distributeur par excellence du pollen.

Si vous déchirez en deux une fleur de narcisse, de primevère, de chèvrefeuille et d'une foule d'autres plantes, vous trouverez, du bout de la langue, au fond de la corolle, un liquide sucré qu'on appelle *nectar*. Tel est l'appât qui allèche les insectes et les attire sur les fleurs. Tantôt le nectar consiste en une faible exsudation qui humecte simplement la base de l'ovaire, tantôt il s'amasse en une gouttelette semblable à une larme de rosée. Ce liquide suinte d'organes variables suivant les familles, les genres, les espèces. Il transpire du calyce dans la capucine, de l'onglet des pétales dans les renoncules, de la base des étamines dans les plombaginées, du pourtour de l'ovaire dans les jacinthes. Dans la fritillaire que la disposition de ses fleurs fait vulgairement nommer couronne impériale, les six pièces du périanthe sont creu-

Fig. 160. Fritillaire couronne impériale.

sées, à la base, d'une fossette glanduleuse qui sécrète le nectar. Des réservoirs sont parfois ménagés pour le dépôt de la liqueur sucrée : ce sont en général des bosses, des éperons, des sachets, des fossettes, que l'on remarque à la base soit des sépales soit des pétales. Ainsi les crucifères ont pour organes producteurs du nectar les supports glanduleux des deux courtes étamines, et pour récipients les sachets ou bosses des deux sépales opposés à ces étamines. La capucine amasse son nectar au fond de l'éperon unique du calyce, et l'ancolie dans les cinq éperons de sa corolle. La sécrétion de cette liqueur rarement commence avant que la fleur soit épanouie ; elle se fait avec le plus d'abondance à l'époque de l'émission du pollen, précisément lorsque la plante a besoin du concours des insectes ; elle cesse dès que le fruit commence à se développer : la source sucrée tarit du moment qu'elle est inutile.

Une goutte de nectar, expressément distillée dans ce but, attire les insectes au fond de la corolle ; un point-voyant leur indique la route à suivre pour atteindre la liqueur sucrée en frôlant les étamines. On nomme *point-voyant* une tache de coloration vive, fréquemment jaune ou orangée, c'est-à-dire de la teinte douée du plus grand pouvoir lumineux. Cette tache se trouve à l'entrée de la corolle, au voisinage immédiat des anthères ; elle frappe la vue par son éclat et certainement guide les insectes dans leurs recherches. Ce point indicateur, qui amène

Fig. 161. Le Muflier.
Fleur et fruit.

l'abeille et le bourdon précisément là où ils sont nécessaires, c'est-à-dire aux anthères, est surtout remarquable dans les fleurs closes. Citons-en une paire d'exemples.

La corolle du muflier ou gueule-de-loup est exactement fermée, ses deux lèvres rapprochées ne laissent aucun passage libre. Sa couleur est d'un rouge violet uniforme, mais tout au milieu de la lèvre inférieure se trouve une tache d'un jaune très-vif. Or surveillons un bourdon tandis qu'il butine sur un muflier, nous le verrons toujours s'abattre sur la tache jaune et jamais ailleurs. Forcée par le poids de l'insecte, la lèvre s'abaisse et la gorge de la corolle bâille ; l'insecte entre, brosse en passant les anthères de son dos velu, se poudre de pollen, lèche le nectar et va sur d'autres fleurs distribuer, à son insu, la poussière staminale de sa toison.

La fleur de l'iris est encore plus remarquable. Son périanthe comprend six pièces, trois étalées en dehors et courbées en arc, trois relevées et se rassemblant dans le haut en un dôme. Ces dernières sont d'un bleu violet uniforme ; les autres ont, au milieu, une large bande hérissée de papilles et semblable à un grossier velours jaune. Ces bandes, qui par leur teinte safranée tranchent vivement sur le fond violet du reste de la fleur, sont les points-voyants qui mènent aux étamines, invisibles de l'extérieur et difficiles à trouver pour un œil inexpérimenté. Au centre de la fleur sont trois larges lames violettes, ayant toute l'apparence de pétales ; mais l'apparence est trompeuse car ces lames sont en réalité les styles du pistil. Chacune d'elles se courbe en une voûte et vient s'appliquer contre un pétale à bande jaune, de manière que les deux pièces forment, par leur assemblage, une chambre close. Dans chaque chambre est placée une étamine, dont l'anthère s'applique étroitement contre la voûte, et dont les deux loges, par une exception peu commune, mais ici nécessaire, s'ouvrent par la face extérieure au lieu de s'ouvrir, suivant la règle générale, par la face intérieure. Enfin, à l'entrée même de la chambre, la lame pétaloïde du style se double d'un étroit rebord membraneux. Ce rebord, c'est le stigmate, c'est le point où le pollen doit parvenir.

Complétez par la vue de la fleur elle-même ce que la parole est impuissante à rendre et vous verrez que, sans lo secours d'un aide, il est absolumert impossible au pollen d'arriver sur le stigmate. L'anthère est située au fond d'une chambre, à l'abri des agitations de l'air ; le stigmate est placé au debors, à l'entrée. Si le pollen tombe, sa chute se fera sur le plancher de la cavité et non sur le rebord stigmatique, situé à l'extérieur. Mais qu'un insecte survienne et la difficulté disparaît pour faire place à d'admirables combinaisons. Le point-voyant, la bande de velours jaune, est la voie qui mène à l'entrée

Fig. 162. Iris.

de la chambre ; c'est là que se posent invariablement abeilles, mouches et bourdons à la recherche du nectar ; aucun ne se méprend sur la route à suivre dans la fleur qui, par ses étamines cachées et ses styles pétaloïdes, trompe notre propre regard. L'insecte soulève la lame du style, entre et de son dos velu brosse la voûte où est appliquée l'anthère, ouvrant ses loges par la face externe ; il s'avance jusqu'au fond de l'étroite galerie, boit le nectar et sort poudré de pollen. Suivons-le sur une autre fleur. Maintenant le rebord stigmatique de l'entrée agit comme un rateau sur le dos de l'insecte pénétrant dans la chambre, et cueille du

pollen sur sa toison. Qui ne reconnaîtrait dans ces merveilleuses harmonies entre la fleur et son auxiliaire, l'insecte, des arrangements combinés par l'éternelle Raison !

Encore quelques mots pour terminer ces curieuses études sur les rapports entre l'insecte et la fleur. Je vous ai fait déjà connaître l'aristoloche siphon, dont la fleur, lavée de jaune et de rouge noir, a la forme d'un fourneau de pipe. Les étamines sont placées de manière à ne pouvoir que très-difficilement laisser parvenir leur pollen sur le stigmate. Or une mouche à forme svelte, une tipule, pénètre dans le tube de la fleur, tube garni de poils dirigés de haut en bas et cédant ainsi aisément devant le moucheron qui entre. Mais lorsqu'il veut sortir de la fleur, l'insecte est arrêté par ces mêmes poils, qui maintenant lui présentent leur pointe et forment palissade infranchissable ; il s'agite, se débat pour recouvrer la liberté, et disperse le pollen, qui tombe sur le stigmate. Bientôt le tube floral se flétrit ; les poils, devenus flasques, pendent le long de la paroi, et le prisonnier s'échappe sans obstacle.

D'après l'un des observateurs les plus exacts et les plus profonds de notre époque, Robert Brown, les fleurs d'un arbre exotique, l'eupomatie laurine, sont organisées de telle sorte que, sans le secours des insectes, l'arrivée du pollen sur les stigmates ne pourrait jamais avoir lieu. Dans ces fleurs, les rangées intérieures d'étamines sont stériles et transformées en pétales étroitement serrés l'un contre l'autre et couvrant le stigmate d'une impénétrable enveloppe. Ainsi séparé des étamines extérieures, seules fertiles, le pistil jamais ne recevrait du pollen si la fleur était abandonnée à ses propres moyens. Mais des insectes surviennent qui rongent les pétales intérieurs et détruisent la voûte recouvrant les pistils, sans toucher ni à ceux-ci ni aux étamines fertiles. Désormais l'accès du pollen aux stigmates n'a plus d'entraves.

Pour assurer l'arrivée du pollen sur le stigmate, bien des plantes, au moment de la floraison, animent leurs étamines de mouvements spontanés, semblables à ceux que nous avons déjà reconnus dans certaines feuilles. La rue, plante nauséabonde des collines arides, a des fleurs tantôt à quatre, tantôt à cinq pétales, et des étamines au nombre soit de huit soit de dix, opposées par moitié aux pétales et par moitié aux intervalles qui séparent ces derniers. Dans la fleur récemment épanouie, toutes les étamines sont étalées horizontalement, et couchées les unes dans la cavité du pétale correspondant, les autres dans les intervalles. Bientôt, d'un mouvement lent, insensible, une étamine se dresse debout, infléchit son filet et vient appliquer son anthère sur le stigmate. Pendant ce contact, longtemps prolongé, les loges anthériques s'ouvrent et abandonnent leur pollen. Cela fait, l'étamine lentement se retire et vient se recoucher dans sa position première, la position horizontale ; mais celle qui lui succède dans l'ordre spiral du verticille se redresse en même temps, et la remplace sur le stigmate. Une troisième succède à celle-ci, et ainsi de suite, l'une après l'autre, jusqu'à ce que toutes les étamines aient déposé sur le pistil leur tribut de pollen. La fleur alors se fane : le rôle de ses enveloppes florales et de ses étamines est fini. A cause de la lenteur des mouvements, un examen soutenu des jours entiers peut seul constater dans leur ensemble ces faits si curieux ; mais un simple coup d'œil suffit pour reconnaître le redressement des étamines une à une, car on voit toujours, dans les fleurs de la rue, une seule étamine appliquer son anthère sur le stigmate, tandis que les autres sont couchées horizontalement.

D'autres fois l'élan est soudain. Dans l'épine-vinette, chaque filet d'étamine est saisi à la base entre deux fines glandes situées sur l'onglet de pétale opposé. Celui-ci, en s'étalant, entraîne donc l'étamine, captive dans son frein, et la force à s'étaler avec lui. Mais bientôt, sous les rayons du soleil, le filet s'amincit par l'évaporation, et les glandes qui le retiennent se dégonflent un peu. Alors l'étamine, abandonnée à sa propre élasticité, revient brusquement à sa position première ainsi que le ferait un ressort tendu, et se jette sur le pistil en lançant un petit nuage de pollen. On peut artificiellement provoquer cette détente : il suffit de gratter le filet avec la pointe d'une épingle, ou bien d'agiter le rameau. A ', moindre secousse, au plus léger contact, le délicat équilibre est rompu, les étamines échappent à leur frein glanduleux et s'abattent sur le pistil.

L'ortie et la pariétaire ont les filets staminaux enroulés

dans les folioles du périanthe. Effleurons ces filets très-
légèrement de la pointe d'une aiguille ; nous les verrons
soudain se dérouler, se redresser et secouer leurs anthères, d'où s'échappe un jet de poussière pollinique.
Dans les grandes fleurs jaunes de la plante grasse vulgairement nommée figuier de Barbarie, les étamines sont
au nombre de quelques centaines. En l'état d'épanouissement, elles sont étalées à peu près à angle droit avec
l'axe de la fleur. Qu'un insecte en passant vienne à les ef-
fleurer, qu'un léger choc les ébranle, qu'un nuage in-
tercepte tout à coup la lumière du soleil, et aussitôt
elles se relèvent en tumulte entrechoquant leurs anthères
d'où vole le pollen, elles se recourbent et se rejoignent
en une voûte serrée au-dessus du pistil. La tranquillité
revenue, elles s'étalent de nouveau pour se rassembler
encore au moindre accident. Chaque fois, une pluie de
pollen tombe sur le stigmate.

Les vents en balayant une prairie où croissent les
plantes les plus variées, les insectes en butinant d'une
fleur à l'autre sans distinction d'espèces, amènent nécessairement sur les stigmates des grains de pollen de toute
nature. Le sainfoin reçoit le pollen du trèfle, le trèfle
reçoit le pollen du froment. Que résulte-t-il de ces
échanges entre les végétaux les plus disparates? Il n'en
résulte absolument rien : le pollen d'une espèce végétale
est sans effet aucun sur les fleurs d'une autre espèce.
Vainement, par exemple, on déposerait sur le stigmate
du lis la poussière pollinique de la rose, ou sur le stigmate de la rose celle du lis ; si chaque fleur ne reçoit pas
son propre pollen ou celui d'une fleur de même espèce,
l'ovaire se fanera sans donner des semences fertiles.

Il faut à chaque espèce le pollen de son espèce, tout
autre pollen reste aussi inactif que la poussière du grand
chemin. Les recherches expérimentales les plus con-
cluantes ont mis en pleine lumière l'inflexibilité de cette
grande loi, qui sauvegarde les espèces contre toute profonde altération et les maintient aujourd'hui telles qu'elles

étaient au début, telles qu'elles seront dans un avenir indéfini. L'action du pollen ne se borne pas, en effet, à éveiller la vie dans les ovules; elle imprime aussi aux graines les
caractères de la plante qui a fourni l'anthère. Le pistil et
l'étamine, chacun à sa manière, communiquent à la semence les traits devant se révéler dans le végétal qui en
proviendra; ils contribuent l'un et l'autre à déterminer,
dans la plante née de la graine, la ressemblance avec la
plante d'où provient soit l'ovule soit le pollen. Qu'advien-
drait-il donc si le stigmate était indifféremment influencé
par la poussière d'une anthère quelconque? Les graines
issues d'un tel mélange ne reproduiraient pas les plantes
primitives, mais donneraient de nouvelles formes rappelant
par certains caractères la plante origine du pollen, et par
certains autres la plante origine des ovules; l'espèce ne
se maintiendrait pas fixe; la végétation présente ne serait
pas la pareille de la végétation passée; chaque année
verrait apparaître des formes inconnues, étranges, que
rien d'analogue ne précéderait, à qui rien de semblable
ne succéderait; enfin toujours plus mélangé, plus bizarrement défiguré, le monde végétal perdrait l'ordre har-
monieux qui préside à sa distribution et s'éteindrait dans
un stérile chaos. Tout se maintient, au contraire, dans
une immuable régularité et le semblable succède toujours au semblable, du moment que chaque espèce n'est
influencée que par son propre pollen.

Néanmoins, lorsque deux espèces sont extrêmement
voisines par leur organisation, le pollen de l'une peut
agir sur les ovules de l'autre. Les graines issues de cette
association donnent des plantes qui ne sont exactement,
pour les divers caractères, ni la plante d'où vient l'o-
vule, ni celle d'où vient le pollen. Intermédiaires entre
les deux, elles ont avec l'une et l'autre des ressemblances
et des dissemblances. Ces végétaux à double origine sont
qualifiés d'*hybrides*.

L'*hybridation*, c'est-à-dire le dépôt artificiel d'un pollen
étranger sur le stigmate d'une fleur, est fréquemment

utilisée en horticulture pour obtenir de nouvelles variétés de coloration, de port, de feuillage, de fruits; c'est une des plus puissantes ressources pour l'amélioration des plantes en vue de nos usages. En dehors des soins de l'homme, elle s'effectue quelquefois, par le concours des insectes et des vents, entre végétaux croissant ensemble et d'organisation aussi semblable que possible. La plupart du temps les hybrides sont stériles; leurs fleurs, quoique pourvues d'étamines et de pistils, ne peuvent produire des semences aptes à germer. La nature met ainsi brusquement fin, par un arrêt infranchissable, à l'altération de l'espèce qu'une première association avait ébauchée. Pour conserver ces formes hybrides, quand elles ont de la valeur, nous avons les ressources de la greffe, de la bouture, de la marcotte ; mais le semis s'y refuse absolument. Plus rarement, les hybrides sont fertiles, ainsi que leur descendance; leurs graines germent et donnent des plantes également aptes à produire des semences fécondes. Néanmoins la forme nouvelle est loin d'être stable : d'une génération à l'autre, les traits mixtes s'effacent, le mélange de caractères est moins accusé, tandis que les caractères primitifs s'affirment davantage ; enfin, tôt ou tard, le semis donne, par proportions variables, d'une part la plante qui a fourni les ovules au début, et d'autre part la plante qui a fourni le pollen, sans aucun intermédiaire entre les deux. Séparant ce que l'hybridation avait associé, la plante revient d'elle-même à ses origines premières et nous donne ainsi le plus frappant exemple de l'inflexible puissance préposée par le Créateur au maintien des espèces.

VII

Le Fruit.

Lorsque les tubes polliniques ont atteint les ovules et déterminé dans ceux-ci l'apparition du germe ou embryon, but final de la fleur, les enveloppes florales, dont le rôle est alors fini, ne tardent pas à se flétrir et à tomber. Les étamines se détachent également, les styles se dessèchent et il ne reste sur le pédoncule que l'ovaire. Animé par le pollen d'une nouvelle vie, celui-ci grossit en mûrissant dans ses loges les ovules devenus semences fertiles. L'ovaire développé, avec son contenu de graines, s'appelle le *fruit*.

Le fruit se forme en vue des graines, destinées à perpétuer l'espèce ; tout ce qui accompagne les semences, quelle que soit son importance pour nos propres usages, est chose accessoire dans l'économie de la plante et constitue une simple enveloppe dont la fonction est de protéger les graines jusqu'à leur maturité. Cette enveloppe porte le nom de *péricarpe*. Elle est formée par les feuilles carpellaires, qui, tantôt isolées une à une dans chaque fleur, tantôt groupées plusieurs ensemble, libres ou soudées entre elles, composent le pistil.

Un carpelle, comme toute feuille, comprend dans sa structure une lame épidermique sur chaque face, et entre les deux une couche cellulaire ou parenchyme. Le péricarpe, résultant d'une feuille carpellaire ou de plusieurs, reproduit cette structure, mais parfois avec des modifications qui dénaturent complétement les caractères primitifs. Considérons, par exemple, une pêche, une cerise, une prune, un abricot. Ces quatre fruits proviennent l'un et l'autre d'un carpelle unique, contenant une seule graine dans sa loge. Le robuste noyau qui défend la semence jusqu'à l'époque de la germination, la chair succulente qui pour nous est une précieuse ressource alimentaire, la peau fine qui recouvre la chair, tout cela réuni forme le péricarpe et provient d'une

Fig. 103. Le Noyer.

feuille métamorphosée. L'épiderme intérieur de la feuille carpellaire est devenu le noyau, son parenchyme est devenu la chair, et son épiderme extérieur est devenu la peau du fruit.

Trois couches analogues, mais très-variables pour la nature, l'aspect, la consistance, l'épaisseur de leur tissu, se retrouvent dans tout péricarpe. La couche extérieure se nomme *épicarpe* ; la couche moyenne, *mésocarpe* ; la couche interne, *endocarpe*. La première représente l'épiderme extérieur de la feuille carpellaire ; la seconde, le parenchyme ; la troisième, l'épiderme intérieur. Dans les quatre fruits ci-dessus, l'épicarpe est la peau qui revêt la chair, le mésocarpe est la chair elle-même, et l'endocarpe est le noyau.

Les fruits de l'amandier et du noyer ont une organisation pareille, avec cette différence que le mésocarpe est sans valeur pour nous et que la partie comestible se réduit à la semence. La coque ligneuse de la noix et de l'amande est l'endocarpe ; le brou, si âpre dans la noix, mangeable à la rigueur dans l'amande jeune, est le mésocarpe, qui se détache à la complète maturité du fruit, et laisse la coque à nu ; enfin l'épiderme du brou est l'épicarpe, lisse dans la noix, un peu velouté dans l'amande.

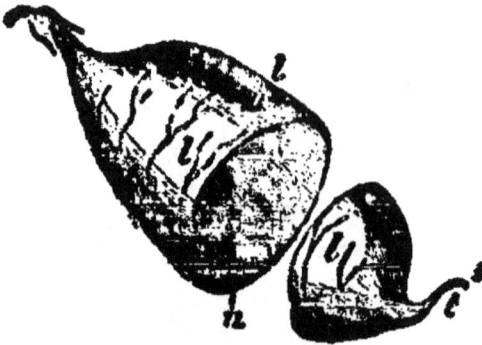

Fig. 104. Gousse du Baguenaudier.

l, l, l, feuille carpellaire formant le péricarpe ; *n*, suture des bords de la feuille ; *t*, style ; *s*, stigmate.

D'autres fois, la nature foliacée se maintient reconnaissable dans la feuille carpellaire mûrie en péricarpe. Ainsi la gousse du pois et du haricot rappelle assez bien une feuille repliée en sac allongé. Son endocarpe et son épicarpe sont des lames épidermiques peu différentes de l'épiderme des feuilles ; son mésocarpe, médiocrement épaissi, est presque le parenchyme ordinaire. Dans la gousse du baguenaudier, la nature foliacée du péricarpe est encore plus évidente.

Si plusieurs carpelles soudés entre eux concourent à la formation du fruit, chacun d'eux résulte pareillement de trois couches auxquelles s'appliquent les mêmes dénominations. Ainsi la pomme est formée de cinq feuilles carpellaires assemblées en un tout, unique d'apparence, mais dont on reconnaît la composition d'après le nombre de loges. La paroi coriace de ces loges, ou l'étui cartilagineux renfermant les pépins, est l'endocarpe du carpelle correspondant ; la chair de la pomme est le mésocarpe des cinq carpelles réunis, et sa peau en est l'épicarpe. Dans la nèfle, également à cinq carpelles soudés, l'endocarpe devient cinq noyaux comparables à celui de la cerise ; la partie charnue et comestible est toujours le mésocarpe, enveloppé de son épiderme ou épicarpe.

Dans l'orange et le citron, composés de nombreux carpelles dont chacun forme une tranche du fruit, l'épicarpe est la couche extérieure, jaune et parsemée de petites glandes qui sécrètent une huile essentielle odorante ; le mésocarpe est la couche blanche, un peu spongieuse et dépourvue de saveur ; l'endocarpe enfin est la fine pellicule qui revêt chaque tranche et contient dans son fourreau la partie comestible et les graines. Cette partie comestible, que représente-t-elle ? On reconnaît aisément, surtout dans une orange peu juteuse, que la partie comestible se compose d'un amas de petits sachets allongés, de vésicules pleines de suc et assemblées côte à côte. L'endocarpe est l'épiderme intérieur de la feuille carpellaire ; or nous savons que, dans une feuille, l'épiderme se couvre fréquemment de prolongements cellulaires nommés poils. Eh bien ! dans l'orange et le citron, les poils de l'épiderme carpellaire, les poils de l'endocarpe enfin, prennent un développement excessif, et deviennent de longues vésicules pleines de jus. La chair de ces fruits est donc un amas de poils gonflés en cellules juteuses.

Ces quelques exemples nous montrent quelle variété d'aspects peut acquérir, dans le fruit, le même organe. L'épiderme intérieur du carpelle reste épiderme ordinaire dans les gousses du pois ; il devient un noyau très-dur dans la pêche et l'abricot, une coque solide dans la noix et l'amande, un étui coriace dans la pomme, une

délicate membrane toute hérissée de succulentes vésicules dans l'orange et le citron. Malgré ces différences
d'organisation, la partie considérée est toujours l'endocarpe. Enfin celui-ci peut disparaître sans presque laisser
de traces. C'est ce qui a lieu dans la plupart des fruits
des cucurbitacées, melon, pastèque, citrouille, gourde,
cornichon. Le melon, par exemple, présente au dehors
des lambeaux d'un mince épicarpe, déchiré par les rugosités du fruit ; tout le reste est formé par le mésocarpe,
vert et immangeable à l'extérieur, fondant et sucré à
l'intérieur. Par delà, l'endocarpe fait défaut : l'ovaire, en
grossissant, n'a pas développé l'épiderme intérieur des
feuilles carpellaires.

Lorsque le péricarpe est transformé en un parenchyme
abondant, le fruit est dit *charnu* ; s'il est à parois minces
et de consistance aride, le fruit est dit *sec*, à cause de
son aridité quand il est mûr. La pomme, la prune, la
citrouille, l'orange, la groseille, sont des fruits charnus ;
les coques du tabac, du muflier, du pavot, de la violette,
sont des fruits secs.

Le fruit peut résulter soit d'un seul carpelle, soit de
plusieurs carpelles, tantôt libres entre eux et tantôt
soudés. Dans le cas d'un carpelle unique ou de plusieurs
carpelles libres, le fruit est qualifié d'*apocarpé* ; et dans
le cas de plusieurs carpelles réunis, il est qualifié de
syncarpé. La prune, la pêche, la cerise, l'amande, sont
des fruits apocarpés, provenant d'un carpelle unique ;
les fruits de la pivoine, du pied d'alouette, de la clématite,
sont également apocarpés, mais comprennent, pour
l'ensemble d'une même fleur, plusieurs carpelles sans
union l'un avec l'autre. La pomme, l'orange, les coques
du muflier et du pavot, sont au contraire des fruits syncarpés. La première résulte de cinq carpelles réunis, la
seconde en comprend autant qu'elle renferme de tranches ;
la coque du muflier se compose de deux carpelles, celle
du pavot en compte un grand nombre.

Vous savez qu'un carpelle provient de la métamorphose d'une feuille, qui, pliée en long suivant sa nervure médiane, soude ses bords l'un à l'autre du côté de l'axe de la fleur, et forme de la sorte une cavité close ou loge, où se développent les graines. La ligne de jonction des deux bords de la feuille carpellaire se nomme *suture ventrale.* C'est elle qui, dans la pêche, l'abricot, la prune, la cerise, se traduit par un sillon allant d'une extrémité à l'autre du fruit, sur la moitié du contour. Enfin la nervure-médiane du carpelle, toujours située à l'opposite de l'axe de la fleur, est tantôt indistincte, comme dans les fruits que je viens de citer, et tantôt se montre sous la forme d'un pli, d'un cordon spécial, imitant une seconde suture. Elle prend alors le nom de *fausse suture* ou de *suture dorsale*, à cause de sa situation sur le dos du carpelle. On en voit un exemple très-net dans les gousses du pois, du haricot, de la fève.

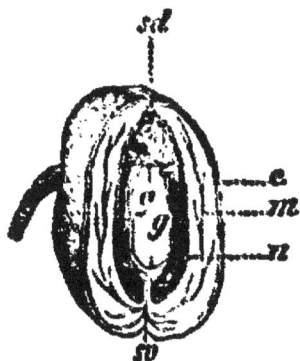

Fig. 165. Coupe transversale de la gousse de la Fève.

sv, suture ventrale ; *sd,* suture dorsale ; *e,* épicarpe ; *m,* mésocarpe ; *n.* endocarpe.

A la maturité, beaucoup de fruits secs, mais non tous, s'ouvrent spontanément pour livrer passage aux graines et les disséminer. Pour chaque espèce de plante, les ruptures du péricarpe s'opèrent d'une invariable manière, et d'habitude suivant les lignes de moindre résistance, c'est-à-dire suivant l'une ou l'autre suture, ou même suivant toutes les deux à la fois. Les parois du fruit se séparent ainsi en pièces ou *valves,* dont le nombre est égal à celui des carpelles si une seule suture s'ouvre, et au double si les deux s'ouvrent à la fois. Ainsi le fruit à trois carpelles de la violette se partage en trois valves par des fentes dirigées suivant les sutures dorsales, tandis que le fruit à un seul carpelle du pois se divise en deux valves par la rupture simultanée de ses deux sutures. Plus rarement, pour donner issue aux graines, le fruit se rompt en des points qui ne correspondent pas aux sutures. Ainsi la capsule du muflier se perce au sommet de trois pores ou larges trous, dont l'un correspond à la loge supérieure, et les deux autres à la loge inférieure.

L'ouverture spontanée du péricarpe, de quelque manière qu'elle s'opère, se nomme *déhiscence*, et les fruits doués de cette propriété sont qualifiés de *déhiscents*. Ceux qui ne s'ouvrent pas d'eux-mêmes sont nommés *indéhiscents*. Parmi les fruits secs, il y en a qui appartiennent soit à l'une soit à l'autre de ces deux catégories ; mais les fruits charnus sont toujours indéhiscents, leur péricarpe tombe en décomposition pour donner issue aux graines.

En combinant les caractères de la séparation ou de la réunion des carpelles, de la nature sèche ou charnue du péricarpe, de la déhiscence ou de la non-déhiscence, on arrive à la classification suivante des fruits.

Fruits apocarpés.	Indéhiscents.	Secs ..	Caryopse (*blé*). Achaine (*clématite*). Samare (*frêne*).
		Charnu.	Drupe (*pêche*).
	Déhiscents		Follicule (*pivoine*). Légume (*pois*).
Fruits syncarpés.	Déhiscents		Silique (*chou*). Pyxide (*mouron*). Capsule (*muflier*).
	Indéhiscents		Gland (*chêne*). Hespéridie (*oranger*). Balauste (*grenadier*). Pépon (*melon*). Pomme (*pommier*). Baie (*groseillier*).

Le *caryopse* est le fruit du blé et des graminées en général. Il est caractérisé par l'intime adhérence du péricarpe avec l'enveloppe même de la graine. Le son, qui sous la meule se détache du froment, contient, confondus en une mince pellicule, la paroi du péricarpe et les téguments de l'unique semence renfermée dans sa loge. Dans ce genre de fruit, la feuille carpellaire est tellement réduite, qu'on a cru d'abord le caryopse dépourvu de péricarpe et qu'on lui a donné pour ce motif le nom de graine nue.

L'*achaine* diffère du caryopse en ce que son péricarpe est distinct et séparable des téguments propres à la semence unique qu'il renferme. Les fruits du soleil, du pissenlit, de la chicorée, de la laitue, du chardon, enfin de toute la famille des composées, sont des achaines. Une aigrette les surmonte et favorise leur transport dans les airs pour la dissémination. Les fruits triangulaires du sarrasin ou blé noir, ceux de la clématite prolongés par un long style plumeux, ceux

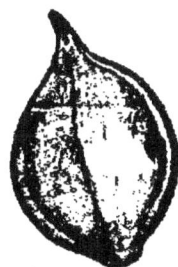

Fig. 166. Achaine de Renoncule.

des renoncules groupés en tête globuleuse, appartiennent également à cette division. Il en est de même de ceux du rosier et du fraisier, auxquels il convient d'accorder une mention spéciale.

Dans son ensemble, le fruit du rosier est un corps ovoïde, de couleur rouge à la maturité. Il est ouvert supérieurement d'un orifice autour duquel sont étalés les sépales et les étamines; enfin il est creusé en un profond godet plein de semences à poils courts et raides, qui provoquent sur la peau de tenaces démangeaisons. Or ces semences sont en réalité des fruits distincts, composés chacun de son péricarpe hérissé de poils, et de sa graine incluse dans ce péricarpe; en un mot ce sont autant d'achaines. Quant à l'enveloppe commune, rouge et charnue, elle provient du calyce; ce n'est donc pas

Fig. 167. Fraise.

réellement un péricarpe puisqu'il n'entre pas de feuilles carpellaires dans sa formation. — La partie comestible de la fraise ne provient pas davantage de carpelles. A la superficie de la masse charnue sont disséminés de petits points durs et noirs ; chacun d'eux est un achaine, avec un péricarpe et la semence incluse. Quant au renflement

Fig. 168. Samares
de l'Orme.

charnu où ils sont enchassés, ce n'est autre chose que l'extrémité du pédoncule, que le réceptacle de la fleur.

La *samare* est facile à reconnaître à l'aile membraneuse que forme le péricarpe. Cette aile tantôt fait le tour entier du fruit, comme dans l'orme ; tantôt se prolonge longuement à une seule extré-

Fig. 169. Samares de l'Érable.

mité, comme dans le frêne ; tantôt se dilate latéralement, comme dans l'érable, dont les samares sont associées deux par deux.

La *drupe* comprend tous les fruits apocarpés indéhiscents, à une seule semence, dont le mésocarpe est charnu et l'endocarpe organisé en un noyau ligneux. Tels sont l'abricot et la pêche, la prune et la cerise, l'olive et l'amande.

Fig. 170. Follicule de pied d'alouette.

Le *follicule* a le péricarpe mince et d'aspect foliacé. Il a pour caractère de s'ouvrir, quand il est mûr, par sa suture ventrale, dont les deux bords portent chacun une série plus ou moins nombreuse de graines. Habituellement, à une même fleur succèdent plusieurs follicules, deux, trois ou davantage. La pivoine, le pied d'alouette, l'hellébore, nous offrent des exemples de ce fruit.

Le *légume*, auquel on donne aussi le nom de *gousse*, est le fruit du pois, du haricot, de la fève et de la famille des légumineuses en général. Par la rupture des deux sutures à la fois, sa feuille carpellaire se divise en deux valves, dont chacune porte des graines le long de la suture ventrale seulement.

La *silique* ou fruit du chou, de la giroflée, du colza, est formée de deux carpelles groupés en deux loges que sépare une cloison médiane. A la maturité, elle s'ouvre de bas en haut en deux valves, tandis que la cloison reste en place, avec une rangée de graines à chaque bord, sur l'une et l'autre

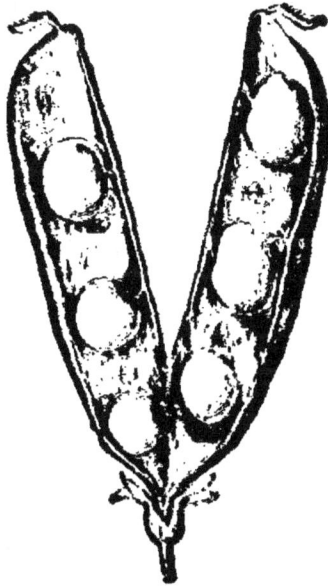

Fig. 171. Gousse du Pois.

Fig. 172. Silique du Colza.

v, v, valves; s, cloison.

face. Ce genre de fruit garde le nom de silique lorsqu'il est beaucoup plus long que large, comme dans le colza; il prend celui de *silicule*, diminutif de silique, lorsque la longueur ne diffère pas beaucoup de la largeur, comme dans le thlaspi. La silique et la silicule appartiennent à la famille des crucifères.

La *pyxide* est un fruit sec qui s'ouvre à la maturité par une fente circulaire transversale, et se divise ainsi en deux hémisphères, dont l'inférieur reste en place avec son contenu de graines, tandis que le supérieur s'enlève à la manière du couvercle d'une boîte à savonnette. Tels sont les fruits du mouron et de la jusquiame.

Fig. 173. Pyxide du Mouron.

La *capsule* comprend tous les fruits syncarpés déhiscents qui ne rentrent pas dans les deux précédentes di-

visions Leur forme est très-variable ainsi que leur mode
de déhiscence. Mentionnons la capsule du pavot, qui
s'ouvre par une rangée d'orifices situés sous le rebord
d'un large disque terminal; celle du muflier, percée, au
sommet, de trois pores; celle des œillets et des silènes,
dont l'extrémité bâille en s'étoilant d'un certain nombre
de denticulations; celle de la violette, qui se partage en
trois valves.

Le *gland*, dont le fruit du chêne est le type, paraît résulter d'un carpelle unique, puisque sa cavité est simple

Fig. 174. Capsule   Fig. 175. Gland   Fig. 176. Grenade.
du Colchique.   du Chêne.

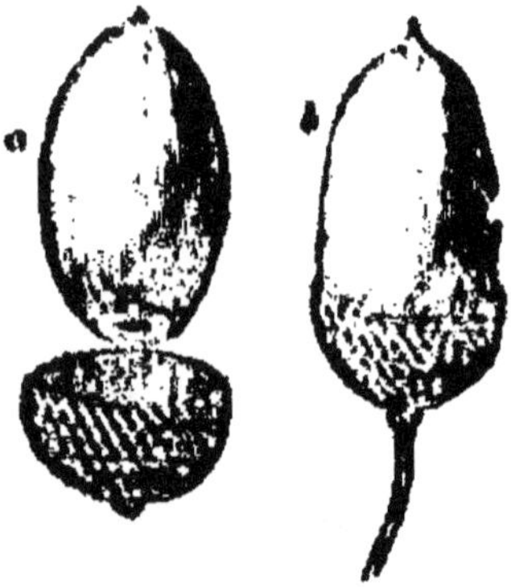

et entièrement remplie par une seule graine; cependant,
si l'on étudie ce fruit à l'époque de sa première apparition, on lui reconnaît trois ou quatre carpelles soudés
entre eux. Plus tard, ces carpelles dépérissent sauf un
seul, et le fruit, en réalité complexe à ses débuts, est
simple à la maturité. C'est pour rappeler son originelle
structure qu'on l'inscrit parmi les fruits syncarpés, bien
qu'il ait, à l'état mûr, toutes les apparences d'un fruit
apocarpé. Le gland est facile à reconnaître à sa base en-
chassée dans un réceptacle ou godet nommé *cupule*. Les

fruits du noisetier et du châtaignier appartiennent à la
même division. La cupule est écailleuse pour le gland
du chêne, foliacée pour la noisette ; elle est épineuse
pour la châtaigne, et de plus elle enveloppe d'abord le
fruit à la manière d'un péricarpe.

L'*hespéridie* est le fruit de l'oranger et du citronnier.
Je vous ai déjà décrit sa structure et la formation de sa
pulpe juteuse au moyen des poils de l'endocarpe.

La *balauste* ou fruit du grenadier est couronnée par le
calyce. Son péricarpe est coriace et divise la cavité en
deux étages de loges dis-
semblables, où se trouvent
de nombreuses graines re-
vêtues chacune d'une en-
veloppe épaisse et succu-
lente.

Fig. 177. Pomme.

Fig. 178. Baies du Groseillier.

Le *pépon* a pour types le melon et la citrouille ; c'est
le fruit des cucurbitacées. Il provient d'un ovaire généralement à trois loges. Son caractère essentiel est de diminuer en consistance de l'extérieur à l'intérieur, et
d'être creusé au centre d'un grand vide contre la paroi
duquel sont attachées les graines.

Le nom de *pomme* s'applique, en botanique, non-seulement aux fruits du pommier, mais encore aux fruits
du poirier, du cognassier, du sorbier, enfin de nos divers
rbres à pépins. La pomme, considérée à ce point des

22

vue général, présente au sommet une dépression ou œil
qu'entoure le calyce desséché ; elle se divise habituellement en cinq loges dont l'endocarpe est cartilagineux,
ou plus rarement durci en noyaux comme dans la nèfle.

On groupe sous le nom de *baie* les fruits syncarpés
charnus ou pulpeux, dont l'endocarpe n'est pas distinct
du mésocarpe. Dans cette catégorie se classent les raisins,
les groseilles, les tomates.

Outre leur enveloppe formée par le péricarpe, quelques
fruits en présentent une seconde provenant d'une
partie de la fleur autre que l'ovaire. C'est ainsi que
le fruit de la belle-de-nuit est inclus dans la base du
périanthe, durcie en une solide coque, et que celui
de l'If est con-
tenu dans une
capsule rouge et
charnue repré-
sentant le calyce.
Pour rappeler
cette présence
d'organes floraux
qui n'entrent pas
dans la composi-

Fig. 130. A, fruit anthocarpé de l'If. — B, le même
ouvert pour montrer son enveloppe C.

tion de l'ovaire lui-même, on donne à de tels fruits la
qualification d'*anthocarpés*.

Puisque le fruit est l'ovaire mûri, un fruit, dans la rigoureuse acception des mots, ne peut provenir que
d'une seule fleur. Cependant il est d'usage d'employer le
même terme pour désigner la production de certaines
inflorescences, qui, par le rapprochement, l'adhérence et
et même la soudure de leurs ovaires, semblent donner
un fruit unique lorsque, en réalité, il y en a autant que
l'inflorescence contenait de fleurs. Ces agglomérations
prennent le nom de fruits *agrégés*. On distingue les trois
genres suivants.

La *sorose* résulte de fruits soudés entre eux par leur
péricarpe très-développé et devenu charnu Tels sont les

fruits de l'ananas et du mûrier. Le premier ressemble à un gros cône transformé en une masse succulente ; il est couronné par un faisceau de feuilles. Le second rappelle par sa forme la mûre de la ronce et la framboise ; mais son origine est bien différente. Le fruit de la ronce et celui du framboisier proviennent l'un et l'autre d'une seule fleur, dont les nombreux carpelles, changés en petites drupes, se sont soudés par leur péricarpe charnu ; tandis que celui du mûrier a pour origine un épi très-court de fleurs à pistils, et pour faux péricarpe le périanthe de ces fleurs gonflé en mamelon pulpeux.

Fig. 180. Surface
de l'Ananas.

Fig. 181. Cône
du Houblon.

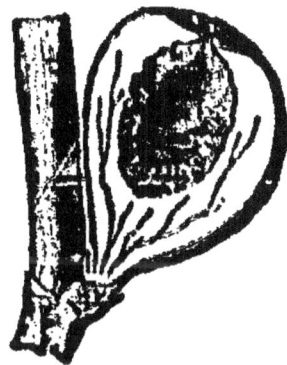

Fig. 182. Figue.

Le *cône* est un ensemble de fruits secs, achaines ou samares, situés à l'aisselle d'écailles très-rapprochées, tantôt épaisses et ligneuses, tantôt minces et foliacées, parfois même charnues, comme dans le genévrier. Le cône appartient à la famille des conifères, pin, sapin, cèdre, mélèze, cyprès; on le trouve aussi dans l'aulne, le bouleau, le houblon.

La *figue* est un rameau creusé en un profond réceptacle qui, sur sa paroi charnue, porte les véritables fruits consistant en petites drupes, très-nombreuses.

Pour venir en aide à la mémoire au moyen d'exemples

qui nous soient familiers et rappeler ainsi les principaux traits de l'organisation des fruits, passons maintenant en revue les parties comestibles dans les fruits qui apparaissent sur nos tables. — La pêche, la prune, l'abricot, la cerise, sont des drupes ; on en mange le mésocarpe. — L'amande et la noix appartiennent au même genre de fruits ; mais on rejette tout le péricarpe pour ne conserver que la graine. — La pomme ordinaire, la poire, le coing, la sorbe, appartiennent au genre pomme. Le mésocarpe en est la partie comestible. C'est le mésocarpe également que l'on mange dans la nèfle, dont l'endocarpe, au lieu d'être cartilagineux, forme un groupe de noyaux ligneux. — L'olive, drupe, fournit son mésocarpe. — Le melon et la pastèque, pépon, ont pour partie comestible le mésocarpe ; leur endocarpe est à peu près nul. — Dans l'orange et le citron, hespéridie, c'est l'endocarpe qui fournit la chair au moyen de ses poils devenus grosses cellules pleines de suc. — La grenade, balauste, nous donne les téguments mêmes des graines, transformés en pulpe succulente. — Les raisins et les groseilles, baie, nous fournissent leur mésocarpe, non distinct de l'endocarpe. — La framboise est un amas de petites drupes dont le mésocarpe est la partie nutritive. — De la châtaigne et de la noisette, gland, nous utilisons la semence. — Dans la fraise, la partie comestible est le réceptacle de la fleur, l'extrémité même du rameau floral renflée en une masse succulente ; les fruits véritables, achaines, sont les petits corps durs et brunâtres enchâssés dans la chair pulpeuse. — La chair sucrée de la figue est pareillement fournie par le rameau floral, creusé en un profond réceptacle. A cette chair s'ajoute la pulpe des innombrables petites drupes contenues dans la cavité de la figue.

VIII

La Graine.

Structure de la graine. — Testa et tegmen. — Hile, funicule et micropyle. — Embryon. — Cotylédons, radicule, gemmule, tigelle. — Périsperme ou albumen. — Analogie entre l'œuf et la graine. — Nature du périsperme. — Présence ou absence du périsperme. — Dissémination. — L'ecbalium élastique, le sablier, la balsamine. — Ailes et aigrettes. — Le pissenlit, l'érodium. — Samares. — La giroflée jaune, l'orme. — Dissémination par les animaux. — La bardane, le gratteron. — Dissémination par l'homme. — Germination. — Nécessité de l'eau, de la chaleur, de l'air. — Phénomènes chimiques de la germination. — Temps nécessaire à la germination. — Durée de l'aptitude à germer.

Considérons le fruit de l'amandier mûr et à l'état frais. Après avoir cassé la coque ligneuse, constituant l'endocarpe, nous obtenons la graine, vulgairement amande. Sur celle-ci, nous reconnaîtrons aisément deux enveloppes, faciles à isoler si l'amande est fraîche : l'une extérieure, grossière et rousse; l'autre intérieure, fine et blanche. Ces deux enveloppes prennent dans leur ensemble le nom de *téguments* de la graine. L'extérieure se nomme *testa* à cause de sa consistance qui, pour certaines graines autres que celle de l'amandier, est comparable à la dureté d'une coque; la seconde se nomme *tegmen*.

Pour second exemple, prenons le pois et le haricot. Nous y reconnaîtrons les deux enveloppes trouvées dans l'amande : un tegmen, à l'état de fine membrane; un testa, plus robuste, verdâtre dans le pois, blanc ou bariolé de rouge, de brun, dans le haricot. Sur l'une et l'autre graine se dessine très-nettement une tache ovalaire blanche que l'on nomme *hile*; c'est là qu'adhérait le cordon nourricier ou *funicule*, qui tenait la graine appendue à la paroi du carpelle et lui distribuait la séve nécessaire à son accroissement. Enfin dans le pois, au voisinage du hile, on distingue, avec un peu d'attention, un très-petit orifice comme pourrait en faire la pointe d'une fine aiguille : c'est le *micropyle*, par où le tube polunique a pénétré dans le sac embryonnaire de l'ovule

Tels sont les traits les plus saillants que l'extérieur de toute graine présente, mais avec des modifications de détails extrêmement variables. Ainsi le hile, si distinct dans le pois et le haricot, manque de netteté dans l'amande, et le micropyle ne peut être aisément reconnu que dans un petit nombre de semences, dans le pois en particulier. Quant au testa, il y en a de mous et de flexibles, de charnus même comme dans le grenadier ; il y en a de durs et de cassants, d'épaissis en solides coques. Les uns sont polis, brillants et comme vernissés ; les autres sont ternes, rugueux, burinés de sillons, armés d'arêtes, de papilles, de côtes. Quelques-uns ont des teintes vives, comme on le voit dans certaines variétés de haricots ; d'autres, et ce sont les plus nombreux, sont de couleur mate, fréquemment brune ou noire. Enfin le testa de quelques semences se hérisse de cils raides, ou bien se couvre de longs poils soyeux qui forment autour des graines une enceinte d'ouate. Telle est l'origine du duvet blanc qui s'épanche au printemps des petites capsules du peuplier et du saule ; telle est aussi la provenance du coton ou bourre contenue dans les capsules du cotonnier.

Fig. 183. Capsule du Cotonnier.

Si l'on dépouille de leurs téguments l'amande, le pois, la fève, il reste l'*embryon*, c'est-à-dire la plante en son état naissant. La presque totalité de l'embryon est formée de deux corps charnus, égaux, accolés l'un à l'autre. Ce sont les *cotylédons* ou premières feuilles de la petite plante.

Dans leur épaisseur disproportionnée sont amassées des réserves alimentaires, qui doivent servir au développement futur. A la base des cotylédons fait légèrement saillie au dehors un petit mamelon conique, qui prend le nom de *radicule* et représente les rudiments de la racine. Au-dessus, entre les deux cotylédons, se montre la *gemmule*, consistant en un faisceau de très-petites feuilles appliquées l'une sur l'autre. La gemmule est le bourgeon initial de la plante ; c'est elle qui, se déployant et se déve-

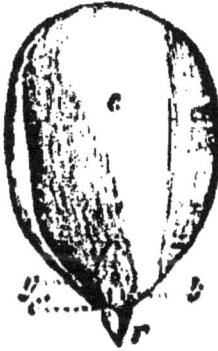

Fig. 184 Embryon d'Amandier.

c, cotylédon ; c'. point d'attache du second cotylédon ; g. gemmule ; t, tigelle ; r, radicule.

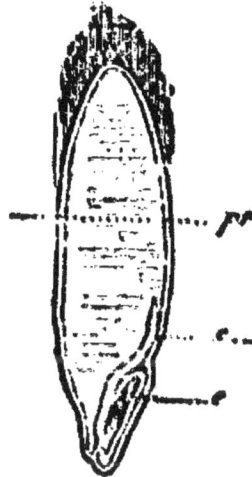

Fig. 185. Graine du Blé.

c, cotylédon : e. gemmule ; pr, périsperme.

loppant, donnera le premier feuillage. Enfin l'étroite ligne de démarcation entre la radicule et la gemmule porte le nom de *tigelle* ; de là doit provenir le premier jet de la tige. Pareille structure se retrouve dans toute graine appartenant aux végétaux dicotylédonés.

Le blé, la tulipe, l'iris, enfin les végétaux monocotylédonés ont l'embryon en général cylindrique. Sur le flanc de ce germe, on distingue une étroite fente par où se fait jour la gemmule ; ce qui est au-dessus de cette fente constitue l'unique cotylédon ; ce qui est au-dessous représente la tigelle et la radicule. Ces diverses parties ne sont bien visibles qu'après un commencement de germination.

D'après la figure, on voit que l'embryon du blé ne forme qu'une petite fraction de la graine. Il y a en outre, sous les téguments de la semence, une abondante masse farineuse qui n'existe pas dans les graines du pois, du haricot, de l'amandier. On lui donne le nom de *périsperme*. C'est une réserve alimentaire qui, au moment de la germination, devient fluide et de ses sucs imbibe et nourrit la jeune plante. On peut comparer le périsperme au blanc de l'œuf ou albumen, qui entoure le germe d'une couche nourricière et dont les matériaux servent à la formation des organes naissants de l'oiseau. La comparaison est d'autant plus fondée, que l'œuf est la graine de l'animal, comme la graine est l'œuf de la plante. Cette étroite analogie n'a pas échappé à l'observation vulgaire, qui donne aux œufs du bombyx du mûrier le nom de graines de ver à soie. Œuf et graine sont d'organisation semblable : sous le couvert d'une paroi défensive, coquille ou testa, est un germe avec un amas de vivres, périsperme ou albumen. L'incubation et la germination appellent le nouvel être à la vie ; le réservoir nourricier fournit les premiers matériaux de ses organes. A cause de la parité des fonctions, on donne au périsperme de la graine le même nom qu'au blanc de l'œuf, c'est-à-dire le nom d'*albumen*.

L'albumen n'a aucune adhérence avec le germe de la plante; il forme un amas distinct, nettement séparable de l'embryon, qui est enchâssé dans son épaisseur ou accolé à sa surface. Sa coloration est fréquemment blanche. Sa substance est tantôt farineuse et riche en fécule, comme dans les céréales; tantôt imprégnée d'huile, comme dans les euphorbiacées ; tantôt coriace et cartilagineuse, comme dans les ombellifères; tantôt pareille d'aspect à de la corne, comme dans les semences du caféier. Le périsperme du froment nous donne la meil-

leure des farines ; celui du ricin nous fournit une huile
médicinale ; celui du caféier, torréfié puis réduit en
poudre, n'est autre chose que le café.

Deux amas nourriciers approvisionnent le germe dans
la graine : celui des cotylédons et celui de l'albumen.
Les cotylédons existent toujours, mais l'albumen
ne se trouve pas dans toutes les graines. Il n'y en a
pas dans les semences de l'amandier, du chêne, du
châtaignier, de l'abricotier, de la fève, du pois, du haricot ; en compensation, les cotylédons y sont d'une
grosseur considérable. Le sarrasin, au contraire, en est
pourvu, ainsi que le blé ; mais le premier a ses deux
cotylédons de faible volume, et le second n'a qu'un seul
cotylédon, trop peu développé pour ve-
nir efficacement en aide à l'alimentation du germe. Cette observation doit
être généralisée. Les cotylédons et l'albumen ont des fonctions similaires, ils
se suppléent mutuellement pour nourrir
la jeune plante en ces débuts. Mais
l'excès d'un organe entraînant l'amoin-
drissement et même le défaut d'un
autre, on voit qu'à des cotylédons
volumineux doit correspondre un al-

Mouron.   Lierre.

Fig. 186. Graines dont
l'embryon est en-
touré d'un péri-
sperme ou albumen.

bumen très-réduit ou même nul ; et qu'inversement
à des cotylédons de peu de volume doit correspondre
un albumen abondant. C'est donc en général la graine à
gros cotylédons qui manque de périsperme, exemples :
le gland, l'amande, la fève ; et c'est la graine à faibles
cotylédons qui en est pourvue, exemple : le sarrasin.
Enfin les végétaux monocotylédonés, dont le germe n'a
qu'un seul cotylédon, presque toujours de petit volume,
sont approvisionnés d'un albumen bien plus fréquemment
que les végétaux dicotylédonés.

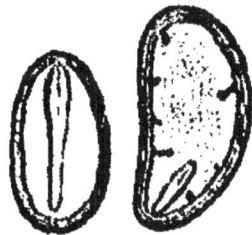

Une fois mûres dans leurs fruits, les graines doivent
être dispersées à la surface du sol, pour germer en des
points encore inoccupés et peupler les étendues où se

trouvent réalisées des conditions favorables. Nous allons examiner ici quelques-unes des précautions, souvent admirables, qui assurent la dispersion des graines ou la *dissémination*. — Sur les décombres, au bord des chemins, croît une cucurbitacée, l'ecbalium élastique, vulgairement concombre d'âne, dont les fruits, âpres et petits concombres d'une amertume extrême, ont la grosseur d'une datte. A la maturité, la chair centrale se résout en un liquide dans lequel nagent les semences. Comprimé par la paroi élastique du fruit, ce liquide presse sur la base du pédoncule qui, peu à peu refoulée en dehors, cède à la manière d'un tampon, se désarticule et laisse libre un orifice par où s'élance brusquement un jet vigoureux de semences et de pulpe fluide. Lorsque, d'une main inexpérimentée, on ébranle la plante chargée de fruits jaunis par un soleil ardent, ce n'est jamais sans une certaine émotion que l'on entend bruire, comme une décharge dans le feuillage, et que l'on reçoit à la figure les projectiles du concombre.

Le fruit d'une euphorbiacée des Antilles, le sablier, se compose de douze à dix-huit coques ligneuses assemblées en couronne comme le sont les carpelles de nos mauves. A la maturité, ces coques se disjoignent et s'ouvrent en deux valves en lançant leurs graines avec une telle soudaineté, une telle violence, qu'il en résulte une sorte d'explosion. Pour empêcher ces fruits d'éclater et les conserver intacts dans les collections botaniques, il faut les cercler d'un fil de fer.

Les fruits de la balsamine des jardins, pour peu qu'on les touche lorsqu'ils sont mûrs, se partagent brusquement en cinq valves charnues, qui s'enroulent sur elles-mêmes et projettent au loin les semences. Le nom botanique d'impatiente que l'on donne à la balsamine fait allusion à cette soudaine déhiscence des capsules, qui ne peuvent, sans éclater, souffrir le moindre attouchement. Dans les lieux humides et ombragés des forêts croît une plante de même famille qui, pour des motifs

semblables, porte le nom encore plus expressif d'*impatiente ne me touchez pas*. — La capsule de la pensée
s'étale en trois valves creusées en nacelle et chargées au
milieu d'une double rangée de graines. Par la dessiccation, les bords de ces valves se recroquevillent en dedans,
pressent sur les graines et les expulsent.

Les semences légères, celles des composées surtout,
ont des appareils aérostatiques, aigrettes, volants et
panaches, qui les soutiennent dans l'air et leur permettent
de lointains voyages. C'est ainsi qu'au moindre souffle,
les semences du pissenlit, surmontées d'une aigrette
plumeuse, s'envolent de leur réceptacle desséché et
flottent mollement dans l'atmosphère. Pour ces graines
voyageuses, une condition est nécessaire : il faut que le
délicat appareil aérien ne puisse chavirer, car si l'aigrette,
au moment de la descente, atteignait la première la
terre, elle maintiendrait la graine soulevée au-dessus du
sol et l'empêcherait de germer. Mais la semence, constamment plus lourde, sert de lest à son parachute ; elle
occupe donc toujours la partie inférieure, si long que
soit le voyage, et touche la première le sol. Soufflez sur
la tête d'un pissenlit mûr : vous verrez les fruits invariablement flotter la graine en bas.

L'aigrette des érodiums et des géraniums est plus remarquable encore. Le fruit, qui par sa forme rappelle le bec
d'une grue, se partage de bas en haut en cinq achaines,
que surmonte un long prolongement hérissé de poils
soyeux sur une face. Cet appendice est très-hygromé-
trique : par un temps sec, il s'enroule à tours serrés en
forme de tire-bouchon; par un temps humide, il se
déroule. Son extrémité libre se déplace tantôt dans un
sens, tantôt dans l'autre, à la manière d'une aiguille qui
marcherait sur son cadran tour à tour de gauche à droite
et de droite à gauche suivant l'humidité de l'air. Le
fruit quitte la plante à l'état de tire-bouchon serré ; ses
poils étalés donnent prise au vent, le soutiennent en
l'air et lui servent de parachute. Enfin il tombe, la graine

en bas. Celle-ci, très-pointue à l'extrémité, s'engage très-légèrement dans la terre meuble ; mais bientôt sous l'influence alternative de l'humidité et de la sécheresse, l'aigrette se déroule, puis de nouveau s'enroule, et par la poussée de cette espèce de vrille en perpétuel mouvement, la graine s'enfouit assez pour germer.

Après l'aigrette, l'aile est l'appareil le plus favorable à la dissémination par les vents. A la faveur de leur rebord membraneux, qui les fait ressembler à de minces écailles, les semences de la giroflée jaune atteignent les hautes murailles des édifices, les fentes de rochers inaccessibles,

Fig. 187. Samares du Frêne.

les crevasses des vieux murs, et germent dans le peu de terre provenant des mousses qui les ont précédées. Les samares de l'orme, formées d'un large et léger volant au centre duquel est enchâssée la graine, celles de l'érable, associées deux par deux et figurant les ailes déployées d'un oiseau, celles du frêne, taillées comme la palette d'un aviron, accomplissent, chassées par la tempête, les plus lointaines migrations. D'autres semences voyagent par eau, le germe protégé par un imperméable appareil de navigation. Le noyer a sa graine enfermée entre deux pirogues soudées l'une à l'autre ; le noisetier a la sienne dans un tonnelet d'une seule pièce. Le cocotier, qui peuple toutes les îles des mers équatoriales, confie sa dissémination aux flots. Ses énormes semences, matelassées d'étoupe et cuirassées d'une robuste coque, bravent longtemps l'âcreté des vagues, et vont, d'un archipel à l'autre, échouer et germer sur de nouvelles terres.

Diverses graines se font transporter par les animaux et sont, dans ce but, armées de crochets, qui harponnent la toison des troupeaux ou le poil des bêtes fauves traversant un hallier. La bardane, au bord des chemins, le

gaillet-grateron, dans les haies, cramponnent leurs fruits
à la laine du mouton qui passe, à nos vêtements mêmes,
avec une solidité qui défie les plus longs voyages. Les
drupes, les baies et les divers fruits que leur poids semble
destiner à rester au pied de l'arbre d'où ils sont tombés,
sont parfois ceux dont les semences arrivent le plus loin.
Des oiseaux, des mammifères en font leur nourriture ;
mais les graines, revêtues d'une coque indigestible, ré-
sistent à l'action de l'estomac et sont rejetées intactes,
propres à germer, en des lieux très-éloignés du point de
départ. Telle semence qui voyage dans le jabot d'un
oiseau peut traverser des chaînes de montagnes et des
bras de mer. Enfin divers rongeurs, mulots, loirs, cam-
pagnols, amassent sous terre des provisions d'hiver. Si
le propriétaire du grenier d'abondance périt, si la cachette
est oubliée, si les vivres sont trop abondants, les semences
intactes germent quand revient la chaleur. C'est ainsi
que, par échange de services, chaque espèce animale
concourt à la dissémination de la plante qui le nourrit.

C'est l'homme cependant qui contribue le plus à propager les espèces végétales, soit qu'il les sème pour son
agrément ou sa nourriture, soit qu'il transporte leurs
graines sans le vouloir, avec les objets de son activité
commerciale. Par ses soins, les plantes alimentaires ou
industrielles sont aujourd'hui multipliées à profusion
dans tous les pays où elles peuvent prospérer. Dans nos
jardins fleurissent pêle-mêle des végétaux venus de toutes
les parties du monde, du Cap, de l'Inde, de l'Australie,
de la Sibérie. D'autres, malgré nous, accompagnent nos
cultures. En semant le froment, nous semons aussi, à
notre insu, le coquelicot, la nielle, le bleuet, originaires
comme lui de l'Orient. Avec nos marchandises et nos
matériaux d'emballage, une foule de plantes passent d'un
hémisphère à l'autre. Depuis le commencement de ce
siècle, l'érigeron du Canada, introduit chez nous avec
des ballots de marchandises, est devenu la mauvaise
herbe la plus commune de nos terres cultivées. Le port

Juvénal, au voisinage de Montpellier, doit son renom botanique aux nombreuses plantes de toute provenance qui s'y développent chaque année, apportées en graines avec les laines étrangères qu'on y lave. Inversement, beaucoup d'espèces européennes nous ont suivis à travers l'océan. Les plantes triviales de nos contrées, l'ortie, le mouron, la bourrache, la mauve, importées par nos vaisseaux, croissent en Amérique comme dans leur pays natal.

A la somnolence du germe tel qu'il est dans la graine succède, sous le stimulant de certaines conditions, un réveil actif pendant lequel l'embryon se dégage de ses enveloppes, se fortifie avec son approvisionnement alimentaire, développe ses premiers organes et apparaît au jour. Cette éclosion de l'œuf végétal se nomme *germination*. L'humidité, la chaleur et l'oxygène de l'air en sont les causes déterminantes ; sans leur concours, les graines persisteraient un certain temps dans leur état de torpeur, et perdraient enfin leur aptitude à germer.

En l'absence de l'humidité, aucune graine ne germe. L'eau remplit un rôle multiple. D'abord elle imbibe l'albumen et l'embryon, qui, se gonflant plus que ne le fait l'enveloppe, déterminent la rupture de celle-ci, serait-elle une coque très-dure. Par les crevasses des téguments éclatés, la gemmule sort d'un côté, la radicule de l'autre, et la petite plante est désormais sous l'influence directe des agents extérieurs. L'embryon est plus ou moins tardif à se dégager suivant le degré de résistance des parois de la graine. S'il est enfermé dans un noyau compacte, ce n'est qu'avec une lenteur extrême qu'il s'imbibe d'humidité et qu'il parvient enfin à rompre sa cellule. Aussi, pour abréger la durée de la germination, a-t-on le soin d'user sur une pierre les téguments des semences trop dures. A ce rôle mécanique de l'eau pour faire entr'ouvrir les graines, en succède un autre, relatif à la nutrition. Les actes chimiques, par lesquels les matériaux alimentaires du périsperme et des cotylédons se liquéfient et se transforment en substances absorbables, ne peuvent se passer qu'en présence de l'eau. D'autre part, ce liquide est indispensable à la dissolution des principes nutritifs et à leur circulation dans les tissus de la jeune plante. On conçoit donc que, dans un milieu sec, toute graine serait absolument incapable de germer, et que, pour conserver des semences, la première condition est de les garantir de l'humidité.

Avec de l'eau, il faut de la chaleur. C'est en général à la température de 10 à 20° que la germination s'accomplit le mieux ; cependant quelques plantes des régions tropicales germent plus activement avec une température supérieure. En dehors de ces limites, soit en dessus, soit en dessous, la germination se ralentit, puis cesse quand l'écart est trop fort.

Le concours de l'air ou plutôt de l'oxygène n'est pas moins nécessaire. Exposez des graines à la température et à l'humidité convenables sous des cloches pleines d'un autre gaz, comme l'hydrogène, l'azote, l'acide carbonique ; si longtemps que l'expérience se prolonge, la germination ne s'effectuera pas. Mais si cette atmosphère est remplacée par de l'air ou de l'oxygène seulement, les graines se mettent à germer et suivent les phases habituelles de leur évolution. On reconnaît encore que, dans de l'eau privée d'air par l'ébullition, la germination est impossible, et qu'elle n'a pas même lieu sous l'eau ordinaire, si ce n'est pour les semences des végétaux aquatiques. On constate enfin que, pendant la germination, les graines consomment de l'oxygène et dégagent du gaz carbonique. L'embryon, dès son premier éveil, est donc soumis à la combustion vitale, caractéristique de tous les êtres vivants, de la plante aussi bien que de l'animal ; il respire, c'est-à-dire il vit en se consumant, et tel est le motif qui rend indispensable la présence de l'oxygène.

Cette nécessité du principe comburant de l'air nous explique pourquoi les graines trop profondément enfouies ne parviennent pas à germer ; pourquoi la germination est plus facile dans un sol meuble et perméable à l'air que dans un terrain compacte ; pourquoi les semences délicates doivent être couvertes de très-peu de terre ou même simplement déposées à la surface du sol humide ; pourquoi enfin les terrains remués se couvrent parfois d'une végétation nouvelle, au moyen de semences qui sommeillaient inactives depuis longues années, et que le contact de l'air fait germer quand nos fouilles les ramènent des profondeurs à la surface.

La substance la plus communément répandue et la plus abondante de l'albumen et des cotylédons, réservoirs alimentaires du germe, est la fécule, qui ne peut directement servir à la nutrition de la jeune plante à cause de son insolubilité dans l'eau. Pour imbiber les tissus et leur distribuer des matériaux d'accroissement, elle doit devenir substance soluble. A cet effet, l'embryon est accompagné d'un composé spécial, la *diastase*, qui, par sa seule présence, sans rien prendre à la fécule, sans rien lui céder, transforme celle-ci en une matière sucrée, nommée *glucose*, soluble dans l'eau en toute proportion. Pour provoquer ce merveilleux changement, il faut une douce température et de l'eau. Tant que la graine ne peut germer, la provision de fécule se conserve intacte ; mais dès que la germination se déclare, avec le concours de la chaleur, de l'air et de l'humidité, la diastase agit et résout l'amas farineux en liquide sucré. C'est ce liquide, formé aux dépens soit de l'albumen soit des cotylédons, qui pénètre par imbibition dans les tissus, et les alimente jusqu'à ce que la racine et les premières feuilles puissent suffire à la nutrition. Métamorphose de la fécule en matière sucrée par l'action de la diastase, absorption d'oxygène pour la combustion vitale et dégagement d'acide carbonique, tels sont, en résumé, les faits chimiques les plus saillants accomplis dans une graine qui germe.

Avec les mêmes conditions de température, d'humidité et d'aération, toutes les semences sont loin d'employer le même laps de temps pour germer. Les graines des

mangliera et de quelques autres arbres qui, dans les régions tropicales, peuplent les rivages fangeux de la mer,
germent au sein même du fruit encore suspendu à sa
branche. Quand la chute a lieu, l'embryon, déjà développé, s'implante dans la vase et continue son évolution
sans intervalle d'arrêt. Le cresson alénois germe, en
moyenne, au bout de deux jours. L'épinard, le navet, les
haricots, mettent trois jours à lever ; la laitue, quatre ;
le melon et la citrouille, cinq ; la plupart des graminées,
environ une semaine. Il faut deux années et parfois davantage au rosier, à l'aubépine et aux arbres fruitiers à
noyaux. En général, les semences à téguments épais et
durs sont les plus lentes à germer, à cause de l'obstacle
qu'elles opposent à la pénétration de l'humidité. Enfin,
semées dans l'état de fraîcheur où elles sont immédiatement après leur maturité, les graines germent plus vite
que semées vieilles, parce qu'elles doivent reprendre,
par un séjour prolongé dans le sol, l'humidité que leur a
fait perdre une longue dessiccation.

Les graines, suivant leur espèce, conservent plus ou
moins longtemps la faculté de germer ; mais rien encore
ne peut nous renseigner sur les causes qui déterminent
la durée de cette persistance vitale. Ni le volume, ni la
nature si diverse des enveloppes, ni la présence ou l'absence d'un albumen, ne paraissent décider de la longévité. Telle semence se maintient vivante des années
entières, des siècles même ; telle autre cesse de pouvoir
lever au bout de quelques mois, sans motifs accessibles à
notre observation. Les graines de quelques rubiacées, du
caféier notamment, et celles de diverses ombellifères, de
l'angélique en particulier, ne germent que si le semis
est fait aussitôt après la maturité. Mais on a vu germer
des graines de sensitive après soixante ans de conservation ; des haricots après plus de cent ans ; du seigle
après cent quarante ans. A l'abri de l'air, certaines semences traversent les siècles, toujours aptes à germer
lorsque les conditions favorables se présentent. C'est

ainsi que des semences de framboisier, de bluet, de mercuriale, de romarin, de camomille, retirées de sépultures gallo-romaines ou même celtiques, sont entrées en germination comme l'auraient fait des semences de l'année même. Enfin, on a fait lever des graines de jonc retirées des profondeurs du sol dans l'île de la Seine, primitif emplacement de Paris. Ces graines dataient sans doute de l'époque où Paris, sous le nom de Lutèce, consistait en quelques huttes de boue et de roseaux sur les rives marécageuses du fleuve.

FIN.

TABLE DES MATIÈRES.